GONGYE JIQIREN
JICHU CAOZUO YU BIANCHENG

工业机器人
基础操作与编程

双精准示范专业建设教材编写组　编

化学工业出版社
·北京·

内容简介

本书主要基于FANUC机器人智能物料分拣装配生产线实训平台，结合机器人应用、示教编程、调试、维护保养等内容进行编写，内容涵盖了工业机器人基本操作、机器人轨迹示教编程、机器人I/O信号配置、机器人搬运码垛示教编程、机器人装配应用示教编程、机器人智能物料分拣装配基本单元应用编程、机器人维护和保养等。

本书非常适合工业机器人入门读者，尤其是FANUC工业机器人的设计、操作、维护人员使用，也可用作高等院校、职业院校及培训学校相关专业的教材及参考书。

图书在版编目（CIP）数据

工业机器人基础操作与编程/双精准示范专业建设教材编写组编．—北京：化学工业出版社，2021.3（2025.2重印）

ISBN 978-7-122-38371-6

Ⅰ.①工… Ⅱ.①双… Ⅲ.①工业机器人-操作②工业机器人-程序设计 Ⅳ.①TP242.2

中国版本图书馆CIP数据核字（2021）第015617号

责任编辑：耍利娜　　文字编辑：赵　越
责任校对：赵懿桐　　装帧设计：王晓宇

出版发行：化学工业出版社（北京市东城区青年湖南街13号　邮政编码100011）
印　　装：北京天宇星印刷厂
710mm×1000mm　1/16　印张15¾　字数330千字　2025年2月北京第1版第10次印刷

购书咨询：010-64518888　　售后服务：010-64518899
网　　址：http://www.cip.com.cn
凡购买本书，如有缺损质量问题，本社销售中心负责调换。

定　　价：59.00元

前言

自 20 世纪 60 年代初第一台工业机器人问世到现在，工业机器人技术和周边配套应用快速发展。目前，在汽车装配及零部件制造、机械加工、电子电气、橡胶及塑料、食品、木材与家具制造等行业中，工业机器人已大规模取代一线工人完成相关作业。从简单的物料搬运、码垛拆垛、弧焊、点焊、喷涂、自动装配、数控加工、去毛刺、打磨、抛光等单一应用，到复杂、复合工艺和恶劣工作环境下的工业机器人集成系统应用，同时，工业机器人的应用范围也不断扩大，核能、航空航天、医药、生化等高科技领域都在尝试采用工业机器人实现高端应用。可以说，在不久的将来，工业机器人将无处不在。

“中国制造 2025”提出了我国迈向制造强国的发展战略，以应对新一轮科技革命和产业变革。这一战略立足于我国转变经济发展方式实际需要，围绕创新驱动、智能转型、强化基础、绿色发展、人才为本等关键环节，以及先进制造、高端装备等重点领域，提出了加快制造业转型升级、提速增效的重大战略任务和重大政策举措，工业机器人将在其中发挥不可替代的作用。

工业机器人作为一种高科技集成装备，对专业人才有着多层次的需求，主要分为研发工程师、方案设计与应用工程师、调试工程师、操作及维护人员 4 个层次。对应于专业人才层次分布，工业机器人专业人才就业方向主要分为工业机器人本体研发和生产企业、工业机器人系统集成商以及工业机器人应用企业。作为工业机器人应用人才培养的主体，职业院校应面向更多工业机器人系统集成商和工业机器人应用企业，培养工业机器人调试工程师、操作及维护人员，使学生具有扎实的工业机器人理论知识基础、熟练的工业机器人操作技能和丰富的工业机器人调试与维护经验。

本书主要以 FANUC 机器人智能物料分拣装配生产线实训平台为例，结合机器人应用、示教编程、调试、维护保养等内容进行编写。内容涵盖了工业机器人基本操作、机器人轨迹示教编程、机器人 I/O 信号配置、机器人搬运码垛示教编程、机器人装配应用示教编程、机器人智能物料分拣装配基本单元应用编程、机器人维护和保养等。

本书结合“一体化”教学模式进行开发，根据中高职学生的特点，寓教于做，并配套了相应的教学资源，读者可以联系邮箱 315816179@qq.com 获取教学资源。通过在 FANUC 机器人智能实训平台上进行学习训练，读者能对本书介绍的各实例进行上机操作，实现真正的“做中学，学中做”。

本书面向工业机器人应用入门的读者，个别章节要求读者有一定的 PLC 技术、电气控制技术基础。在教学中，建议配合 FANUC 机器人智能物料分拣装配生产线实训平台与多媒体使用。

本书由佛山市双精准示范专业建设教材编写组编写，参与编写的人员有杨绍忠、蔡康强、范景能、柯炜、庞德权、李勇文、陶守成、梁小焕、周玉萍等，本书在编写过程中得到了佛山市南海区信息技术学校、上海景格科技有限公司、广东泰格威机器人科技有限公司、佛山华数机器人有限公司等单位相关领导的大力支持和同行们的帮助，在此表示衷心的感谢。

由于时间和水平有限，书中难免存在不足和疏漏之处，敬请读者批评指正。

编者

目录

第1章 工业机器人的基本操作 01

第2章 机器人的轨迹应用示教编程 02

第3章 工业机器人的I/O通信

03

第4章 机器人的搬运码垛应用示教编程

04

第6章 智能物料分拣装配生产线的应用与维护

06

第7章 机器人维护与保养

07

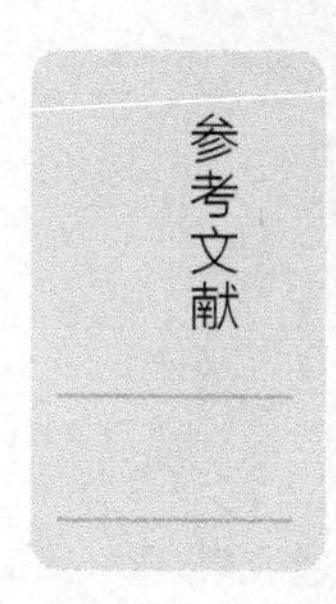

第1章

工业机器人的基本操作

1.1 工业机器人基本认识与机器人安全操作规程

1.1.1 工业机器人概述

工业机器人技术是一门涉及机械、电子、力学、控制、传感器检测、计算机技术等的综合学科。工业机器人不是机械、电子技术的简单组合，而是融合多领域应用技术的一体化装置。目前，工业机器人的应用非常广泛，其应用程度已经成为衡量一个国家工业自动化水平的重要标志。

近年来，随着产业转型升级、人力成本的不断上升和机器人成本的不断下降，工厂“机器换人”的现象将更加频繁，可以预见，机器人技术应用人才将越来越抢手。

如何培养熟练掌握工业机器人应用技能的人才成为当务之急，本书以广泛应用的FANUC工业机器人为对象，介绍工业机器人各种操作与编程应用，通过智能物料分拣装配生产线实训平台（如图1-1-1)，由浅入深，引导初学者在动手操作的过程中理解机器人的基本概念、工作原理，快速掌握机器人基本操作与编程应用方法，为后续进一步深入学习工业机器人典型工作站、系统集成、离线编程与仿真等打下坚实基础。

图1-1-1　智能物料分拣装配生产线实训平台

(1) 工业机器人的定义

目前，工业机器人仍然没有一个统一的定义。其中一个重要原因就是机器人技术在不断发展，具有新功能的机器人不断涌现。由于世界各国对工业机器人的理解存在差异，所以给出的定义也不尽相同。

① 美国工业机器人协会（RIA）将工业机器人定义为一种用于搬运物料、零件、工具的专门装置，或通过程序动作来执行各种任务的可重复编程的多功能操作机。

② 日本工业机器人协会（JRA）将工业机器人定义为一种带有存储器和末端执行器的，能够通过自动化的动作代替人类劳动的通用机械。

③ 我国的 GB/T 12643—2013 标准将工业机器人定义为一种能够自动定位控制，可重复编程的、多功能的、多自由度的操作机，能搬运材料、零件或操持工具，用于完成各种作业。

④ 国际标准化组织（ISO）将工业机器人定义为一种具有自动控制能力、可重复编程、多功能、多自由度的操作机械。

(2) 工业机器人的发展

"机器人"一词最早出现在 1920 年捷克作家雷尔·卡佩克所写的一个剧本中。1954 年，美国人戴沃尔制造出第一台机械手，当时其能力仅限于上下料这类简单的工作。其后工业机器人进入了一个缓慢的发展阶段。

直到 20 世纪 80 年代，得益于这个时期汽车行业的蓬勃发展，工业机器人产业才得到了巨大的发展。人们开发出点焊机器人、弧焊机器人、喷涂机器人以及搬运机器人，其系列产品已经成熟并形成产业规模，有力地推动工业机器人的发展。

目前，世界上的工业机器人公司主要分为日系和欧系。日系中主要有 FANUC、YASKAWA 等。欧系主要有瑞士的 ABB、德国的 KUKA 等。

我国的机器人行业起步比较晚，虽然在 2008 年以前我国几乎没有机器人产业，但随着产业转型升级、人口结构调整、政府政策引导等多重因素的驱动，我国已经成为世界上最大的工业机器人市场。21 世纪以来，我国自主研发的机器人如沈阳新松机器人、华数机器人、广数机器人、安徽埃夫特机器人、南京埃斯顿机器人等在国内不断普及，我国自主品牌的机器人在我国机器人市场中占据的地位越来越重要。

(3) 工业机器人的分类

关于工业机器人的分类，国际上也没有制定统一的标准。一般可根据工业机器人的用途和功能、机械结构、控制方式、驱动方式、自由度、负载重量等进行分类。

① 按用途和功能分类　可分为焊接、装配、搬运、上下料、包装、喷涂、打磨、雕刻等机器人，如图 1-1-2 所示，通过工业机器人的用途和功能来划分机器人是最通俗易懂的方式。

② 按机械结构分类　工业机器人可分为串联机器人、并联机器人和混联机器人三种。

a. 串联机器人。串联机器人是一个开放的运动链，其所有的运动杆件没有形成一个封闭的结构链。按照运动副的不同，串联机器人分为直角坐标系机器人、柱面坐标

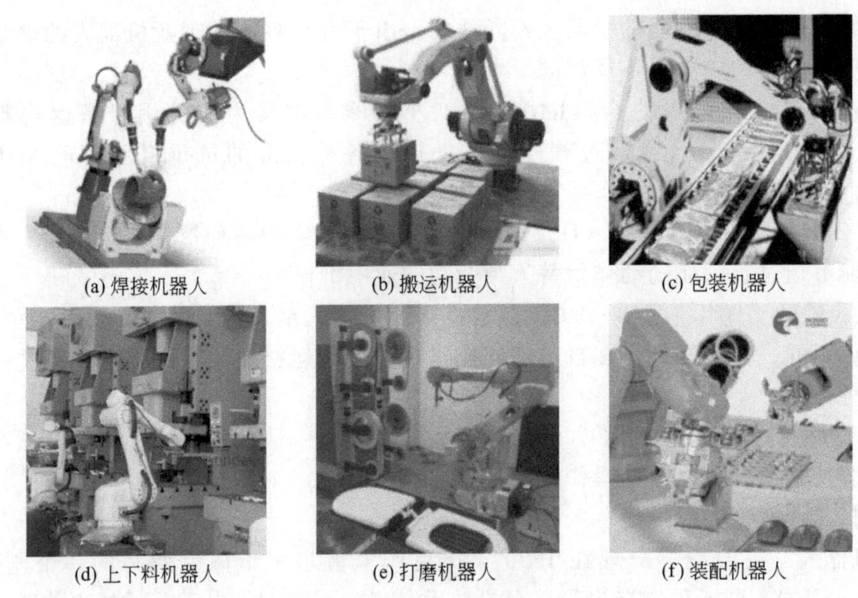

(a) 焊接机器人　(b) 搬运机器人　(c) 包装机器人

(d) 上下料机器人　(e) 打磨机器人　(f) 装配机器人

图 1-1-2　按用途和功能分类机器人

系机器人、球坐标系机器人和关节坐标系机器人等，如图 1-1-3 所示。关节机器人是当今工业领域中应用最为广泛的一种机器人。关节机器人根据关节构造的不同形式，又可分为垂直关节机器人和水平关节机器人。

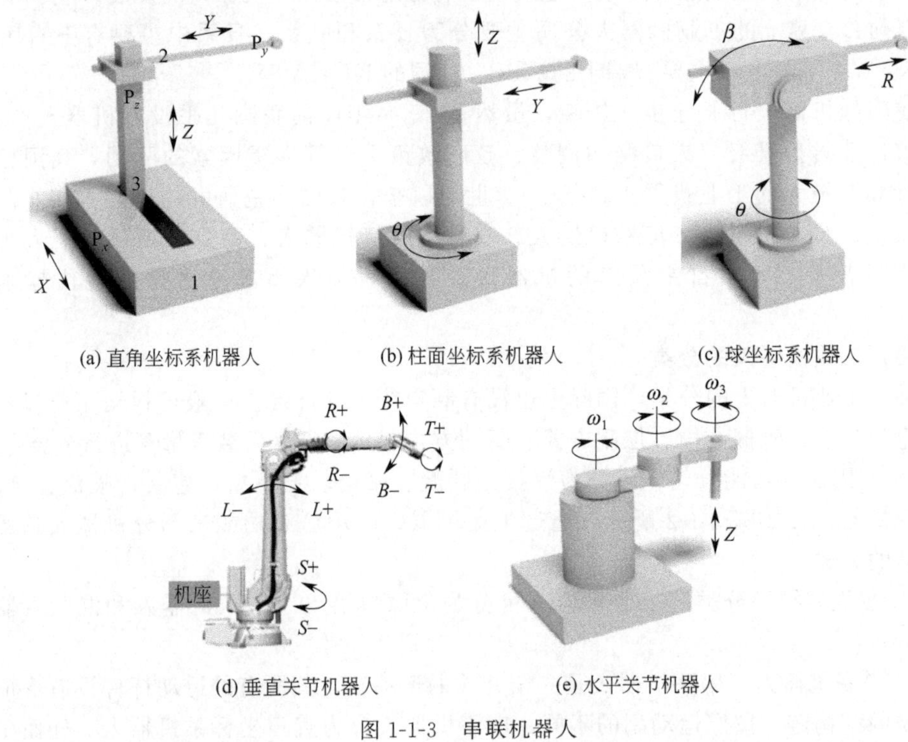

(a) 直角坐标系机器人　(b) 柱面坐标系机器人　(c) 球坐标系机器人

(d) 垂直关节机器人　(e) 水平关节机器人

图 1-1-3　串联机器人

b. 并联机器人。并联机器人是一个封闭的运动链，如图 1-1-4。并联机器人的研究与串联机器人相比起步较晚，但由于并联机器人具有刚度大、承载能力强、精度高、末端件惯性小等优点，在高速、大承载能力的场合与串联机器人相比具有明显优势，在食品、医药、电子等轻工业中应用最为广泛，在物料的搬运、包装、分拣等方面有着无可比拟的优势。

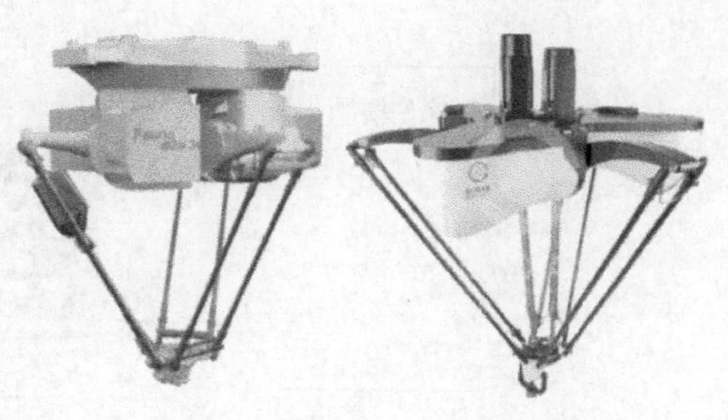

图 1-1-4　并联机器人与混联机器人

c. 混联机器人。混联机器人作为一种新兴结构，是以并联机构为基础，在并联机构中嵌入具有多个自由度的串联机构，构成了一个复杂的混联系统，结构设计复杂。此类机器人在继承了并联机器人刚度大、承载能力强、高速度、高精度等特点的同时，末端执行器也拥有了串联机器人所具有的运动空间大、控制简单、操作灵活等特性，多用于高运动精度的场合，在应用工艺上除常用于食品、医药、3C、日化、物流等行业中的理料、分拣、转运外，凭借多角度拾取优势扩大了应用范围。

1.1.2　工业机器人安全操作规程及安全考核

任何生产活动必须遵守“预防为主、安全第一”的原则，工业机器人的应用必须在满足安全生产要求的前提下提高生产效率。作业人员必须接受工业机器人安全教育及安全操作培训，熟悉安全操作规程和安全注意事项，并通过安全考核才能进行工业机器人的作业。

（1）开机前的安全

① 作业人员要按规范佩戴安全帽，穿绝缘防滑鞋、工作服等，如图 1-1-5 所示。

② 在开机或启动机器人前，务必确认已符合各项安全条件，清除一切机器人运动范围内的阻挡物，且不要试图操作机器人做危险动作。要使机器人立即停下来，请按紧急停止按钮。

③ 操作前请仔细阅读并完整理解机器人操作、示教、维护等安全事项。连接电源电缆前，请确认供电电源电压、频率、电缆规格符合要求，确保机器人控制箱可靠接地，确认外部动力源包含控制电源、气源被切断。

④ 机器人在运行和等待中，绝不可进入机器人的工作区域。

（2）示教过程的安全

一般在安全围栏之外完成示教，但如果确实需要进入安全围栏内，请严格执行下述事项：

- 请清楚标示示教工作正在进行中，以免有人误操作机器人系统装置；
- 完成示教工作后，请在围栏外确认工作，机器人选择低速以下，直到运动确认正常；

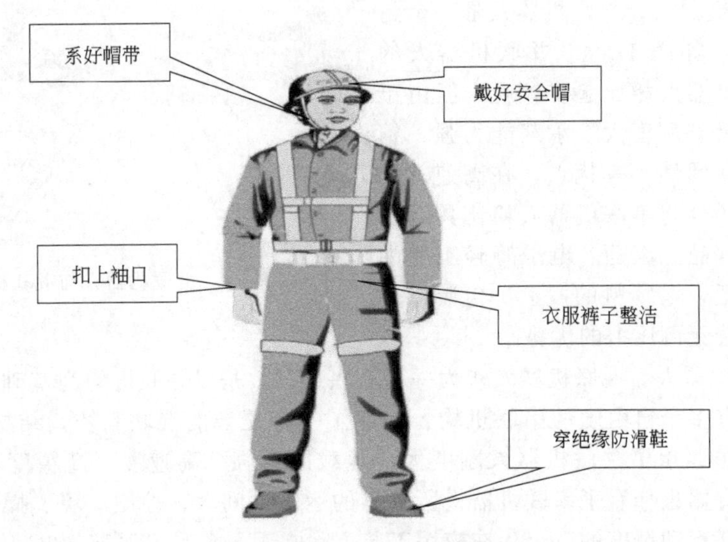

图 1-1-5　安全着装

◆ 示教过程中，确认机器人的运动范围，不要大意靠近机器人或进入机器人手臂的下方；

◆ 禁止戴手套操作示教器和操作面板，使用专用的示教笔操作机器人；

◆ 在点动操作机器人时要采用较低的速度比率；

◆ 校正模式只能在做机械原点时使用，其他任何情形禁止使用。

(3) 自动运行时的安全

◆ 在自动操作前，请确认所有紧急停止开关正常，操作前完整阅读并理解机器人操作手册；

◆ 在自动运行过程中，永远不要进入或身体的部分进入安全围栏；

◆ 在自动运行过程中，机器人在等待到定时延时或外部信号输入时，机器人将恢复运行；

◆ 在安全运行围栏上标示“自动运行中”以禁止进入；

◆ 如果有故障导致机器人在运行中停止，请检查显示的故障信息，按照正确的故障恢复顺序来恢复或重启机器人。

注意：

① 在自动运行程序前必须确认当前程序经过手动运行示教点位且检验无误；

② 自动运行程序前，必须检查并确认机器的工作区域安全；

③ 将机器人示教器上模式选择开关切换至“自动”状态。

(4) 维修时的安全

要进行维修时，请严格遵守以下事项：

◆ 机器人急停开关（ESTOP）决不允许被短接；

◆ 禁止非专业人员检修和拆卸机器人的任何部件，电控箱内有高压电时禁止带电维护和保养；

◆ 进入安全围栏前，请确认所有的安全措施都已准备好并且功能良好；

◆ 进入安全围栏前，请切断控制电源一直到机器人总电源，并放置清晰的标示“进行中”，如图 1-1-6 所示；

◆ 在拆除关键轴的伺服电机前，使用合适的提升装置支撑好机器人手臂，拆除电机将使该轴电机刹车失效，没有可靠支撑会造成手臂下掉。

图 1-1-6　安全标示

(5) 现场操作安全注意事项

① 调试时严禁身体的任何部分进入外围设备内部。

② 在调试外围设备内部点位时，必须两人，一人调机，一人在旁边监督，确认能在紧急情况下紧急停止。

③ 调试机器人外围设备内部点位时，必须停外围设备电源，并悬挂警告牌于外围设备的操作台。

④ 调试机器人外围设备内部点位时，如果设备有光栅，应先检查光栅是否正常。

⑤ 当出现故障时，一定要确认系统中各设备的状态，确认各设备的自动程序都已终止后才可以处理故障。

⑥ 定期对设备进行点检，确认各设备的状况良好。

1.1.3 FANUC 机器人系统的安全设备

(1) 急停按钮

当急停按钮被按下时，机器人立即停止运行。示教器和控制柜上均有急停按钮，如图 1-1-7 所示。

(2) 安全装置

安全装置包括安全围栏、安全门、安全插销和插槽及其他保护设备。外部急停开关来自外围设备，比如安全光栅、安全扫描仪，连接机器人控制柜的急停输入信号端。如图 1-1-8 所示。

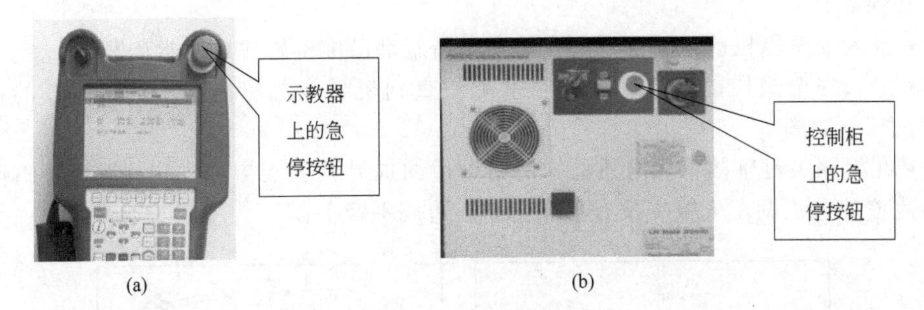

图 1-1-7　急停按钮

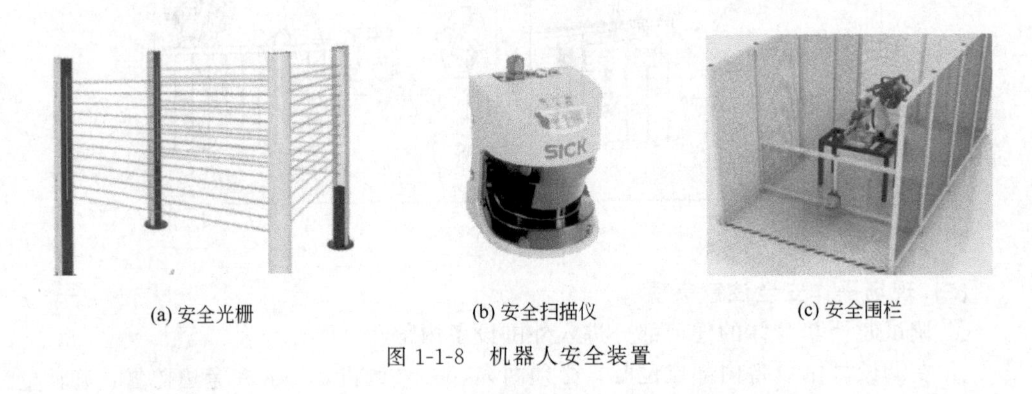

(a) 安全光栅　(b) 安全扫描仪　(c) 安全围栏

图 1-1-8　机器人安全装置

1.1.4 工业机器人基本结构和特点

(1) 工业机器人系统

机器人系统包括执行系统、控制系统和感知系统三大部分，具体由机器人本体、控制柜、示教器、系统软件、夹具、传感器、周边设备等组成，如图 1-1-9 所示。

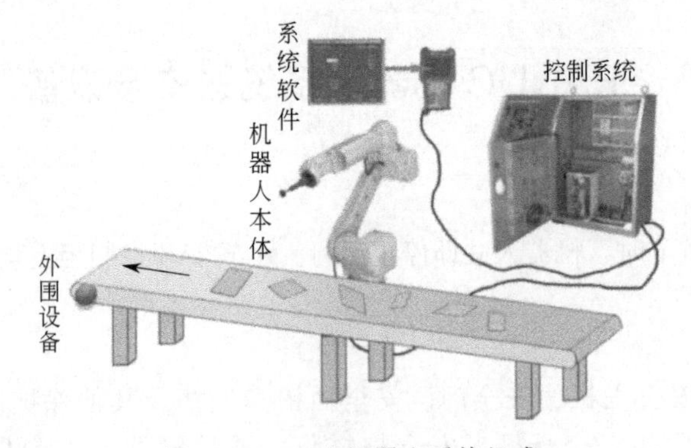

图 1-1-9　工业机器人系统组成

(2) 工业机器人的本体

本体是工业机器人的执行机构，相当于人的手，由伺服电机、减速器、本体外壳机构等组成，各环节每一个结合处为一个关节点或坐标系，如图 1-1-10 所示。机器人系统还可以加装多个外部轴，例如行走轴、变位机等，行走轴相当于为机器人装了脚，扩展了机器人的工作范围和能力。如图 1-1-11 所示。

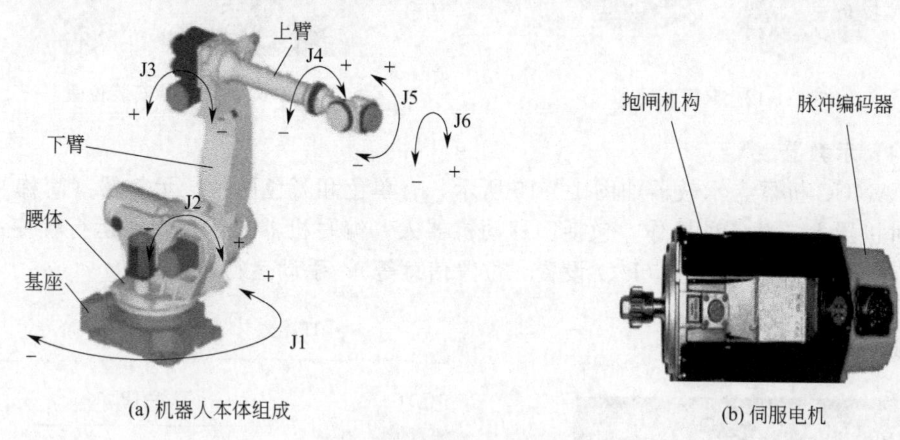

(a) 机器人本体组成　　(b) 伺服电机

图 1-1-10　机器人执行机构

(a) 带行走轴的机器人

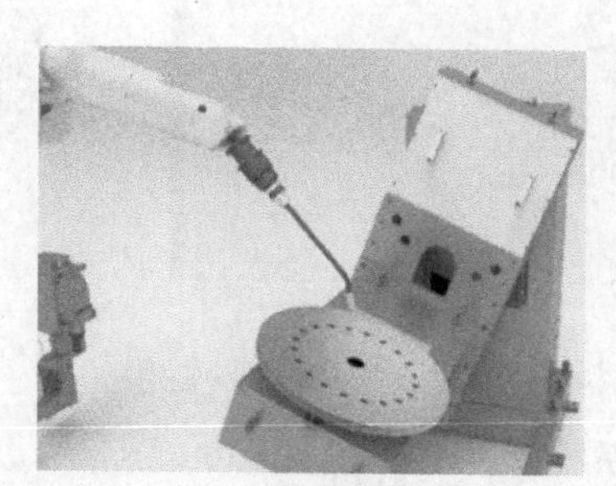

(b) 带变位机的机器人

图 1-1-11　扩展外部轴

减速器是机器人的核心部件之一。机器人的精密减速器可分为三种：RV 减速器、谐波减速器和行星减速器。在关节型机器人中，一般将 RV 减速器放置在机座、大臂、肩部等重负载的位置，谐波减速器一般放置在小臂、腕部或手部。如图 1-1-12、图 1-1-13 所示。

(3) 控制柜

控制柜是机器人的控制核心，相当于人的大脑。控制柜内部由机器人系统所需部件和相关附件组成，包括主计算机、轴计算机、伺服驱动器、通信模块、电源模块、急停模块、再生电阻、变压器、风扇等。FANUC 机器人控制柜常规型号有 R-30iA/B 柜、R-30iA/B Mate 柜等。图 1-1-14 为 FANUC 机器人 R-30iB Mate 控制柜。

图 1-1-12　RV 减速器

图 1-1-13　减速器安装位置

(4) 示教器

FANUC 机器人示教器如图 1-1-15 所示，有单色和彩色两种。示教器（简称 TP）用于对机器人进行各种操作，包括：移动机器人；编写机器人程序；试运行程序；生产运行；查看机器人状态（I/O 设置，位置信息等）；手动运行。

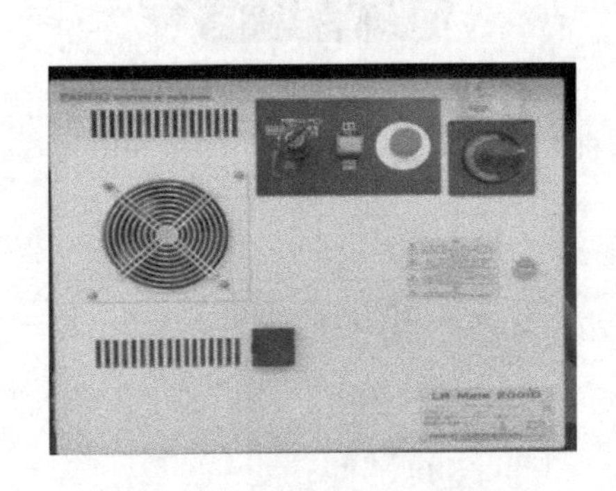

图 1-1-14　机器人控制柜

图 1-1-15　FANUC 机器人示教器

(5) 系统软件

系统软件是机器人整个控制系统的核心。它包括用于操作机器人系统的所有关键特征，包括用户程序与数据的管理、运行监控、轨迹规划、I/O 管理、通信处理、故障诊断以及针对不同应用领域的工艺包等。图 1-1-16 为系统软件 HandlingTool。

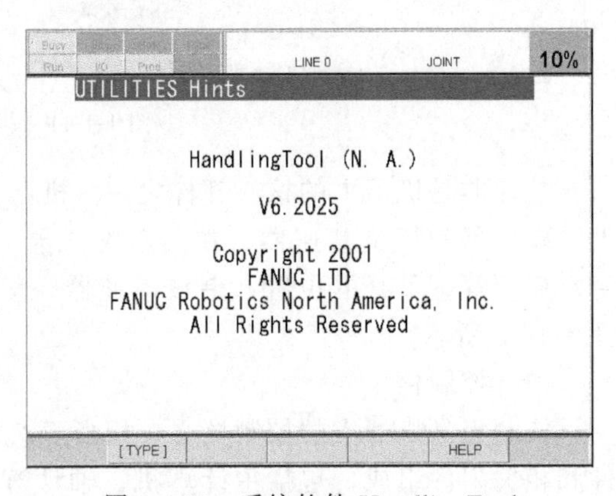

图 1-1-16　系统软件 HandlingTool

HandlingTool：用于搬运；

ArcTool：用于弧焊；

SpotTool：用于点焊；

DispenseTool：用于布胶；

PaintTool：用于油漆；

LaserTool：用于激光焊接和切割。

(6) 夹具

夹具是工业机器人工作时使用的工具。夹具非常重要，是工业机器人工作的必要部件，没有合适的夹具，再强大的机器人什么工作也做不了。图 1-1-17 是机器人夹具示例，根据不同的应用领域、工艺特点和现场环境，选用或专门设计合适的夹具是机器人应用的重要内容之一。

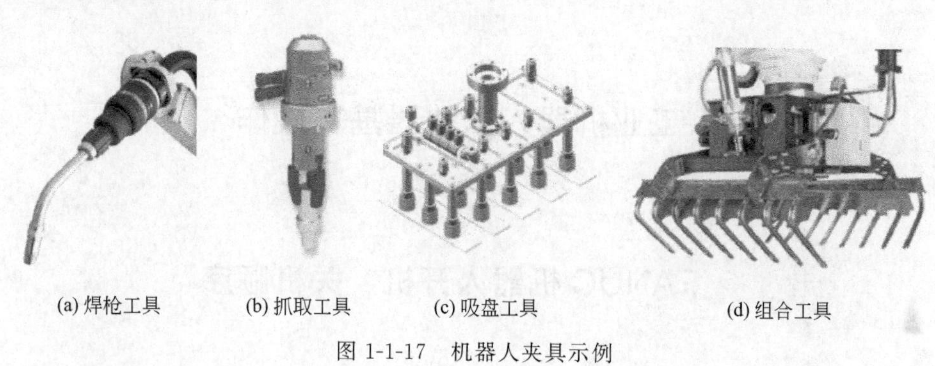

(a) 焊枪工具　(b) 抓取工具　(c) 吸盘工具　(d) 组合工具

图 1-1-17　机器人夹具示例

(7) 传感器

传感器相当于给机器人装上“眼睛”“耳朵”“鼻子”等，也是机器人系统非常重要的部件。随着智能化程度的提高，机器人传感器应用越来越多。根据检测对象的不同可分为内部传感器和外部传感器。内部传感器：用来检测机器人本身状态（如手臂间角度）的传感器，多为检测位置、角度、速度、加速度、力度的传感器。外部传感器：用来检测机器人所处环境（例如物体位置、距离、形状、颜色等）及状况（如抓取的物体是否滑落）的传感器，具体有视觉、力觉、听觉、压觉、滑觉、接触觉、接近觉、位置觉等，如图 1-1-18 所示是机器人视觉传感器的应用，可检测物料颜色、形状、跟踪物料位置等。

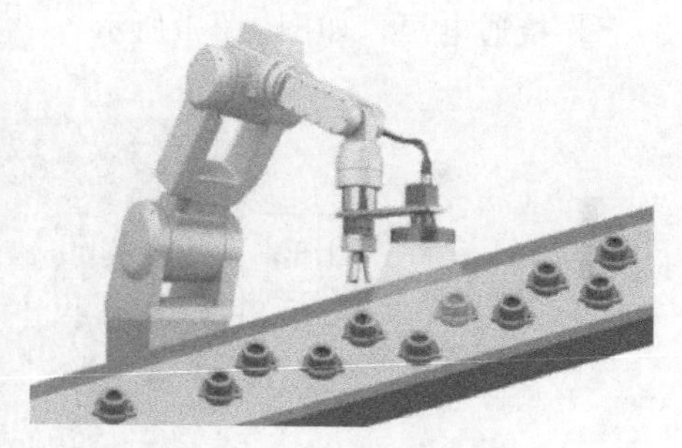

图 1-1-18　视觉传感器

1.1.5　工业机器人的应用领域

工业机器人最早应用于汽车制造行业，常用于焊接、喷漆、上下料和搬运。随着工业机器人技术应用范围的延伸和扩大，现在已可代替人从事危险、有害、有毒、低温和高热等恶劣环境中的工作和代替人完成繁重、单调的重复劳动，并可提高劳动生产率，保证产品质量。工业机器人与数控加工中心、自动搬运小车以及自动检测系统可组成柔性制造系统（FMS）和计算机集成制造系统（CIMS），实现生产自动化。

工业机器人的应用领域非常广泛，主要有汽车制造、金属加工、电子、电气、橡胶塑料、铸造锻压、食品饮料、化工、制药、医疗设备、玻璃、家电、冶金、烟草等众多行业。

应用工业机器人的优点：减少劳动力费用、提高生产率、改进产品质量、增加制造过程的柔性、减少材料浪费、控制和加快库存的周转、降低生产成本、减少甚至消除危险和环境恶劣的劳动岗位。

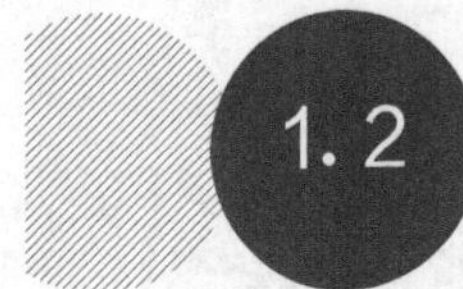

1.2 工业机器人示教器基本操作

1.2.1 FANUC机器人开机、关机顺序

(1) 开机顺序

① 接通电源前，检查工作区域包括机器人、控制器等。检查所有的安全设备是否正常。

② 接通电源，如图1-2-1所示。

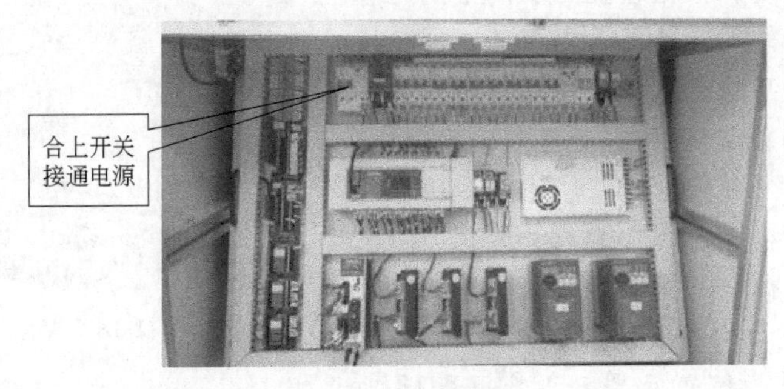

图1-2-1 接通电源

③ 将操作面板上的断路器开关置于“ON”（若为R-J 3iB控制柜，还需按下操作面板上的启动按钮），如图1-2-2所示。

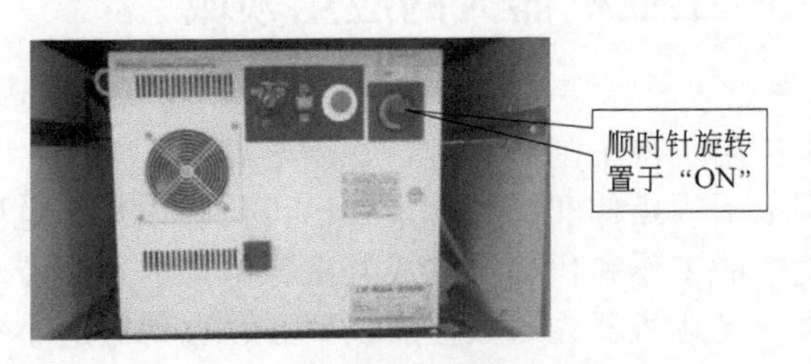

图1-2-2 断路器开关置于“ON”

(2) 关机顺序

① 通过操作面板上的暂停按钮停止机器人。

② 将操作面板上的断路器开关置于“OFF”。

③ 断开电源（若为 R-J 3iB 控制柜，应先关掉操作面板上的启动按钮，再将断路器置于“OFF”）。

注意： 如果有外部设备诸如打印机、软盘驱动器、视觉系统等和机器人相连，在关电前，要首先将这些外部设备关掉，以免损坏。

1.2.2 认识示教器

图 1-2-3 所示是 FANUC 机器人示教器的正反面外观和主要按钮功能。正常使用示教器前要将控制柜的运动模式调整到 T1 或 T2（不要在 Auto 模式）才能进行手动示教，控制柜的急停按钮和示教器的急停按钮必须同时松开，示教器才能为用户所使用。机器人调试过程中出现问题，迅速按下任何一个急停按钮，机器人会马上停止。示教器的工作开关置于“ON”进入手动模式。

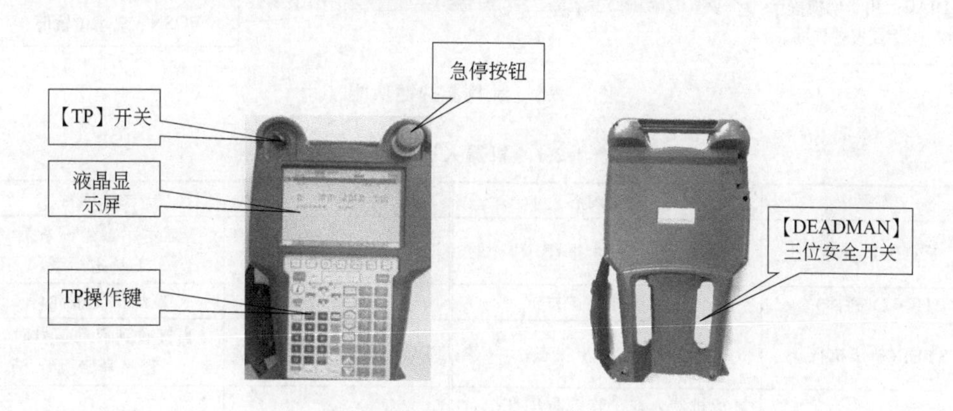

图 1-2-3　FANUC 示教器正反面

【TP】开关：控制 TP 有效/无效，当 TP 无效时，示教、编程、手动运行不能被使用。

【DEADMAN】开关：当 TP 有效时，只有【DEADMAN】开关被按到中间位置，机器人才能运动；松开或者握紧，机器人都会立即停止运动。

【急停按钮】：此按钮被按下，机器人立即停止运动。

初学者首先要会观察显示屏上方的信息提示，了解机器人当前运行状态，表 1-2-1 列出了机器人各种运行状态的意义。只要多观察、多动手训练，就会较快熟悉示教器的操作方法，有的按键功能初学者可以暂时不细究，随着学习的深入就会慢慢了解。图 1-2-4 和表 1-2-2 列出了示教器各按键功能的描述。

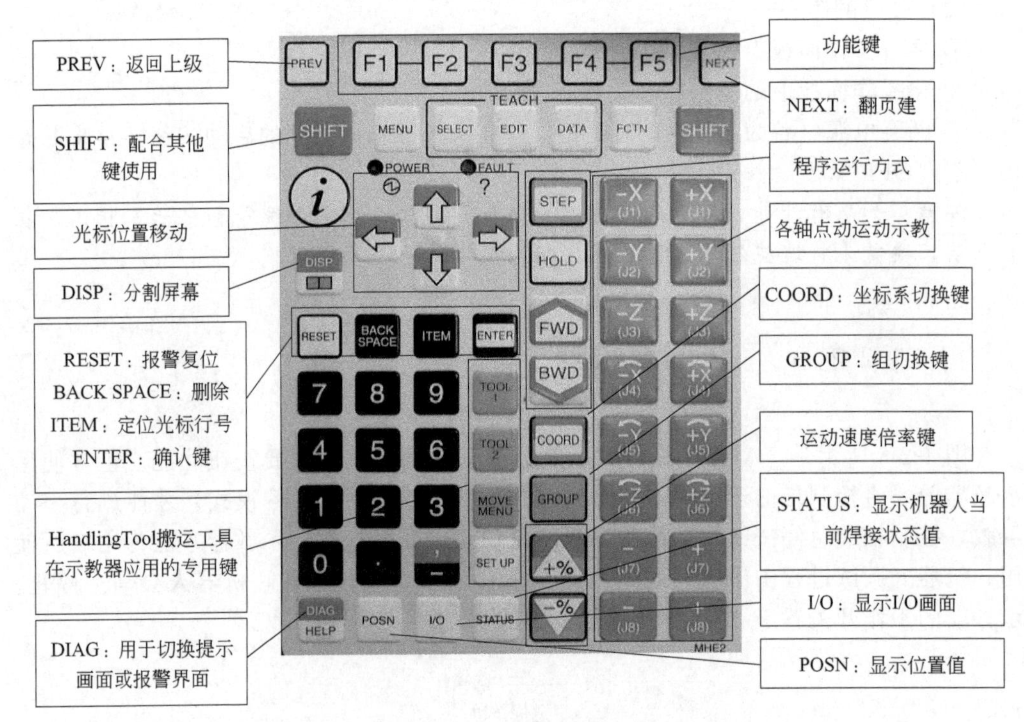

图 1-2-4　示教器按键功能

表 1-2-1　机器人运行状态

符号	表达内容	符号	表达内容
FAULT(异常)	显示一个报警	TOOL(工具坐标)	显示示教坐标系是工具坐标系
HOLD(暂停)	显示暂停键被按下	I/O ENBL	显示信号被允许
STEP(单步执行)	显示在单步状态	PROD MODE(生产模式)	当接收到启动信号时，程序开始执行
BUZY(处理中)	显示机器人在工作或程序在执行或打印机和软盘正在工作	GUN	根据程序而定
RUNNING(运行中)	显示程序正在执行	WELD	根据程序而定
JOINT(关节)	显示示教坐标系是关节坐标系	I/O	根据程序而定
XYZ(直角坐标)	显示示教坐标系是直角坐标系		

表 1-2-2　示教器各按键功能描述

按键	描述
POSN	位置显示键，用来显示当前位置画面
SHIFT	与其他按键同时按下时，可以进行 JOG 进给、位置数据的示教、程序的启动。左右的【SHIFT】键功能相同

续表

按键	描述
+X (J1) +Y (J2) +Z (J3) +X (J4) +Y (J5) +Z (J6) −X (J1) −Y (J2) −Z (J3) −X (J4) −Y (J5) −Z (J6)	手动 JOG 进给键，与【SHIFT】键同时按下时用于手动 JOG 进给
COORD	手动进给坐标系键，用来切换手动进给坐标系(JOG 的种类)。依次进行如下切换："关节坐标"→"手动坐标"→"工具坐标"→"用户"→"关节坐标"。当同时按下此键与【SHIFT】键时，出现用来进行坐标系切换的 JOG 菜单
+% −%	倍率键，用来进行速度倍率的变更。依次进行如下切换："微速"→"低速"→"1%→5%→50%→100%"(5% 以下时以 1%为刻度切换，5%以上时以 5%为刻度切换)
F1 F2 F3 F4 F5	功能键，用来选择画面最下行的功能键菜单
↑ ← → ↓	光标键，用来移动光标。光标是指可在示教操作盘画面上移动的、反相显示的部分。该部分是通过示教操作盘键进行操作(数值/内容的输入或者变更)的对象
ITEM	项目选择键，用于输入行号码后移动光标
NEXT	翻页键，将功能键菜单切换到下一页
MENU FCTN	MENU：画面选择键，显示出画面菜单。 FCTN：辅助键，用来显示辅助菜单
SELECT EDIT DATA	SELECT：程序浏览键，用来显示程序一览画面。 EDIT：程序编辑键，用来显示程序编辑画面。 DATA：数据键，用来显示数据画面
FWD BWD	FWD 为前进键、BWD 为后退键，与【SHIFT】键组合用于程序的启动。程序执行中松开【SHIFT】键时，程序暂停执行
HOLD	保持键，用来中断程序的执行
STEP	单步运行键，用于测试运转时的断续运转和连续运转的切换
PREV	返回键，用于使显示返回到紧前进行的状态。根据操作，有的情况下不会返回到紧前的状态显示
ENTER	输入键，用于数值的输入和菜单的选择
BACK SPACE	取消键，用来删除光标位置之前一个字符或数字

续表

按键	描述
TOOL 1　TOOL 2	用来显示刀具 1 和刀具 2 的画面
MOVE MENU	显示预定位置返回画面
SET UP	设定键，显示设定画面
STATUS	状态显示键，用来显示状态画面
I/O	I/O 输入/输出键，用来显示 I/O 画面

1.2.3 / 在关节坐标下点动机器人操作

关节坐标系是设定在工业机器人关节中的坐标系。关节坐标系中工业机器人的位置和姿态，以各关节底座侧的关节坐标系为基准来确定，如图 1-2-5 所示。

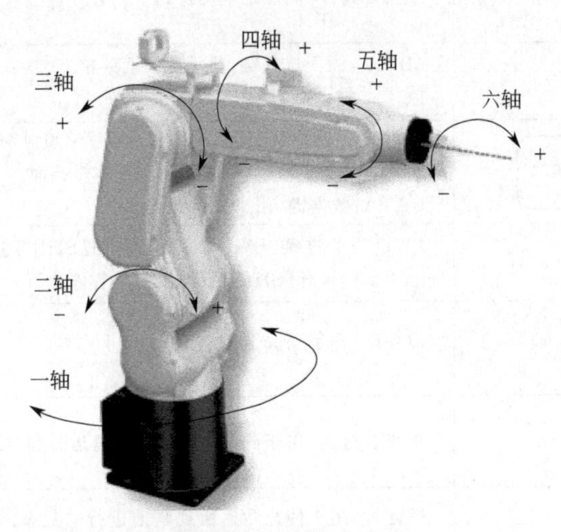

图 1-2-5　机器人关节

点动操作 FANUC 工业机器人的条件：

① 示教器【MODE SWITCH】模式开关为 T1/T2；

② 示教器【ON/OFF】开关为“ON”；

③ 在示教器中选择所需要的坐标；

④ 按住示教器【DEAD MAN】键；

⑤ 按住示教器【SHFIT】键。

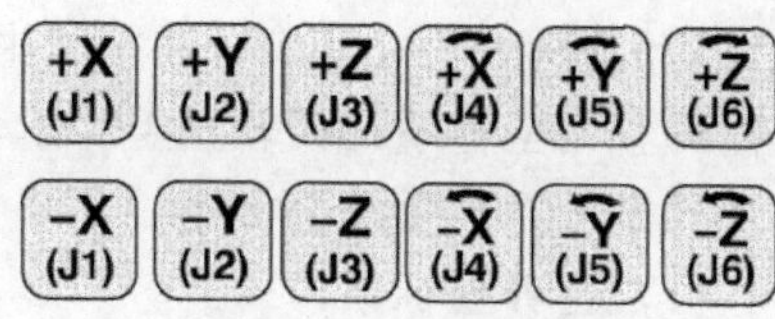

图 1-2-6　运动进给键

在满足以上条件的情况下，按住任意一个运动进给键，如图 1-2-6 所示，就可以点动 FANUC 工业机器人了。

① 观察信息栏，确认工业机器人当前是否处于关节坐标系下，如果不是处在关节坐标系下，按【COORD】键可以切换坐标系：JOINT（关节）、JGFRM（手动）、WORLD（世界）、TOOL（工具）、USER（用户）。如图 1-2-7 所示。

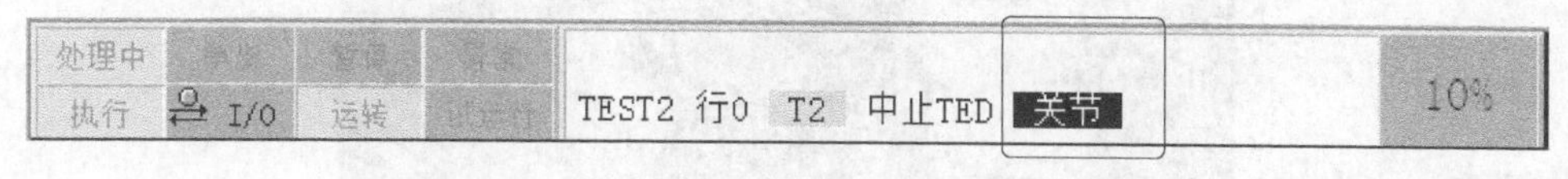

图 1-2-7　信息栏

② 关节 J1 手动，按住【DEAD MAN】键和【SHFIT】键，同时按住各运动进给键，观察机器人各关节运动情况，熟悉各关节运动的正负方向。

③ 按【POSN】键切换到 POSITION 界面（图 1-2-8），按【F1】以关节角度角坐标系显示位置信息。随着工业机器人的运动，位置信息不断动态更新。如图 1-2-9 所示。

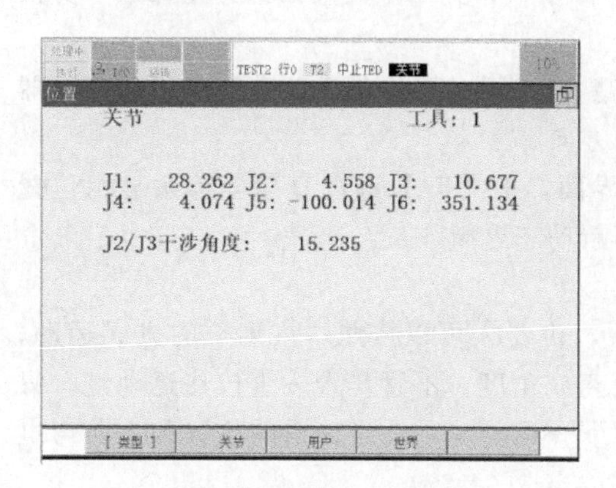

图 1-2-8　POSITION 界面

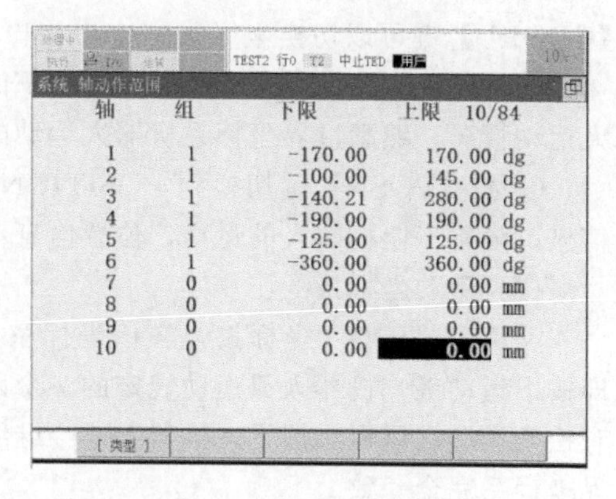

图 1-2-9　各关节极限值

④ 工业机器人各关节的运动正负方向都有极限值，到达极限值会自动报警停止。按下【MENU】（菜单）→【下一页】→【系统】→【轴动作范围】→【ENTER】，可查看和修改各关节极限值。注意，一般不要轻易修改各关节极限值，以免发生碰撞。

1.2.4 ／ 在直角坐标下点动机器人操作

直角坐标系通过从空间中的直角坐标系原点到工具侧的直角坐标系原点（工具中

心点）的坐标值 x、y、z 和空间中的直角坐标系的相对 X 轴、Y 轴、Z 轴周围的工具侧的直角坐标系的回转角 W、P、R 予以定义。工业机器人可以选用的直角坐标系有世界坐标系、手动坐标系、用户坐标系和工具坐标系。

(1) 世界坐标系

世界坐标系是被固定在空间中的标准直角坐标系，其被固定在由工业机器人事先确定的位置。世界坐标系遵循右手法则，它是其他坐标系的基础。如图 1-2-10 所示。

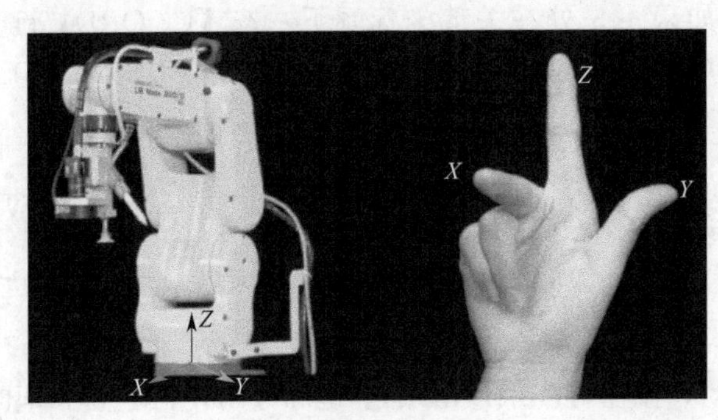

图 1-2-10　世界坐标系（右手法则）

世界坐标系的机器人点动操作如下：

① 确认工业机器人当前是否处于世界坐标系下，如果不是处在世界坐标系下，按【COORD】键可以切换坐标系。

② 按住【DEAD MAN】键和【SHFIT】键，同时按住各运动进给键，观察机器人运动情况，熟悉世界坐标系机器人运动的方向。

③ 按【POSN】键切换到 POSITION 界面，按【F4】键以直角坐标系显示位置信息。随着工业机器人的运动，位置信息不断动态更新。

(2) 手动坐标系

又称为“JOG”坐标系，在该坐标系下，机器人可以按照“点动”的方式运动，即按下运动键，机器人只运动规定的一个距离或角度，不管是否一直按住运动键。只有松开运动键后再次按下，机器人才会继续下一运动。手动坐标系的位置和方向与世界坐标系完全一致。

(3) 用户坐标系

用户坐标系是程序中记录的所有位置的参考坐标系，用户可于任何地方定义该坐标系，用于位置寄存器的示教和执行、位置补偿指令的执行等。默认的用户坐标系与世界坐标系的位置和方向完全一致。用户坐标系对于机器人编程有着十分重要的意义。

(4) 工具坐标系

工具坐标系是用来定义工具中心点（TCP）的位置和工具姿态的坐标系。安装在机器人工具末端的工具坐标系，原点和方向都是随着工具末端位置和角度不断变化的。

如图 1-2-11 所示，工具坐标系由工具坐标系原点（TCP）和坐标方位组成，它是可以定义工业机器人在实际工作中工具原点的位置和工具姿态的坐标系，用户可以自定义工具坐标系。它的测量值是针对 TCP 的，默认工具坐标系位于第六轴安装法兰盘中心。工具坐标系是附着在工具上，随工具一起运动的。在它的六个坐标值中，三个平移坐标值代表工具原点相对于第六轴安装法兰盘中心的偏移量；三个旋转坐标值表示工具方向相对于安装法兰盘中心的默认坐标系偏转的角度。

切换不同坐标系点动机器人，观察机器人在不同坐标系的运动特点。要善于切换不同坐标系操作机器人，以灵活掌握机器人姿态调整。

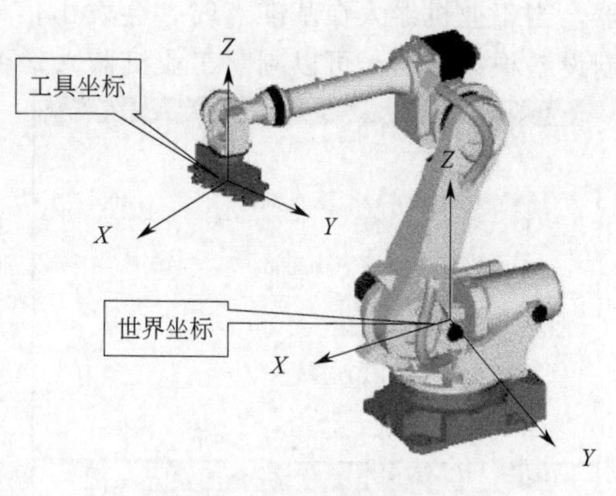

图 1-2-11　工具坐标系

1.3 工业机器人的点位示教操作

1.3.1 机器人位置数据

位置数据存储工业机器人的位置和姿势。在对运动指令进行示教时，位置数据同时被写入程序。

位置数据有：基于关节坐标系的关节坐标值，通过作业空间内的工具位置和姿势来表示的直角坐标系坐标值。标准设定下，将直角坐标系坐标值作为位置数据使用。

① 基于关节坐标系的关节坐标值的位置数据，通过机器人 J1～J6 轴来定义。在示教器上依次按键操作【MENU】→【下页】→【4D 图形】→【位置显示】→【关节】，即可查看当前机器人基于关节坐标系坐标值的位置数据。如图 1-3-1 所示。

② 基于直角坐标系坐标值的位置数据，通过四个要素来定义：直角坐标系中的工具尖点（工具坐标系原点）位置、工具方向（工具坐标系）的斜度、形态、所使用的直角坐标系。在示教器上依次按键操作【MENU】→【下页】→【4D 图形】→【位置显示】→【用户】，即可查看当前机器人基于直角坐标系坐标值的位置数据。如图 1-3-2 所示。

1.3.2 基准点设置方法，回 HOME 点方法

基准点是一个基准位置，工业机器人在这一位置时通常是远离工件和周边的机

器，当工业机器人在基准点时，会发出信号给其他远端控制设备（如PLC），远端控制设备根据此信号可以判断工业机器人是否在规定位置。

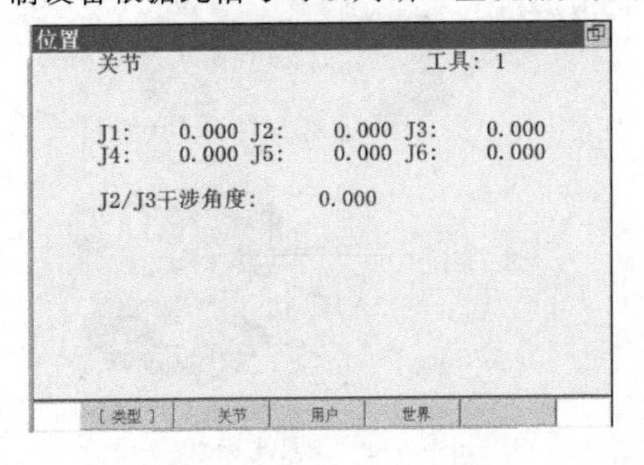

图1-3-1　查看机器人位置数据

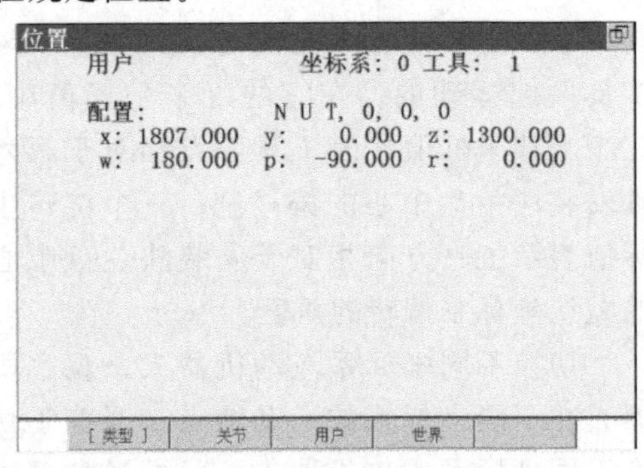

图1-3-2　机器人基于直角坐标系坐标值的位置数据

FANUC工业机器人最多可以设置三个基准点：Ref Position1、Ref Position2、Ref Position3。

注意：当工业机器人在Ref Position1位置时，系统指定的UO［7］(AT PERCH)将发信号给外部设备，但到达其他基准点位置的输出信号需要定义。当工业机器人在基准点位置时，相应的Ref Position1、Ref Position2、Ref Position3可以用DO或RO给外部设备发信号。

设置基准点的步骤如下：

① 依次按键操作：【Menu】→【设置】→【参考位置】，进入参考位置设置界面，如图1-3-3所示。

② 按下【详细】键，显示详细设置界面，如图1-3-4所示。

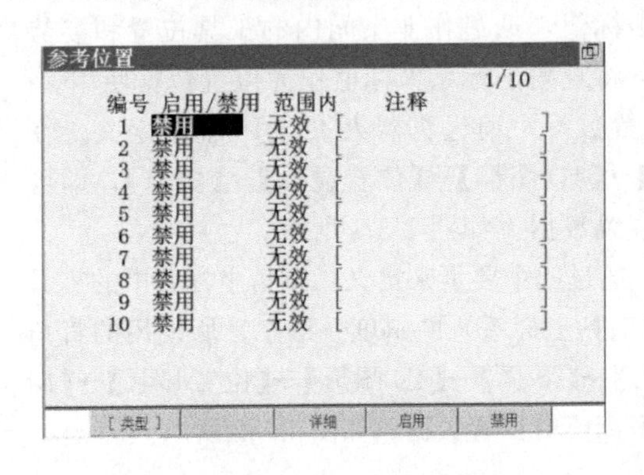

图1-3-3　参考位置设置界面

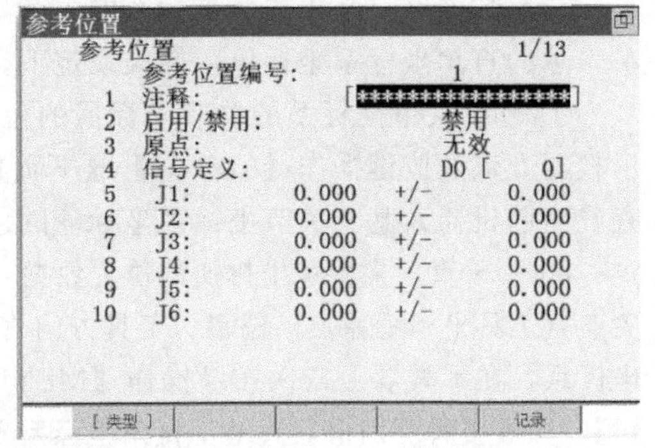

图1-3-4　参考位置详细设置界面

③ 输入注释。

a. 将光标置于注释行，按【ENTER】键输入注释，如图1-3-5所示。

b. 移动光标，选择以何种方式输入注释。

c. 按相应的【F1】~【F5】键输入注释。

d. 输入完毕，按【ENTER】键退出。

④ 将光标移至第三项，设置是否为有效原点（HOME）位置（基准点确认），如图 1-3-6 所示。

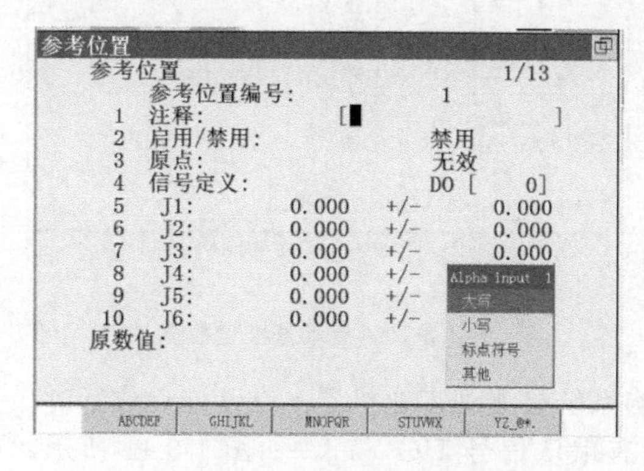

图 1-3-5　输入注释

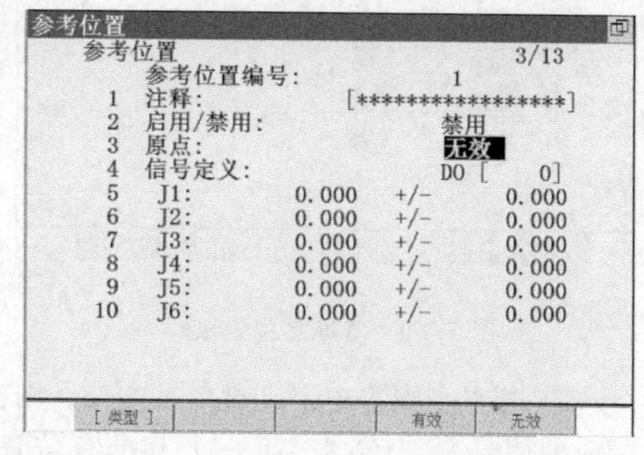

图 1-3-6　设置有效原点（HOME）位置

⑤ 信号定义指定当工业机器人到达该基准点时输出的信号。当光标移到图 1-3-7 所示位置，可以通过【F4】键或【F5】键在 DO（数字输出）和 RO（工业机器人输出）间切换端口类型。

⑥ 示教基准点位置，如图 1-3-8 所示。

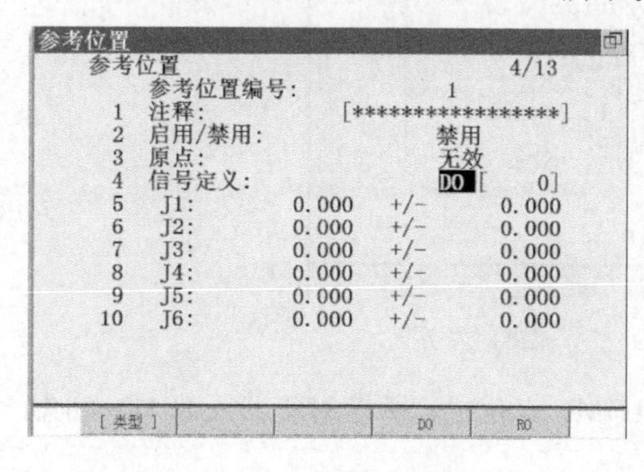

图 1-3-7　信号定义设定到达基准点时输出的信号

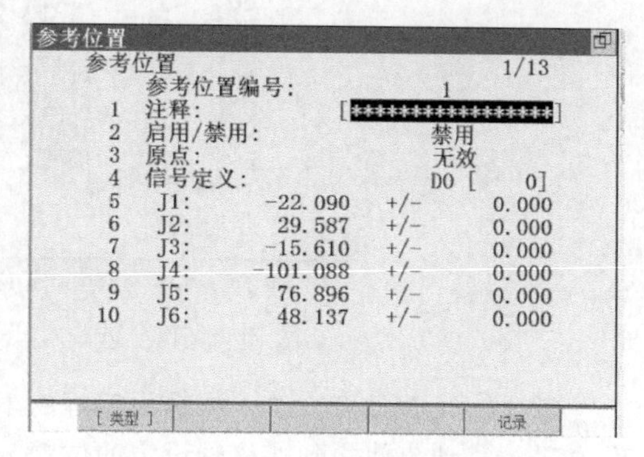

图 1-3-8　示教完成的基准点数据

a. 方法一（示教法）：把光标移到 J1～J6 轴的设置项，示教机器人到需要的点，按【SHIFT】＋【记录】键记录。

b. 方法二（直接输入法）：把光标移到 J1～J6 轴的设置项，直接输入基准点的关节坐标数据。

⑦ 基准点指定后按【PREV】（前一页）键返回参考位置菜单，如图 1-3-9 所示。

⑧ 为使基准点有效/失效，把光标移到有效/失效，然后按相应的功能键。

⑨ 若基准点有效，当系统检测到工业机器人在基准点位置，则相应的范围内项变为有效。如图 1-3-10 所示。

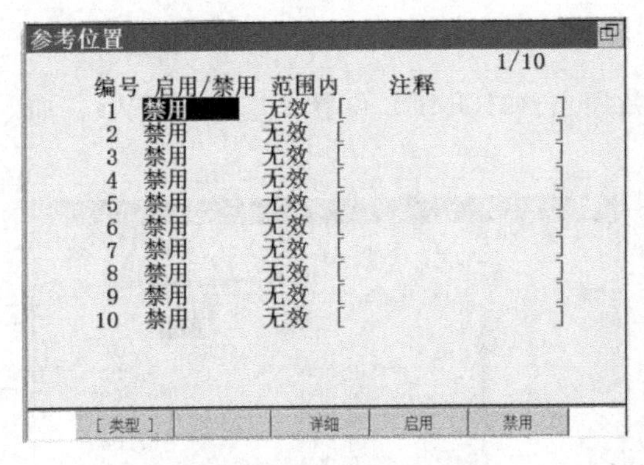

图 1-3-9 基准点位置菜单

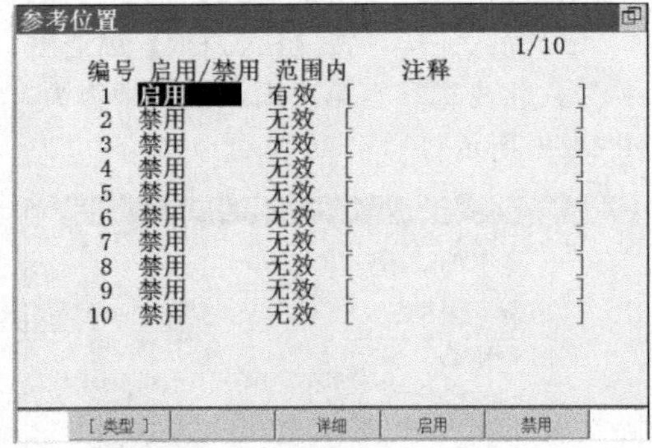

图 1-3-10 启动基准点数据

⑩ 若在步骤⑤中定义过信号端口，则当系统检测到工业机器人在基准点位置时，相应的信号置“ON”。第一个基准点位置有默认信号 UO［7］，如图 1-3-11 所示。UOP 设置在之后章节有详细介绍。

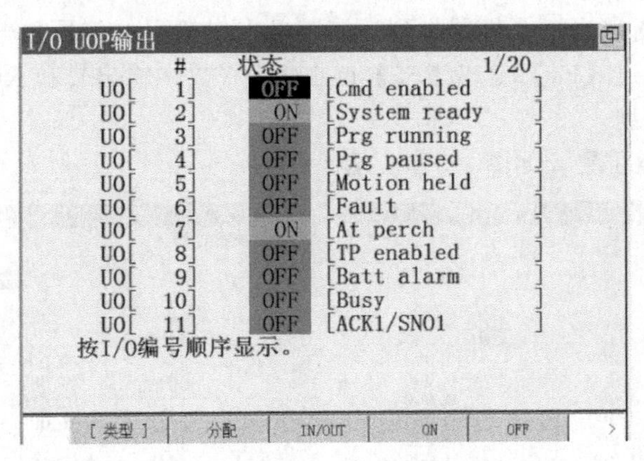

图 1-3-11 机器人 UO［7］输出信号界面

⑪ 回 HOME 点方法：根据设定好的 HOME 点位置，手动对机器人的 J1～J6 轴分别进行移动，使之到达该轴设定的位置。

机器人的轨迹应用示教编程

2.1 工业机器人示教器的程序编辑

2.1.1 工业机器人运动指令

运动指令是指以指定的移动速度、移动方法使工业机器人向工作范围内的指定位置移动的指令。

FANUC工业机器人的运动指令包含运动类型、位置指示符号、位置数据类型、移动速度、定位类型、动作附加指令。

L @P[i] 400mm/sec FINE Offset

"L"：表示直线运动。运动指令中运动类型有：J（关节运动）、L（直线运动）、C（圆弧运动）。

"@"：表示当前位置指示。

"P[i]"：表示i位置的一般位置数据。运动指令中位置数据类型有P[i]、PR[i]位置寄存器。i在其中表示位置号。

"400mm/sec"：表示工业机器人在运动过程中的移动速度。

"FINE"：表示运动的精确定位。运动的定位类型有：FINE（精确定位）、CNT（非精确定位）。

"Offset"：表示运动位置补偿指令。运动附加指令有：ACC（加减速倍率指令）、INC（增量指令）等。

(1) 运动类型

FANUC工业机器人运动类型有：不进行轨迹控制/姿势控制的关节运动（J）、进行轨迹/姿势控制的直线运动（L）、圆弧运动（C）。

① 关节运动（J） 关节运动是工业机器人所有轴同时加速，在示教速度下移动后，同时减速停止，移动轨迹通常为非直线。关节运动中的工具姿势不受控制。关节移动速度的单位，以相对最大移动速度的百分比来记述。如图2-1-1所示，机器人从A点移动到B点，其运动过程不要求严格控制工具姿势，可用关节运动指令快速移动。

程序如下：

```
1：J  P[1]  80%  FINE//移动到A点
2：J  P[2]  60%  FINE//移动到B点
```

② 直线运动（L） 直线运动是以线性方式从开始点运动到结束点。直线移动速度的单位，可以从mm/sec、cm/min、in/min、sec中选择。直线运动中的工具姿势可以受到控制，如图2-1-2所示，要把机器人从A点直线移动到B点，可用直线运动指令移动。

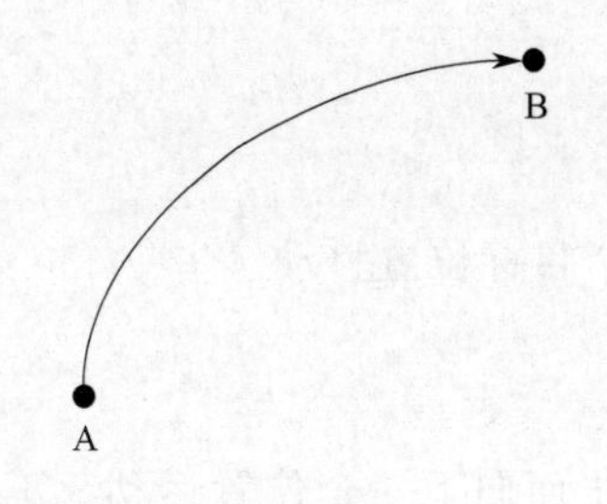

图 2-1-1　A、B 间关节运动

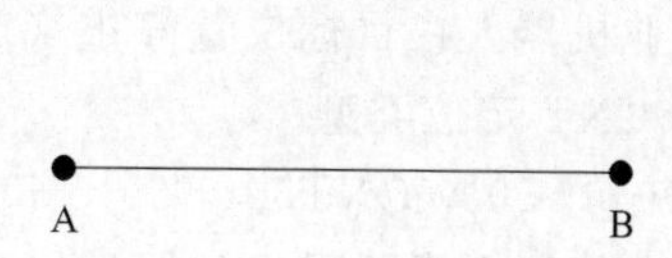

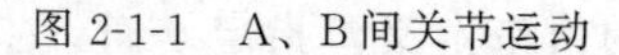

图 2-1-2　A、B 间直线运动

程序如下：

```
1：J  P[1]  100%                FINE//快速移动到 A 点
2：L  P[2]  100mm/sec           FINE//直线移动到 B 点
```

③ 圆弧运动（C）　圆弧运动是以圆弧方式从运动开始点通过经由点到结束点运动。其中，第一个点由关节运动确定，剩下两个点由圆弧运动指令进行示教。如图 2-1-3 所示，要把机器人从 A 点移动到 C 点，中间经过 B 点可用圆弧动作移动。

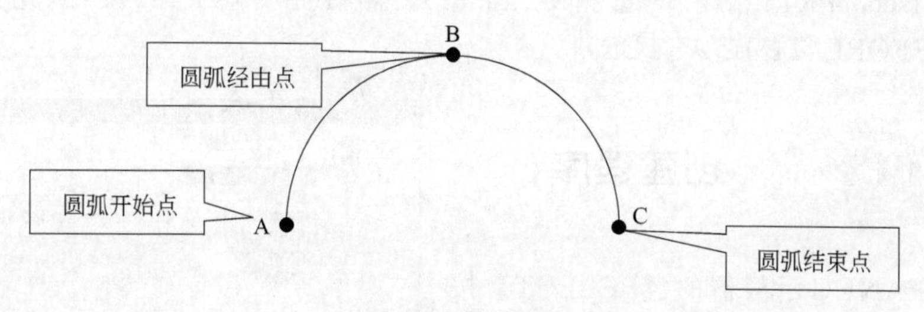

图 2-1-3　圆弧 A-B-C

程序如下：

```
1：J  P[1]  80%  FINE           //通过关节动作移动到 A 点
2：C  P[2]                      //移动到 B 点
      P[3]  400mm/sec  FINE     //移动到 C 点
```

(2) 位置指示符号

“@”表示当前位置指示。

(3) 位置数据类型

位置数据存储工业机器人的位置和姿势。在对运动指令进行示教时，位置数据同时被写入程序。位置数据有两种类型，分别是一般位置 P[ ]、位置寄存器 PR[ ]。

(4) 移动速度

对应不同的动作类型，速度单位不同。

关节运动 J：%、sec、msec。

直线运动 L、圆弧运动 C：mm/sec、cm/min、inch/min、deg/sec、sec、msec。

(5) 定位类型

定位类型定义运动指令中的工业机器人的运动结束方法。定位类型有 FINE、

CNT 两种。

① FINE 定位类型

J P [i] 50% FINE

工业机器人在目标位置停止（定位）后向下一个目标位置移动。

② CNT 定位类型

J P [i] 50% CNT50

工业机器人靠近目标位置，但是不在该位置停止而向下一个位置运动。工业机器人靠近目标位置到什么程度，由 CNT0～CNT100 的值来定义。指定 0 时，工业机器人在最靠近目标位置处运动，但是不在目标位置定位而开始向下一个点运动。指定 100 时，工业机器人在最远离目标位置处不减速而马上向下一个点开始运动。

(6) 运动附加指令

运动附加指令是在工业机器人运动中使其执行特定作业的指令。运动附加指令有加减速倍率指令（ACC)、跳过指令（Skip LBL[i]）、位置补偿指令（Offset)、直接位置补偿指令（Offset，PR[i]）、工具补偿指令（Tool_Offset)、直接工具补偿指令（Tool_ Offset，PR[i]），增量指令（INC)、路径指令（PTH)、预先执行指令（TIME BEFORE/TIME AFTER)。

2.1.2 创建程序

按下 FANUC 示教器的【SELECT】按键，进入程序选择界面。如图 2-1-4 所示。

按下 FANUC 示教器的【F2】(创建) 按键，然后移动光标选择程序命名方式，再使用功能键（【F1】～【F5】）输入程序名。如图 2-1-5 所示。

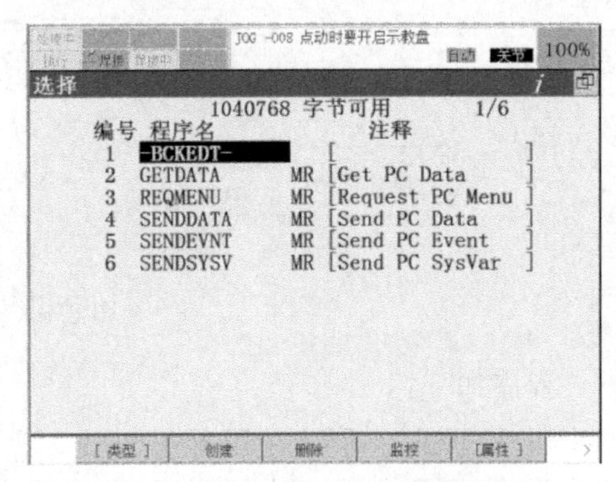

图 2-1-4 程序选择界面

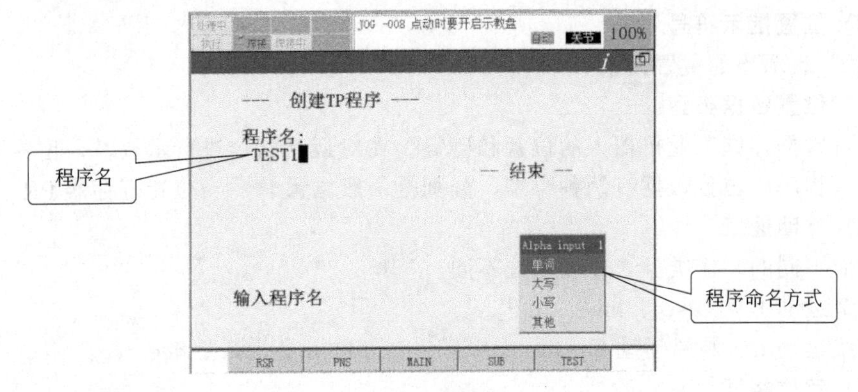

图 2-1-5 程序命名

程序名输入完成后，按示教器上的【ENTER】（回车）键确认，如图 2-1-6 所示，之后即可进入程序编写页面，如图 2-1-7 所示。

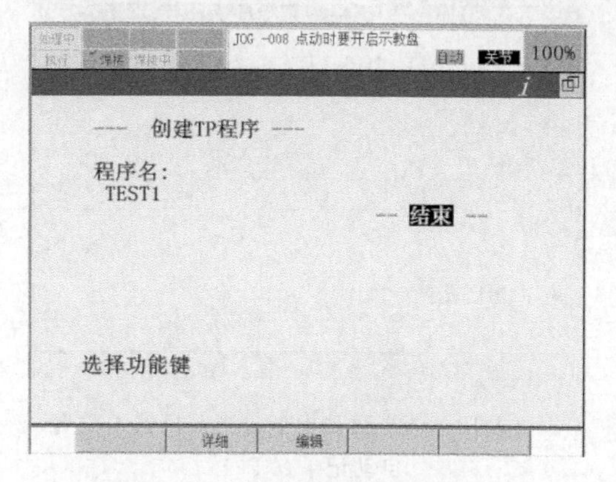

图 2-1-6　按【ENTER】确认

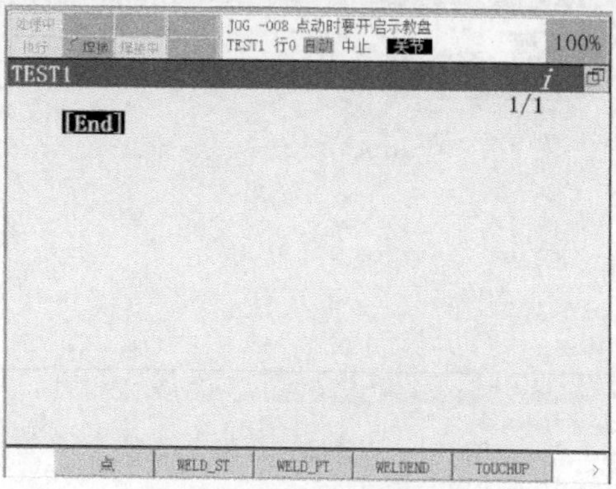

图 2-1-7　程序编写页面

手动执行程序，操作如下。

(1) 在 TP 上执行单步操作

将【TP】开关置于“ON”状态，移动光标到要开始的程序行处，按【STEP】键，确认【STEP】键指示灯亮。按住【SHIFT】键的同时，按一下【FWD】键开始执行一句程序。程序开始执行后，可以松开【FWD】键。程序运行完，机器人停止运动。

(2) 在 TP 上执行连续操作

按【STEP】键，确认【STEP】键指示灯灭。按住【SHIFT】键的同时，按一下【FWD】键开始执行程序。程序开始执行后，可以松开【FWD】键。程序运行后，机器人停止运动。

2.1.3　/　示教编程

(1) 示教编程直线运动

示教编程如图 2-1-8 所示从 1 点运动到 2 点的直线。

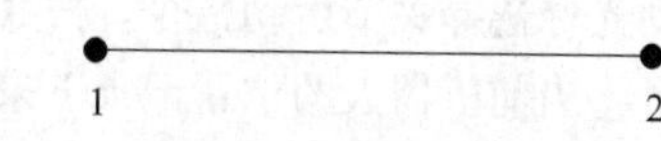

图 2-1-8　1、2 之间的直线路径

示教机器人到 1 点，进入示教器编辑界面，按【F1】（点），选择运动指令类型，如图 2-1-9 所示。

移动光标选择关节运动指令，按【ENTER】键确认，生成动作指令，当前机器人的位置也会同时记录下来，如图 2-1-10 所示。

示教机器人到 2 点，按【F1】（点），移动光标选择直线运动指令，按【ENTER】键确认，当前机器人的位置自动被记录在 P[2]，如图 2-1-11 所示。

手动执行程序（单步操作或连续操作），工业机器人即可从 1 点开始以直线的形式运动到 2 点。

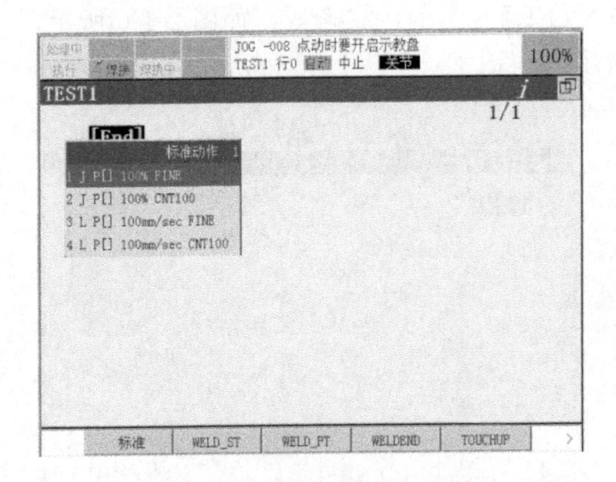

图 2-1-9 选择运动指令类型

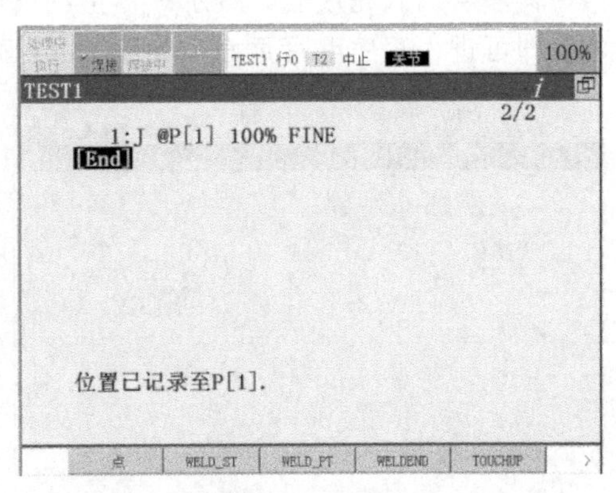

图 2-1-10 选择运动指令，当前机器人位置自动记录在 P[1]

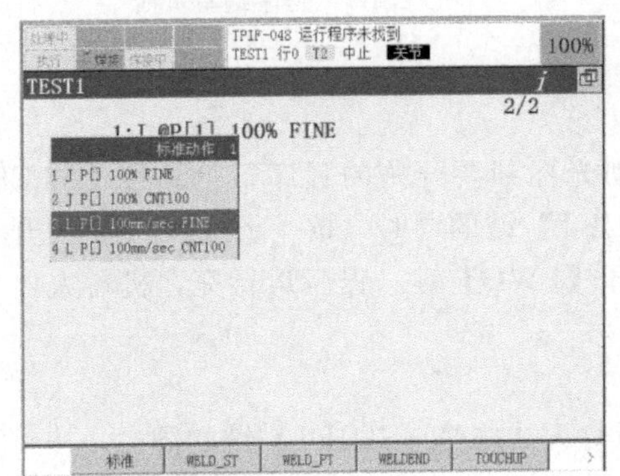

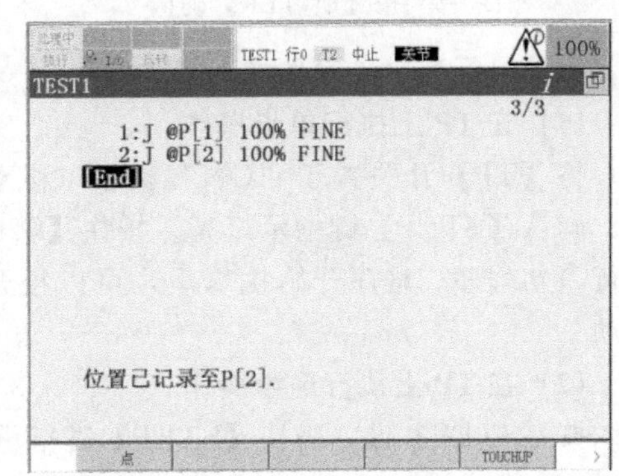

图 2-1-11 2 点的示教

(2) 示教编程矩形轨迹

示教编程如图 2-1-12 所示 1→2→3→4→1 顺序的矩形轨迹。

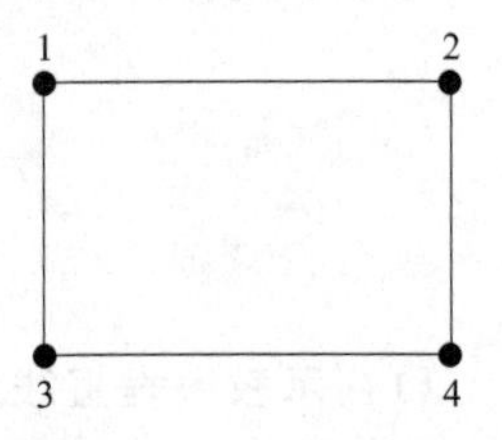

图 2-1-12 示教矩形轨迹

示教机器人到 1 点，进入示教器编辑界面，按【F1】（点），移动光标选择关节运动指令，按【ENTER】键确认，生成动作指令，将当前机器人的位置记录下来，如图 2-1-13 所示。

示教机器人到 2 点，按【F1】（点），移动光标选择直线运动指令。按【ENTER】键确认，生成动作指令，将当前机器人的位置记录下来，如图 2-1-14 所示。

依次将机器人移动到 3 点、4 点，依照 2 点的操作，将机器人的 3 点、4 点位置记录下来，形成如图 2-1-15 所示的程序。

按【F1】（点），移动光标选择直线运动指令，按【ENTER】键确认，生成动作指令。移动光标至数字 5 上，输入数值 1，按【ENTER】键确认，工业机器人以直线的形式移动至开始点，如图 2-1-16 所示。

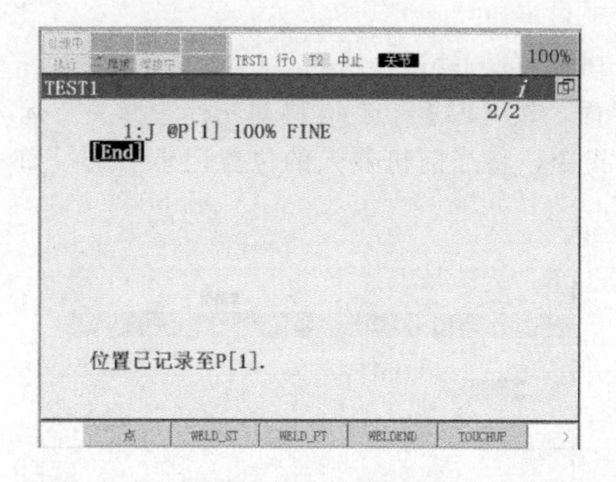

图 2-1-13　记录 1 点

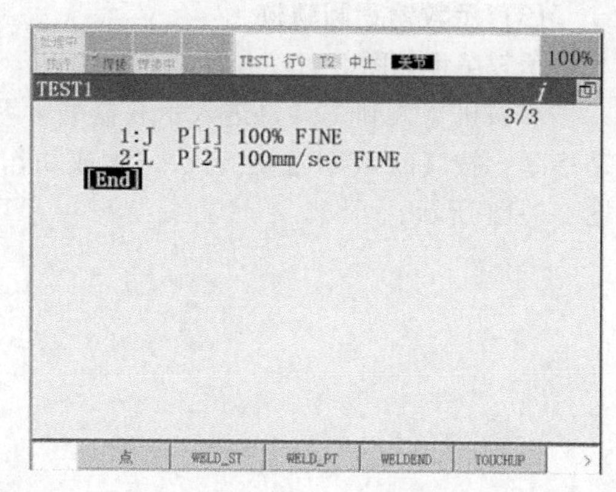

图 2-1-14　记录 2 点

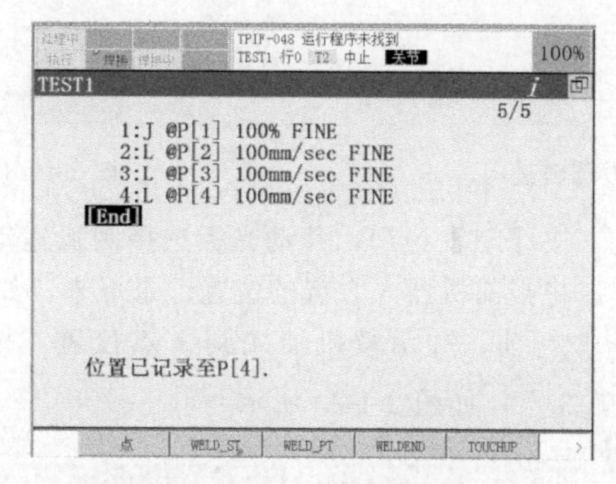

图 2-1-15　完成的程序

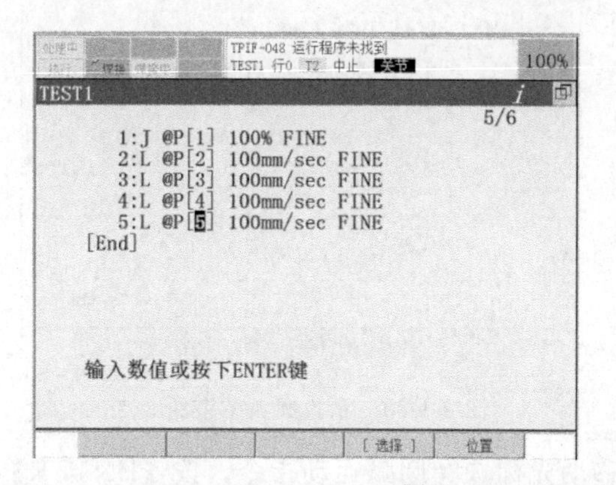

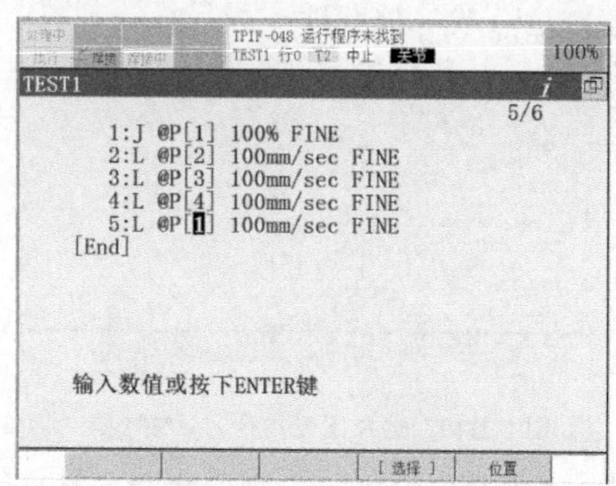

图 2-1-16　从 4 点返回 1 点的程序

手动执行程序（单步操作或连续操作），工业机器人即可按照 1→2→3→4→1 的顺序画矩形。

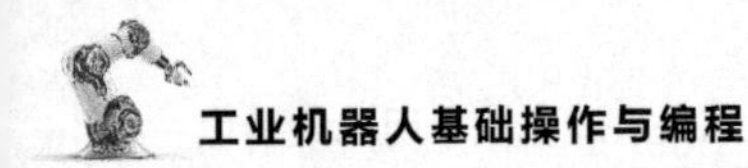

(3) 示教编程圆轨迹

示教编程如图 2-1-17 所示 1→2→3→4→1 顺序的圆轨迹。

示教机器人到 1 点，进入示教器编辑界面，按【F1】（点），移动光标选择关节运动指令，按【ENTER】键确认，生成动作指令，将当前机器人的位置记录下来，如图 2-1-18 所示。

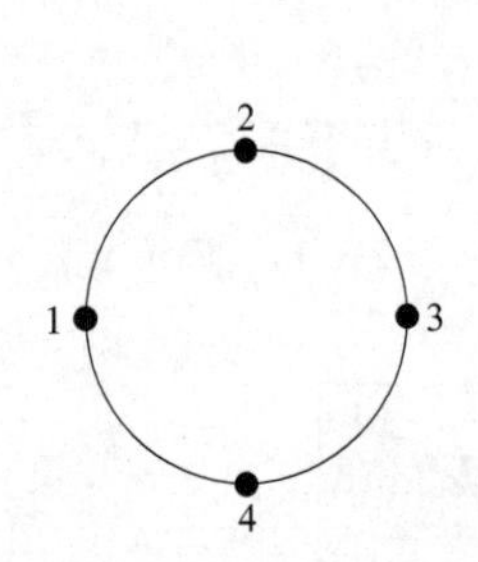

图 2-1-17 示教圆轨迹图

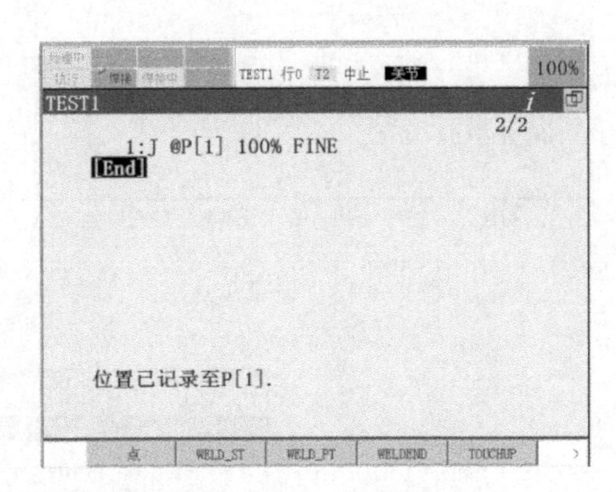

图 2-1-18 记录 1 点

示教机器人到 2 点，按【F1】（点），移动光标选择圆弧运动指令，按【ENTER】键确认，生成动作指令，将当前机器人 2 点的位置记录下来，如图 2-1-19 所示。

将光标移至 P［...］行前，并示教机器人到 3 点位置，按【SHIFT】+【F5】（TOUCHUP）记录圆弧 3 点，如图 2-1-20 所示。

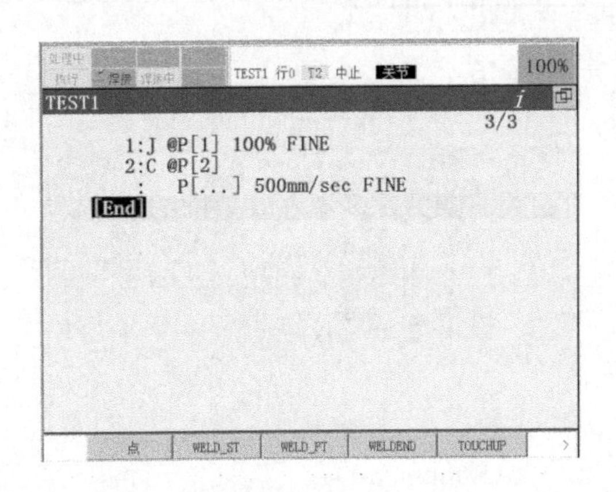

图 2-1-19 选择圆弧指令，示教 2 点

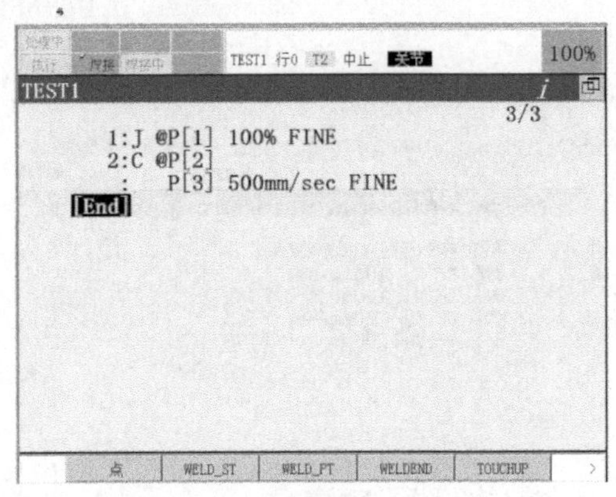

图 2-1-20 示教圆弧结束的 3 点

示教机器人到 4 点，按【F1】（点），移动光标选择圆弧运动指令，按【ENTER】键确认，生成动作指令，将当前机器人 4 点的位置记录下来，将光标移至 P［...］，输入数值 1，按【ENTER】键确认，机器人回到起始点，如图 2-1-21 所示。

手动执行程序（单步操作或连续操作），工业机器人即可按照 1→2→3→4→1 的顺序画圆。

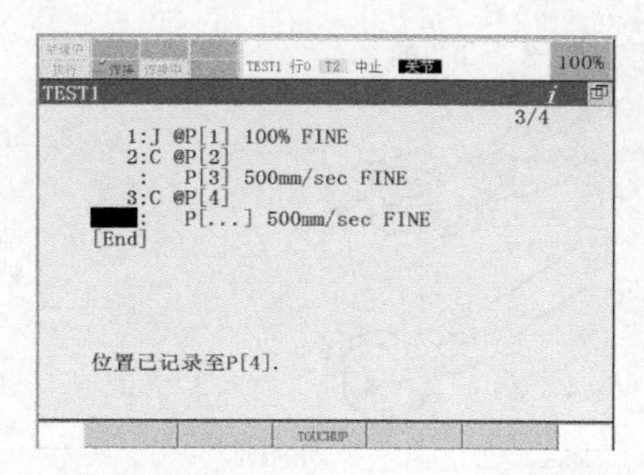

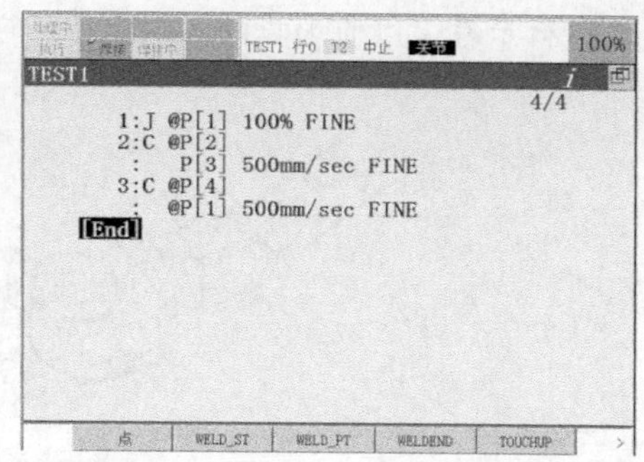

图 2-1-21　示教 4 点

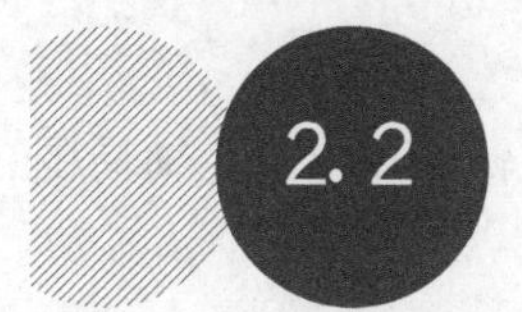

2.2　坐标系的标定

2.2.1　工具坐标系的设定

工具坐标系是表示工具中心点（TCP）和工具姿势的直角坐标系。工具坐标系通常以 T C P 为原点，将工具方向取为 Z 轴。工具坐标系在坐标系设定画面上进行定义，或者通过改写系统变量来定义。可定义 10 个工具坐标系，并可根据情况进行切换。

可用以下 4 种方法来设定工具坐标系。

（1）三点示教法（TCP 自动设定）

设定工具中心点（工具坐标系的 x、y、z）进行示教，使参考点 1、2、3 以"不"的姿势指向一点，由此自动计算 TCP 的位置。要进行正确设定，应尽量使三个趋近方向各不相同。三点示教法中，只可以设定工具中心点（x，y，z）。工具姿势（w，p，r）中输入标准值（0，0，0）。在设定完位置后，以六点示教法或直接示教法来定义工具姿势，如图 2-2-1 所示。

（2）六点示教法

与三点示教法一样地设定工具中心点，然后设定工具姿势（w，p，r）。六点示教法包括六点（XY）示教法和六点（XZ）示教法。

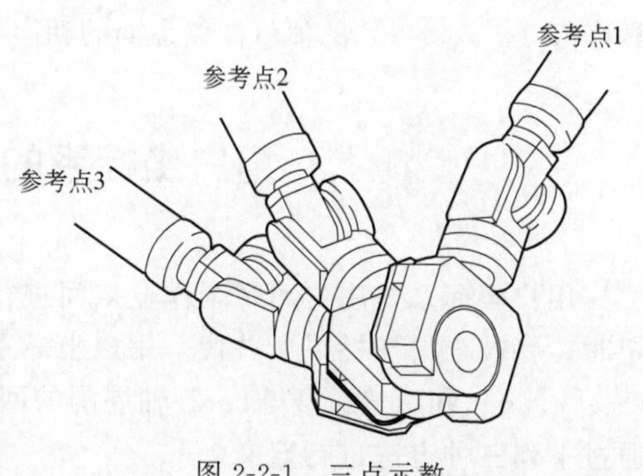

图 2-2-1　三点示教

六点（XZ）示教法中，进行示教以使 w、p、r 成为空间的任意一点，与工具坐标系平行的 X 轴方向的一点，XZ 平面上的一点。此时，通过笛卡儿点动或工具点动进行示教，以使工具的倾斜保持不变。如图 2-2-2 所示。

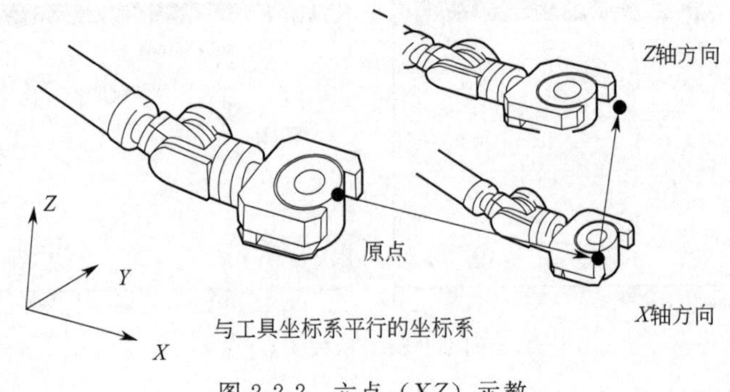

图 2-2-2　六点（XZ）示教

(3) 直接示教法

直接输入 TCP 的位置 x、y、z 的值和机械接口坐标系的 X 轴、Y 轴、Z 轴周围的工具坐标系的回转角 w、p、r 的值。如图 2-2-3 所示。

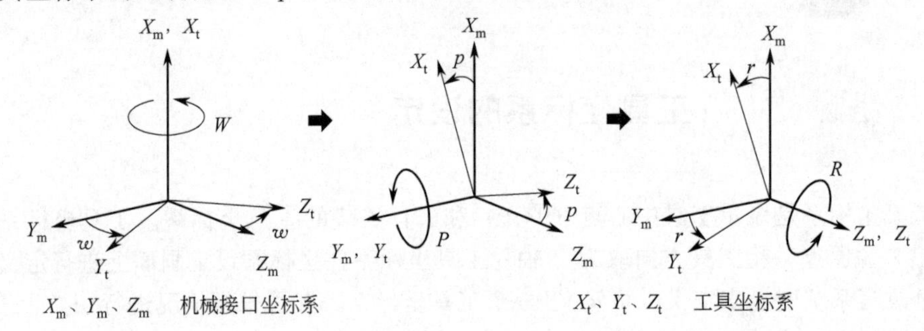

图 2-2-3　工具直接示教

(4) 两点+Z 值示教法

可以在 7DC1 系列 04 版或者更新版上使用。可以设定无法相对于世界坐标系的 XY 平面使工具倾斜的机器人（主要是 4 轴机器人）的工具中心点。对于某个已被固定的点，在不同的姿势下以指向该点的方式示教接近点 1、2。由这 2 个接近点计算并设定工具坐标系的 X 和 Y。工具坐标系的 Z 值，通过规尺等计测并直接输入，同时直接输入工具姿势（w、p、r）的值（法兰盘面的朝向与工具姿势相同时，全都设定为 0）。

2.2.2　用户坐标系的设定

用户坐标系是用户对每个作业空间进行定义的直角坐标系。用户坐标系在尚未设定时，将被全局坐标系所替代。用户坐标系通过相对全局坐标系的坐标系原点的位置（x，y，z）和 X 轴、Y 轴、Z 轴周围的回转角（w，p，r）来定义。用户坐标系可通过下列三种方法进行定义。

(1) 三点示教法

三点示教法，即对坐标系的原点、X 轴方向的一点、XY 平面上的一点进行示教。如图 2-2-4 所示。

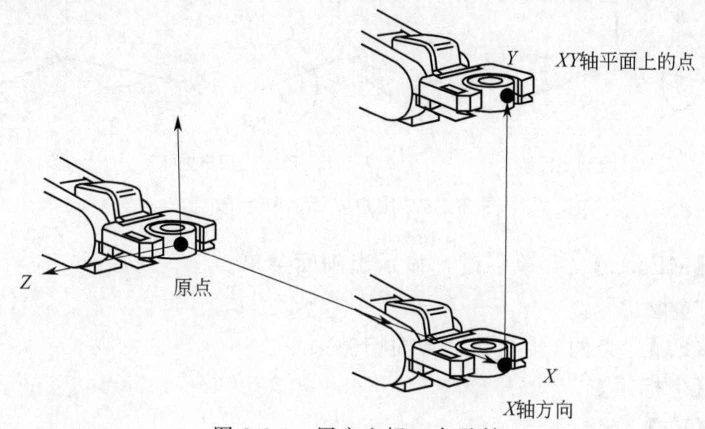

图 2-2-4　用户坐标三点示教

(2) 四点示教法

四点示教法，即对平行于坐标系的 X 轴的始点、X 轴方向的一点、XY 平面上的一点、坐标系的原点进行示教。如图 2-2-5 所示。

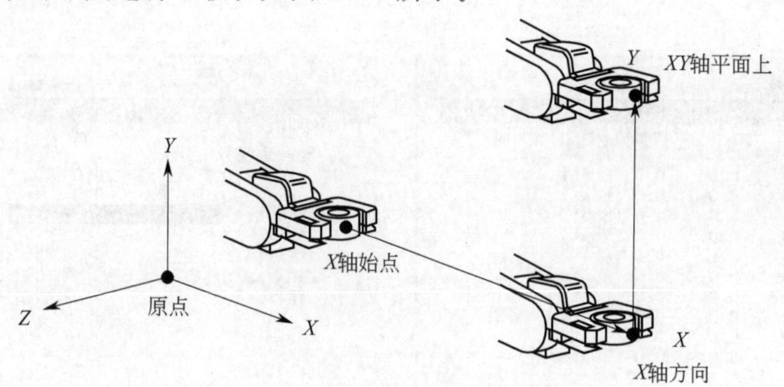

图 2-2-5　用户坐标四点示教

(3) 直接示教法

直接输入相对全局坐标系的用户坐标系原点的位置 x、y、z 和全局坐标系的 X 轴、Y 轴、Z 轴周围的回转角 w、p、r 的值。如图 2-2-6 所示。

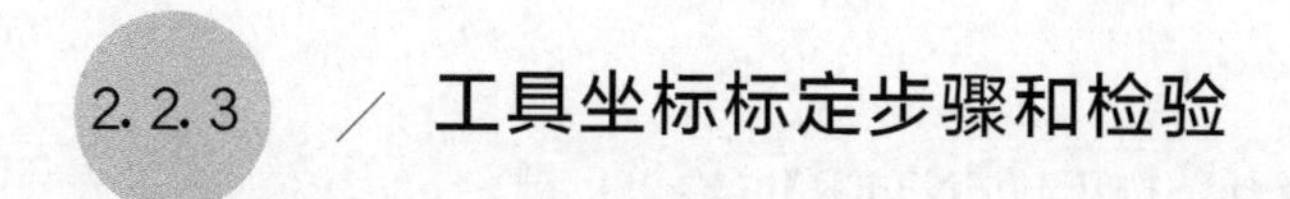

2.2.3　工具坐标标定步骤和检验

(1) 工具坐标标定的步骤

这里以工具坐标三点法标定为例介绍。

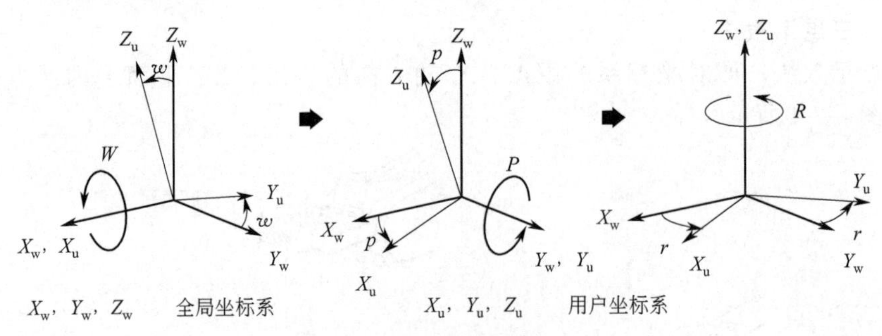

图 2-2-6 用户坐标直接示教

① 按下【MENU】(菜单)键，显示出画面菜单。

② 选择“6 设置”。

③ 按下【F1】(类型)，显示出画面切换菜单。

④ 选择【坐标系】。

⑤ 按下【F3】(坐标)。

⑥ 选择【工具坐标系】，出现工具坐标系画面，如图 2-2-7 所示。

⑦ 将光标指向将要设定的工具坐标系号码所在行。

⑧ 按下【F2】(详细)，出现所选的坐标系号码的工具坐标系设定画面，如图 2-2-8 所示。

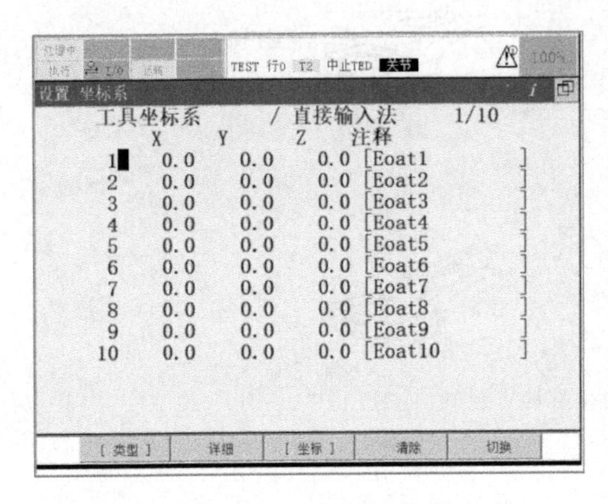
设置 坐标系

工具坐标系 / 直接输入法 1/10

	X	Y	Z	注释
1	0.0	0.0	0.0	[Eoat1]
2	0.0	0.0	0.0	[Eoat2]
3	0.0	0.0	0.0	[Eoat3]
4	0.0	0.0	0.0	[Eoat4]
5	0.0	0.0	0.0	[Eoat5]
6	0.0	0.0	0.0	[Eoat6]
7	0.0	0.0	0.0	[Eoat7]
8	0.0	0.0	0.0	[Eoat8]
9	0.0	0.0	0.0	[Eoat9]
10	0.0	0.0	0.0	[Eoat10]

[类型] 详细 [坐标] 清除 切换

图 2-2-7 工具坐标窗口

设置 坐标系

工具坐标系 三点法 1/4

坐标系编号： 1

X: 0.0 Y: 0.0 Z: 0.0

W: 0.0 P: 0.0 R: 0.0

注释： Eoat1

接近点1: 未初始化

接近点2: 未初始化

接近点3: 未初始化

[类型] [方法] 编号

图 2-2-8 工具坐标三点法设置窗口

⑨ 按下【F2】(方法)。

⑩ 选择“三点法”。

⑪ 输入注释。

a. 将光标移动到注释行，按下【ENTER】(输入)键。

b. 选择使用单词或英文字母。

c. 按下适当的功能键，输入注释。

d. 注释输入完后，按下【ENTER】键。

⑫ 记录各参照点，如图 2-2-9～图 2-2-11 所示。

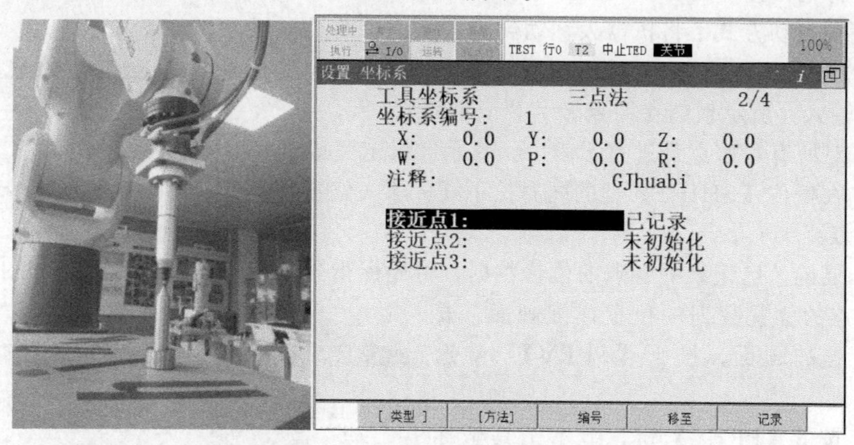

图 2-2-9　工具坐标三点法第一点设置

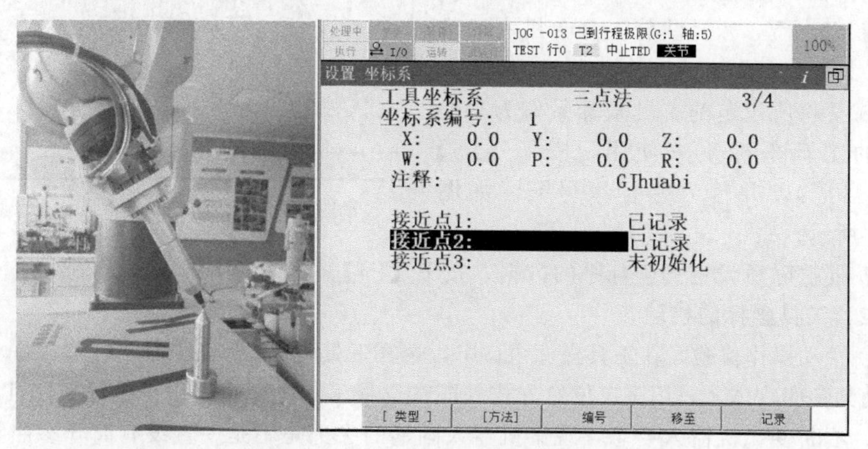

图 2-2-10　工具坐标三点法第二设置

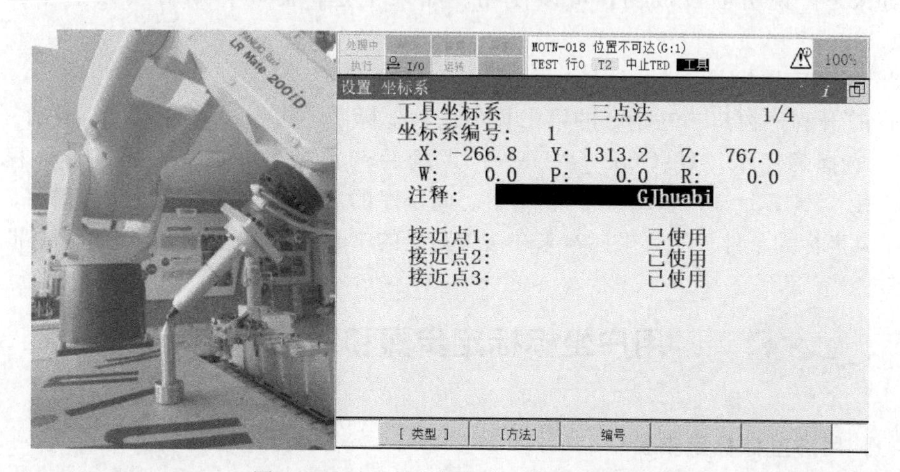

图 2-2-11　工具坐标三点法第三点设置

a. 将光标移动到各参照点。

b. 在点动方式下将机器人移动到应进行记录的点。

c. 在按住【SHIFT】键的同时，按下【F5】（位置记录），将当前值的数据作为参照点输入，所示教的参照点显示“记录完成”。

d. 对所有参照点都进行示教后，显示“设定完成”，工具坐标系即被设定。

⑬ 在按住【SHIFT】键的同时按下【F4】（位置移动），即可使机器人移动到所存储的点。

⑭ 要确认已记录的各点的位置数据，将光标指向各参照点，按下【ENTER】键，出现各点的位置数据的位置详细画面。要返回原先的画面，按下【PREV】（返回）键。

⑮ 按下【PREV】键，显示工具坐标系一览画面。可以确认所有工具坐标系的设定值（X、Y、Z及注释，每台机一般都是不一样的）。

⑯ 要将所设定的工具坐标系作为当前有效的工具坐标系来使用，按下【F5】（设定号码），并输入坐标系号码。如图2-2-12所示。

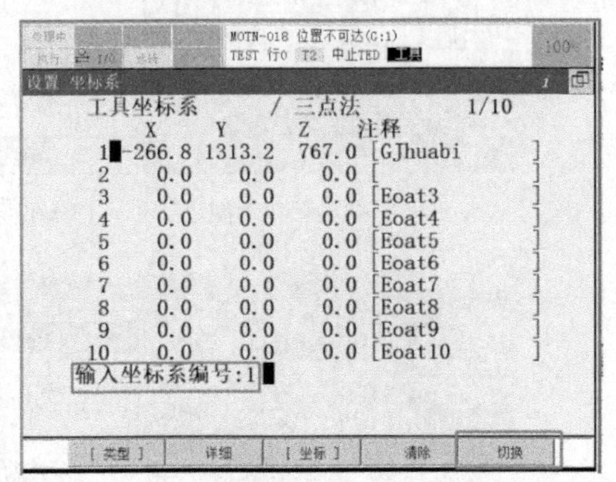

图 2-2-12 工具坐标窗口切换坐标

⑰ 要擦除所设定的坐标系的数据，按下【F4】（清除）。

(2) 工具坐标的检验

① 手动操作检验　在工具坐标窗口中，选择工具坐标1，在工具坐标运动中将机器人移动到参照物体上，用重定位的方式（即在选择工具坐标情况下，按【SHIFT＋J4～J6】），不断变化机器人姿态，观察机器人画笔的尖部是不是一直没有离开参照物的尖端。如果是，说明创设成功，可以使用。如果不是，需要重新再按以上步骤设置一次。

② 程序应用检验

a. 打开程序窗口，在指令的第二页中进入坐标系的指令，如图2-2-13所示。

b. 选择第三个“UTOOL _ NUM＝”，然后选择常数，填写“1”，所得程序为“UTOOL _ NUM＝1”，如图2-2-14所示。此程序的意思就是下面所执行的程序，都以这个工具坐标为条件。工具坐标本来在法兰盘上的中心点，现已经移动到画笔尖部。

2.2.4 ／ 用户坐标标定步骤和检验

(1) 用户坐标标定步骤

① 按下【MENUS】（画面选择）键，显示出画面菜单。

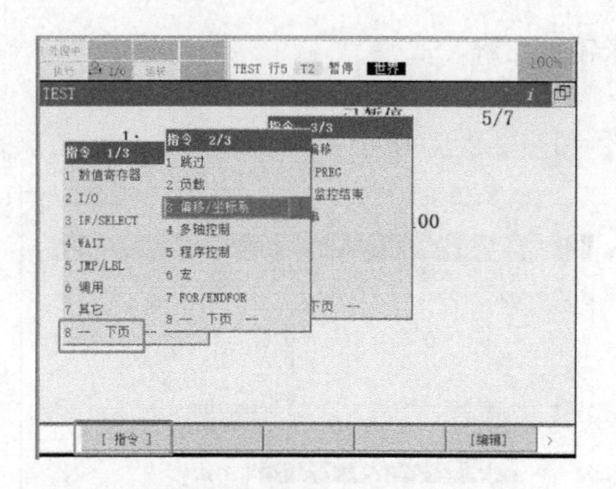

图 2-2-13　程序编辑窗口打开坐标系指令

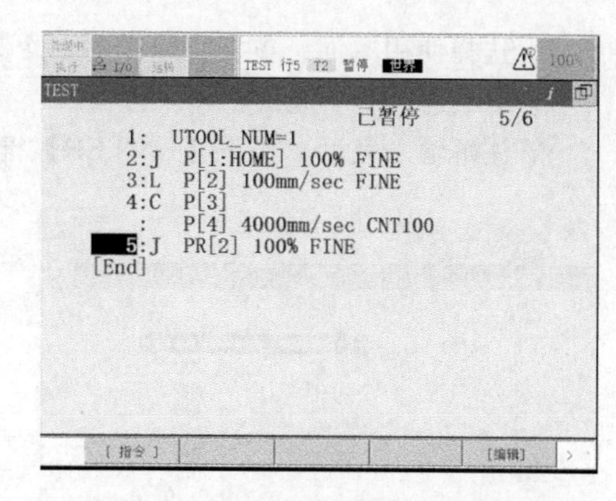

图 2-2-14　程序编辑窗口选择工具坐标

② 选择“6 设置”。

③ 按下【F1】（类型），显示出画面切换菜单。如图 2-2-15 所示。

④ 选择【坐标系】。

⑤ 按下【F3】（坐标）。

⑥ 选择“User Frame”（用户坐标），出现用户坐标系一览画面，如图 2-2-16 所示。

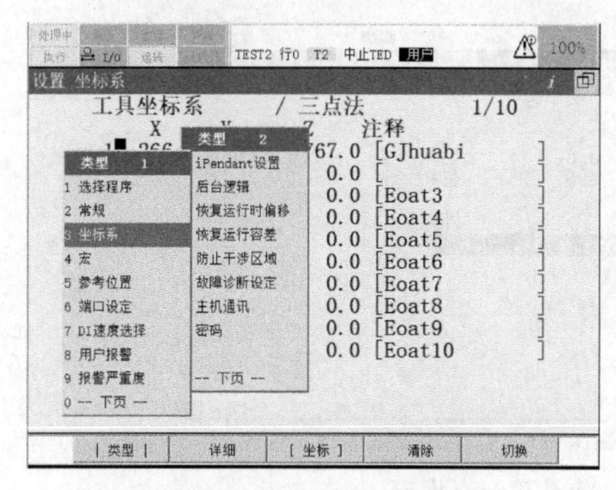

图 2-2-15　切换坐标系窗口

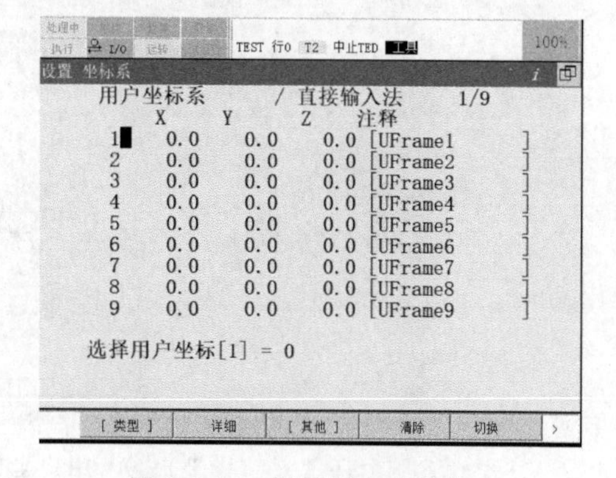

图 2-2-16　打开用户坐标窗口

⑦ 将光标指向将要设定的用户坐标系号码所在行。

⑧ 按下【F2】（详细），出现所选的坐标系号码的用户坐标系设定画面。如图 2-2-17 所示。

⑨ 按下【F2】（方法）。

⑩ 选择“1 三点法”。如图 2-2-18 所示。

⑪ 输入注解。

a. 将光标移动到注解行，按下【ENTER】（输入）键。

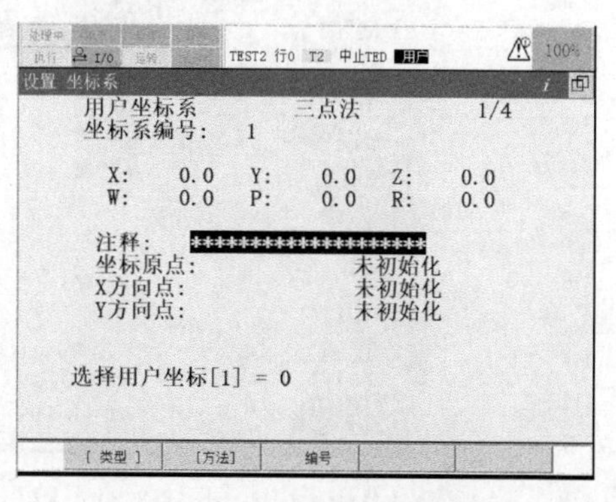

图 2-2-17　用户坐标详细

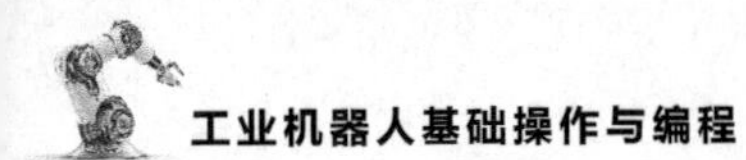

b. 选择使用单词、英文字母中的一个来输入注解。

c. 按下适当的功能键，输入注解。

d. 注解输入完后，按下【ENTER】键。如图 2-2-19 所示。

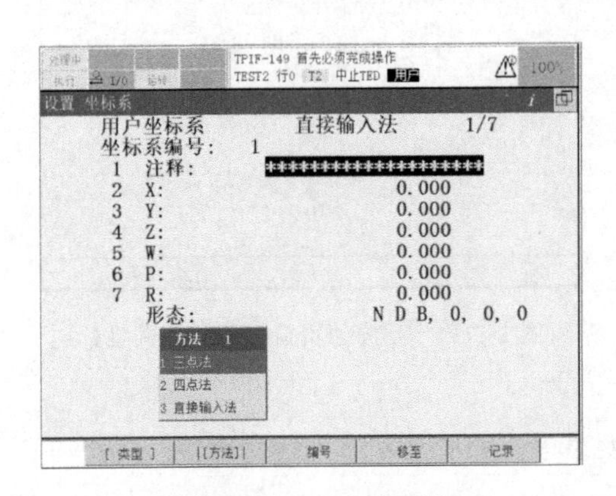

图 2-2-18　三点法选择

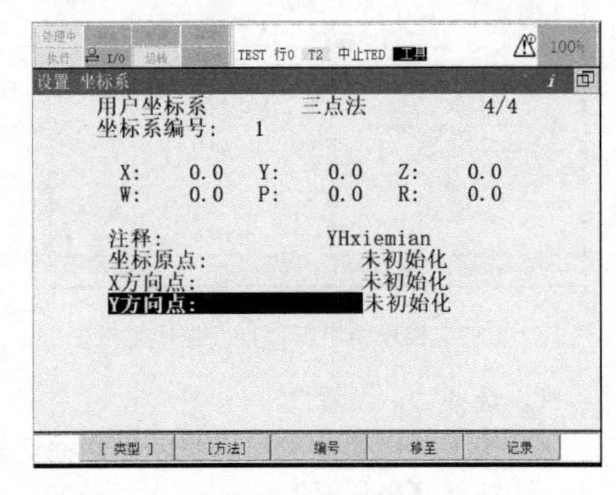

图 2-2-19　完成注解

⑫ 要记录各参考点，如图 2-2-20～图 2-2-22 所示。

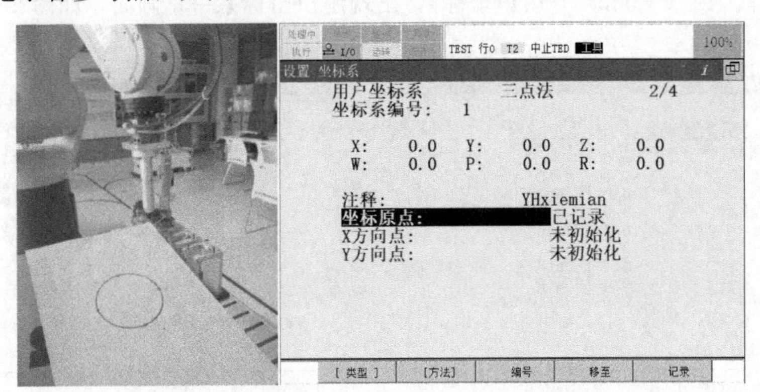

图 2-2-20　用户坐标三点法第一点设置

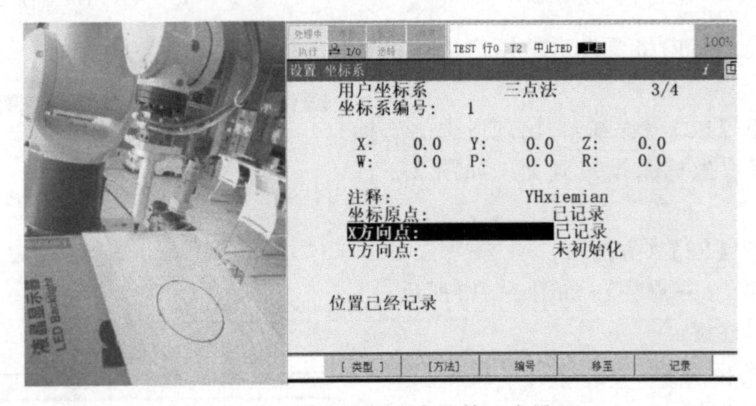

图 2-2-21　用户坐标三点法第二点设置

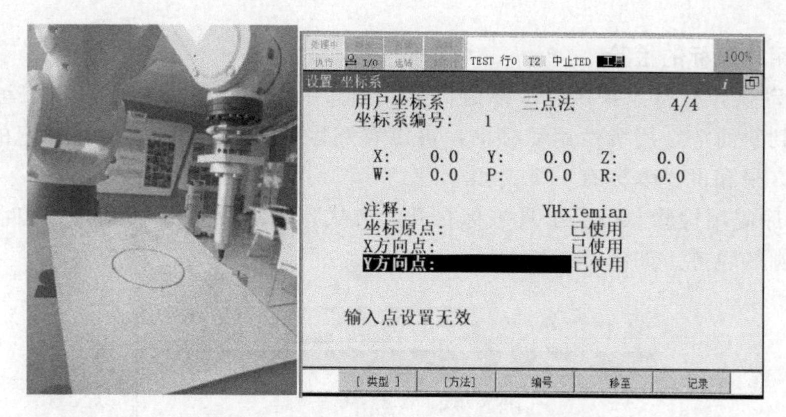

图 2-2-22　用户坐标三点法第三点设置

a. 将光标移动到各参考点。

b. 在 JOG 方式下将机器人移动到应进行记录的点。

c. 在按住【SHIFT】键的同时，按下【F5】（位置记录），将当前值的数据作为参考点输入。所示教的参考点显示“记录完成”。

d. 对所有参考点都进行示教后，显示“设定完成”，用户坐标系即被设定。

⑬ 在按住【SHIFT】键的同时按下【F4】（位置移动），即可使机器人移动到所存储的点。

⑭ 要确认已记录的各点的位置数据，将光标指向各参考点，按下【ENTER】键，出现各点的位置数据的详细画面。要返回原先的画面，按下【PREV】（返回）键。

⑮ 按下【PREV】键，显示用户坐标系一览画面，可以确认所有用户坐标系的设定值。如图 2-2-23 所示。

⑯ 要将所设定的用户坐标系作为当前有效的用户坐标系来使用，按下【F5】（切换），并输入坐标系号码。

⑰ 要擦除所设定的坐标系的数据，按下【F4】（清除）。如图 2-2-24 所示。

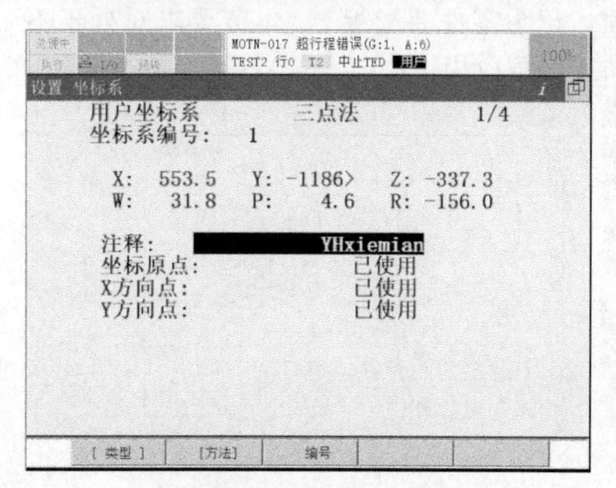

图 2-2-23　确认所有坐标值

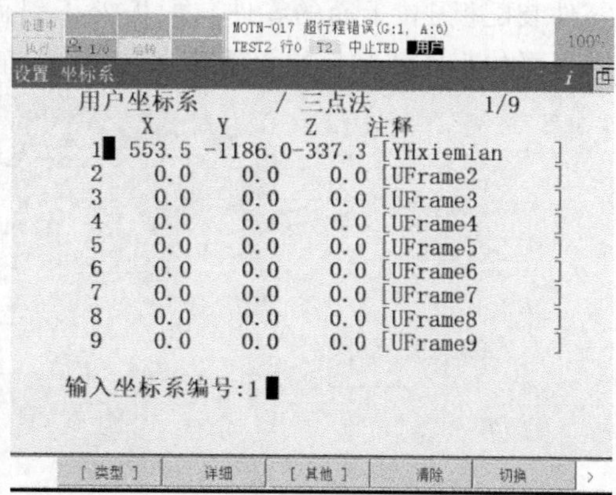

图 2-2-24　选择坐标号码和清除

(2) 用户坐标的检验

① 手动操作检验　在用户坐标窗口中，选择用户坐标1，在用户坐标运动中将机器人移动到斜面上，用线性运动移动，可以看到运动的XYZ的方向和标定的XYZ的方向相同，是和世界坐标有一个夹角。

② 程序应用检验　按照工具坐标打开的方式，添加用户指令程序，此时就能在斜面绘制出圆的轨迹。如图2-2-25所示。

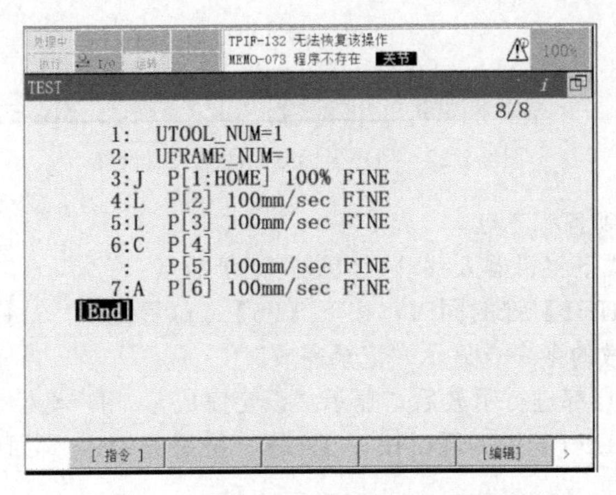

图2-2-25　利用用户坐标1在斜面画圆程序

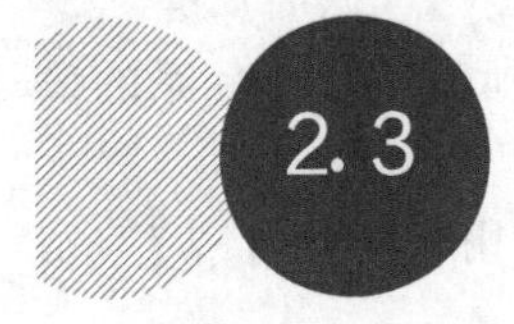

2.3 机器人的轨迹编程应用

如图2-3-1所示，两块相同的零件装配板，下面的零件装配板处于水平面，记为零件装配板1，上面的零件装配板处于斜面，记为零件装配板2。本节要求对处于不同平面的零件装配板的表面轮廓进行涂胶轨迹编程应用。

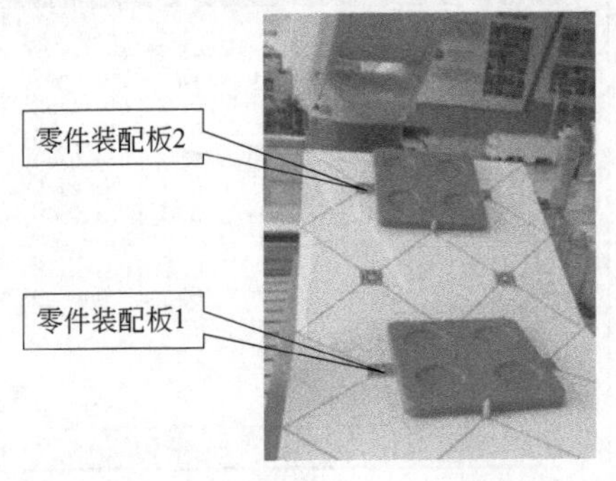

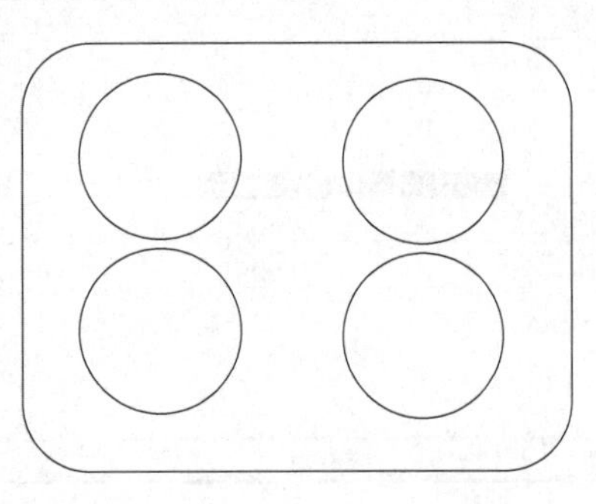

图2-3-1　涂胶轨迹

2.3.1 ／ 数值寄存器指令

FANUC机器人的数值寄存器为R［i］，i＝1～200。数值寄存器可以用于存储某一整数值或者小数值，并可以进行运算。

（1）数值寄存器的赋值

R[i]＝（值）

将某一值写入数值寄存器R［i］，其中“值”可以为常数、模拟输入量信号AI［i］、数字输入量信号DI［i］、其他R［i］里的值、位置寄存器PR［i，j］的值等。

例：

```
R[1] = 100        //将整数100存到R[1]
R[10] = R[2]      //将R[2]里的值存到R[10]
```

（2）数值寄存器的运算指令

R[i]＝（值）＋（值）

将2个值的和代入寄存器。

R[i]＝（值）－（值）

将2个值的差代入寄存器。

R[i]＝（值）*（值）

将2个值的积代入寄存器。

R[i]＝（值）/（值）

将2个值的商代入寄存器。

R[i]＝（值）MOD（值）

将2个值相除，取余数代入寄存器。

R[i]＝（值）DIV（值）

将2个值的商的整数部分代入寄存器。

例：

```
R[2] = R[3] + R[4]    //将R[3]与R[4]的值相加后存入R[2]
R[10] = R[1] / 100    //将R[1]除以100,得到的商存入R[10]
```

（3）查看与修改数值寄存器的值

数值寄存器的查询可以按示教器上的【DATA】键进入，如图2-3-2所示。

同时，可以将光标移动到等号的右边，对数值寄存器的值进行直接修改。如图2-3-3所示。

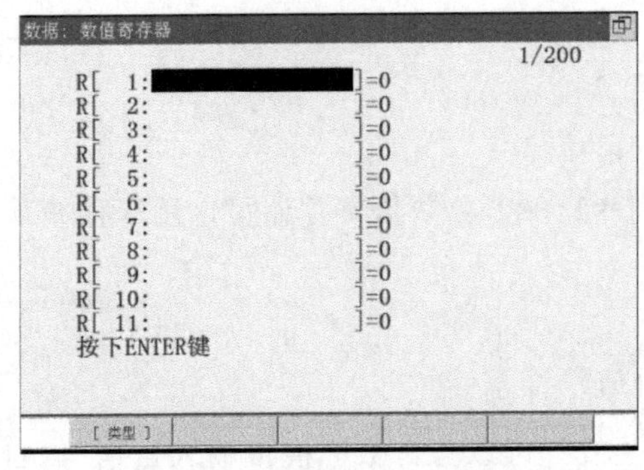

图 2-3-2　数据查看界面

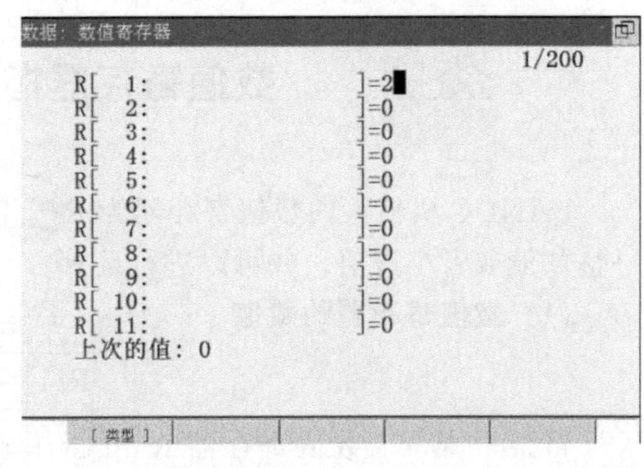

图 2-3-3　为 R［1］赋值

(4) 程序中寄存器指令的调用

在程序编写中，可用下列方法使用示教器进行 R［i］的调用。

首先创建打开程序，按右下角的【NEXT】键，切换到指令菜单，如图 2-3-4 所示。

然后点击【F1】(指令)，打开指令菜单并选择“数值寄存器”选项，如图 2-3-5 所示。

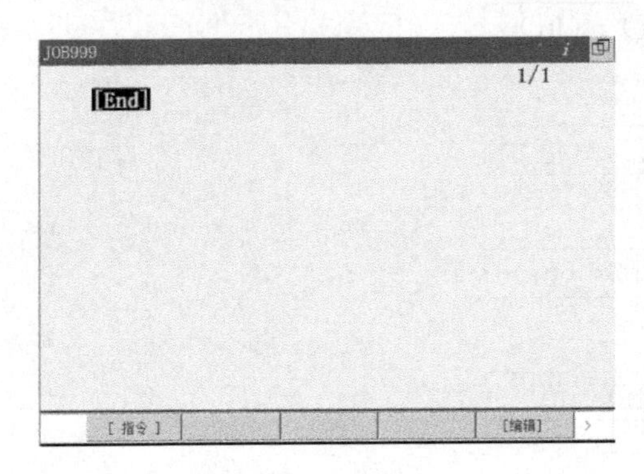

图 2-3-4　编程界面

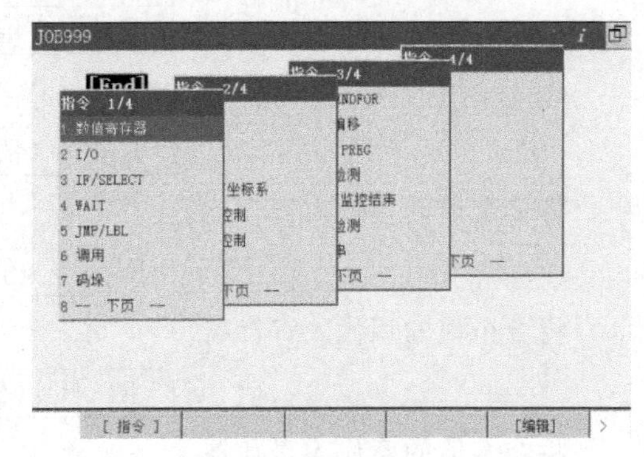

图 2-3-5　选择“数值寄存器”选项

接着选择运算类型，本例要进行 R［1］＝R［1］＋1 的运算，则选择【...＝...＋...】，如图 2-3-6 所示。

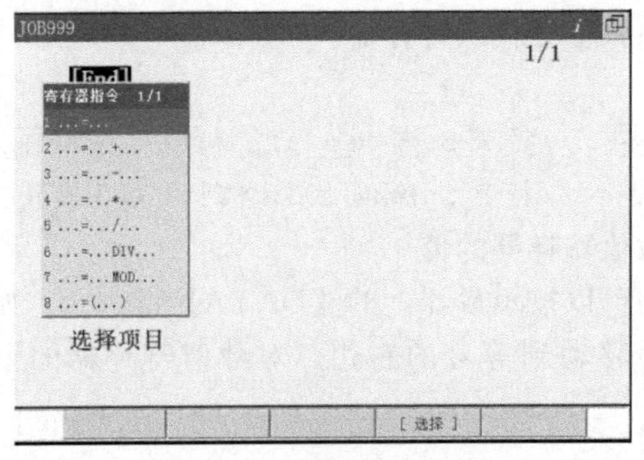

图 2-3-6　选择指令样式

指令出来后，先确定等号左侧数据，如本例选择“R［］”，输入数据 1，如图 2-3-7、图 2-3-8 所示。

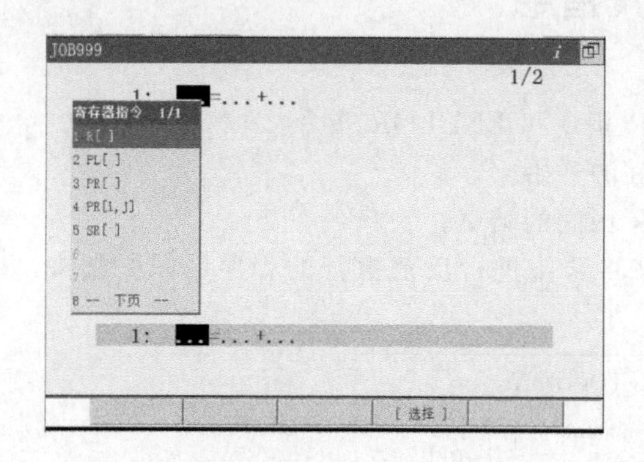

图 2-3-7　选择 R［］

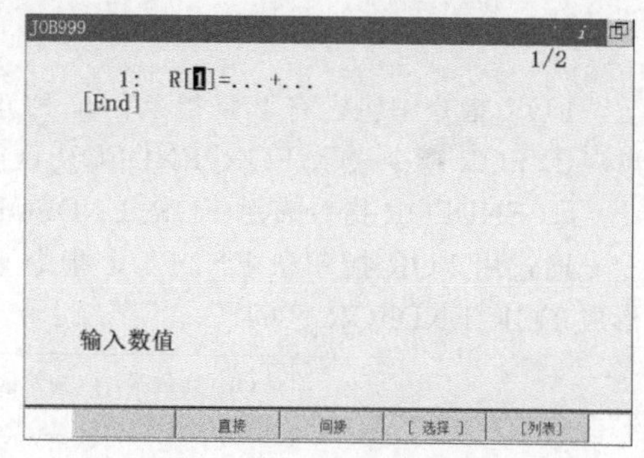

图 2-3-8　输入 R［］编号

输入好数据后，光标移动到等号右侧继续输入数据，如图 2-3-9 所示。

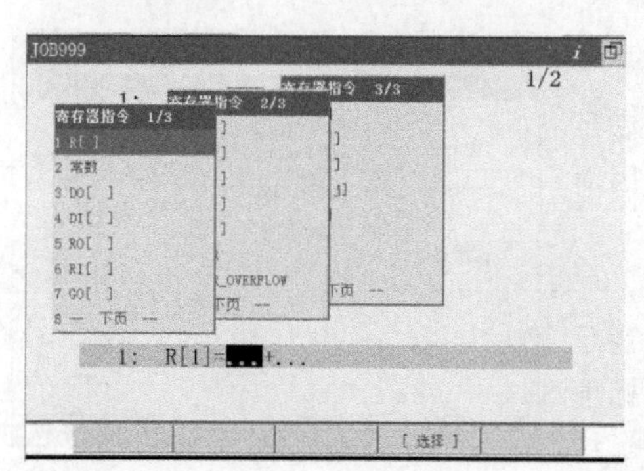

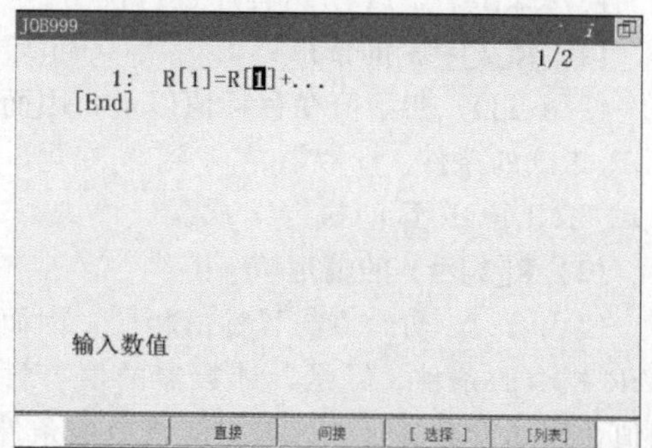

图 2-3-9　输入赋值数据 1

最后，把＋号右边添加“常数”，并输入 1，命令输入完毕，如图 2-3-10 所示。

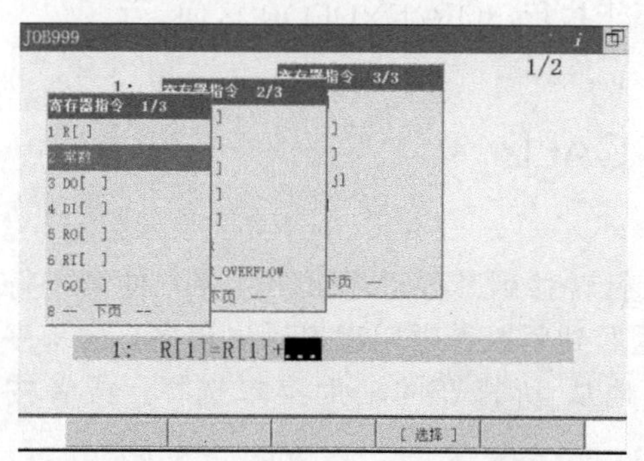

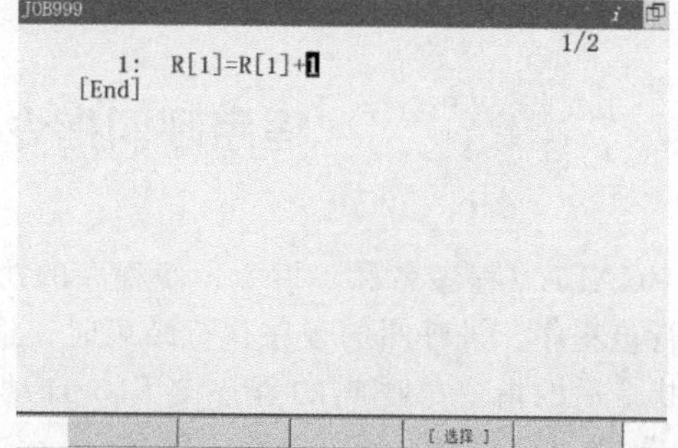

图 2-3-10　输入赋值数据 2

2.3.2 FOR/ENDFOR 指令

FOR 指令中包含有 2 条指令，即 FOR 指令和 ENDFOR 指令。

① FOR 指令表示 FOR/ENDFOR 区间的开始。

② ENDFOR 指令表示 FOR/ENDFOR 区间的结束。

通过用 FOR 指令和 ENDFOR 指令来将希望进行反复执行的程序区间围起来，形成 FOR/ENDFOR 区间。

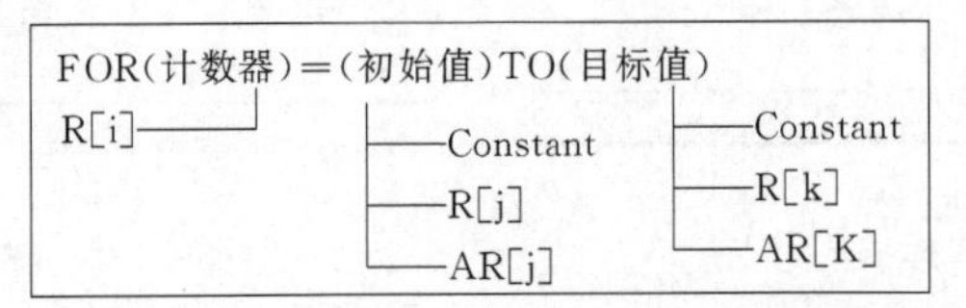

根据 FOR 指令指定的值决定 FOR/ENDFOR 区间反复的次数。

使用如图 2-3-11 所示程序进行说明。

(1) R[2]=3 的情形

使用 TO，初始值在目标值以下，因而满足 FOR 指令的条件。计数器从 1 到 3 变化，因而 FOR/ENDFOR 区间执行 3 次。

(2) R[2]=1 的情形

使用 TO，初始值与目标值相同，因而满足 FOR 指令的条件。但是，计数器的值与目标值同值，因而没有满足 ENDFOR 指令的条件。结果，FOR/ENDFOR 区间只执行 1 次。

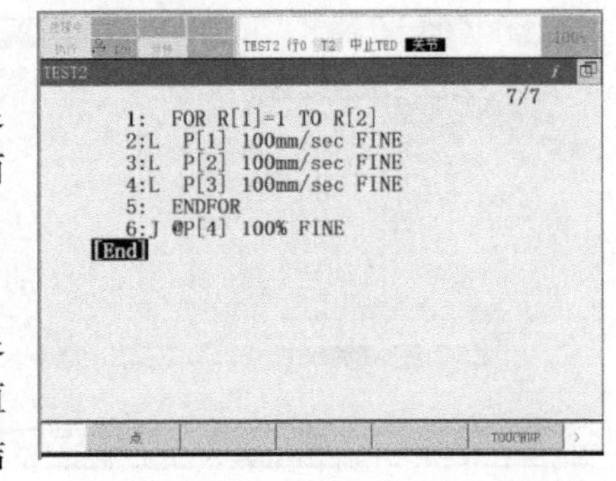

图 2-3-11 FOR/ENDFOR 的执行例

(3) R[2]=0 的情形

使用 TO，初始值比目标值大，因而没有满足 FOR 指令的条件。光标移动到第 5 行 ENDFOR 指令的下一行也即第 6 行，不予执行 FOR/ENDFOR 区间。

2.3.3 程序呼叫指令 CALL

CALL（程序名称）指令，使程序的执行转移到其他程序（子程序）的第 1 行后执行该程序。被呼叫的程序执行结束时，返回到紧跟所呼叫程序（主程序）的程序呼叫指令后的指令。呼叫的程序名称，自动地从 所打开的辅助菜单选择，或者按下【F5】键（字符串）后直接输入字符。

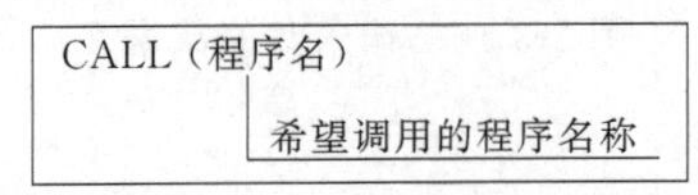

① 在程序窗口中按下【F1】，打开“指令”，选择第 6 调用，如图 2-3-12 所示。

② 选择“调用程序”，选择想要调用的程序“TEST2”，如图 2-3-13 所示。

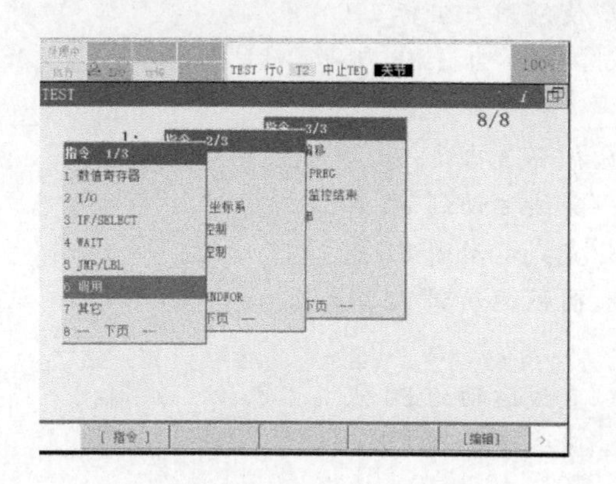

图 2-3-12　CALL 指令

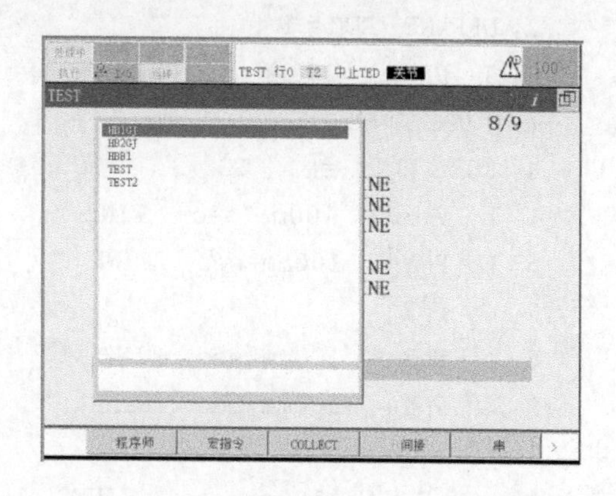

图 2-3-13　CALL 的使用，调用其他程序

③ 得到指令“CALL TEST2 ”即可调用程序 TEST2。

2.3.4　轨迹编程

① 轨迹示教点规划，如图 2-3-14 所示。

② 用户坐标建立，如图 2-3-15 所示。用三点标定法分别对上面的零件装配板和下面的零件装配板分别标定用户坐标 1 和用户坐标 2。

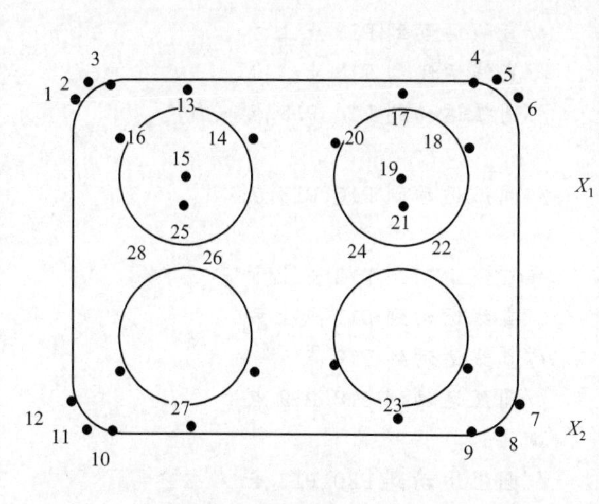

图 2-3-14　轨迹示教点规划

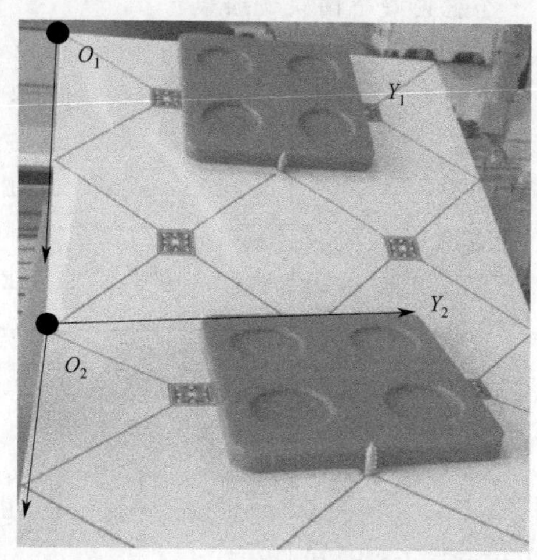

图 2-3-15　用户坐标建立

③ 程序编写与解释。

零件装配板1涂胶轨迹子程序［HBB1］：

```
1:UTOOL_ NUM = 1                         //使用工具1
2: UFRAME_ NUM = 1                       //使用用户坐标1
3: J  PR[1]  100 %   FINE                //PR[1] 为 HOME 点
//外围轮廓轨迹
4: FOR  R[1] = 1  TO  3                  //循环3次
5: L  P[30]  100mm/sec  FINE             //直线运动到P1点上方
6: L  P[1]   100mm/sec  FINE             //直线运动到P1点
7: C  P[2]                               //圆弧运动到P2、P3点
8:    P[3]   100mm/sec  FINE
9: L  P[4]   100mm/sec  FINE             //直线运动到P4点
10: C  P[5]                              //圆弧运动到P5、P6点
11:    P[6]   100mm/sec  FINE
12: L  P[7]   100mm/sec  FINE            //直线运动到P7点
13: C  P[8]                              //圆弧运动到P8、P9点
14:    P[9]   100mm/sec  FINE
15: L  P[10]  100mm/sec  FINE            //直线运动到P10点
16: C  P[11]                             //圆弧运动到P11、P12点
17:    P[12]  100mm/sec  FINE
18: L  P[1]   100mm/sec  FINE            //直线运动到P1点
19: L  P[30]  100mm/sec  FINE            //直线运动到P1点上方

//内四个圆轨迹绘制
20: L  P[31]  100mm/sec  FINE            //直线运动到P13点上方
21: L  P[13]  100mm/sec  FINE            //直线运动到P13点
22: C  P[14]                             //圆弧运动到P14、P15点
23:    P[15]  100mm/sec  FINE
24: C  P[16]                             //圆弧运动到P16、P13点
25:    P[13]  100mm/sec  FINE
26: L  P[31]  100mm/sec  FINE            //直线运动到P13点上方
27: L  P[32]  100mm/sec  FINE            //直线运动到P17点上方
28: L  P[17]  100mm/sec  FINE            //直线运动到P17点
29: C  P[18]                             //圆弧运动到P18、P19点
30:    P[19]  100mm/sec  FINE
31: C  P[20]                             //圆弧运动到P20、P17点
32:    P[17]  100mm/sec  FINE
33: L  P[32]  100mm/sec  FINE            //直线运动到P17点上方
```

```
34: L  P[33]  100mm/sec  FINE    //直线运动到 P21 点上方
35: L  P[21]  100mm/sec  FINE    //直线运动到 P21 点
36: C  P[22]                     //圆弧运动到 P22、P23 点
37:    P[23]  100mm/sec  FINE
38: C  P[24]                     //圆弧运动到 P24、P21 点
39:    P[21]  100mm/sec  FINE
40: L  P[33]  100mm/sec  FINE    //直线运动到 P21 点上方
41: L  P[34]  100mm/sec  FINE    //直线运动到 P25 点上方
42: L  P[25]  100mm/sec  FINE    //直线运动到 P25 点
43: C  P[26]                     //圆弧运动到 P26、P27 点
44:    P[27]  100mm/sec  FINE
45: C  P[28]                     //圆弧运动到 P28、P25 点
46:    P[25]  100mm/sec  FINE
47: L  P[34]  100mm/sec  FINE    //直线运动到 P25 点上方
48: J  PR[1]  100%  FINE         //PR[1]为 HOME 点
49: ENDFOR
[End]
```

零件装配板 2 涂胶轨迹子程序［HBB2］，通过将用户坐标 2 的值赋给用户坐标 1，再调用装配板 1 的涂胶程序，实现在零件装配板 2 上涂胶。

HBB2 程序如下：

```
1: PR[22] = LPOS            //将位置寄存器 PR[22]定义为直角坐标形式
2: PR[21] = LPOS            //将位置寄存器 PR[21]定义为直角坐标形式
3: PR[22] = UFRAME[2]       //将用户坐标 2 的值存到 PR[22]中
4: PR[21] = UFRAME[1]       //将用户坐标 1 的值存到 PR[21]中
5: UFRAME[1] = PR[22]       //将 PR[22](用户坐标 2)的值赋给用户坐标 1
6: CALL HBB1                //调用零件装配板 1 的程序,对零件装配板 2 进行涂胶
7: UFRAME[1] = PR[21]       //将位置寄存器 PR[21]的值(用户坐标 1 原来的值)赋给
                            //用户坐标 1
[Endf]
```

主程序 MAIN，调用零件装配板 1 和零件装配板 2 的涂胶程序。

MAIN 程序如下：

```
1: CALL  HBB1    //调用零件装配板 1 的涂胶程序 HBB1
2: CALL  HBB2    //调用零件装配板 2 的涂胶程序 HBB2
[End]
```

第3章

工业机器人的 I/O 通信

3.1 / 认识工业机器人的电气线路系统

3.1.1 / 认识工业机器人的动力及信号线路

FANUC 机器人的动力及信号线路主要用于控制柜与示教器、机器人本体、电源，以及机器人本体与末端执行器之间的连接。其主要通过通信电缆进行数据的交换。

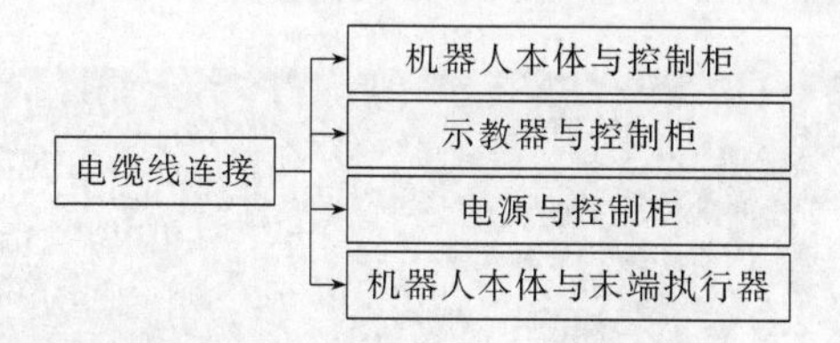

（1）机器人本体与控制柜的连接

如图 3-1-1 所示，机器人本体与控制柜通过插头电缆进行连接，插头位置位于机器人底座。

图 3-1-1　机器人本体与控制柜接头

（2）示教器与控制柜的连接

如图 3-1-2 所示，示教器电缆线为黑色线，一端已连接至操作箱，将另一端对准示教器卡槽插入，并将其固定好即可。

（3）电源与控制柜的连接

如图 3-1-3 所示，电源开关按钮位于控制柜右上方。将电源电缆一端连接至控制柜右上角断路器上端接口，另一端连接单相 220V/50Hz 电源。

（4）机器人本体与末端执行器的连接

在机器人本体 J4 轴上方，预留了机器人本体与末端执行器的连接端口 EE，如

图 3-1-4 所示，在需要使用时可进行线路的连接。EE 端口引脚编号如图 3-1-5 所示，EE 引脚功能见表 3-1-1。

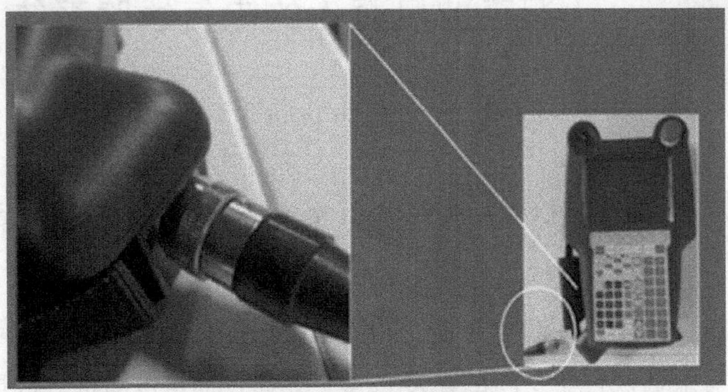

图 3-1-2　示教器接头

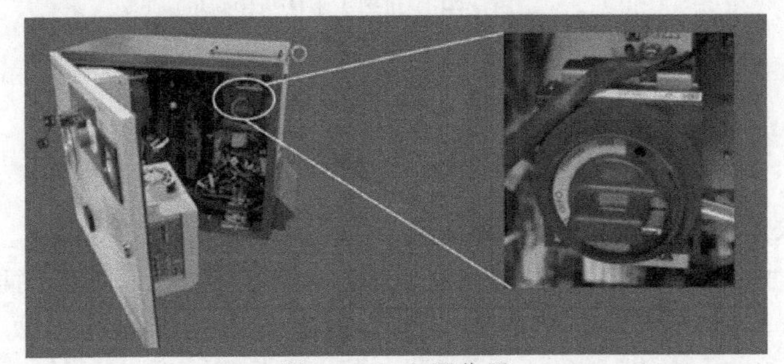

图 3-1-3　电源位置

图 3-1-4　机器人本体与末端执行器连接端口 EE

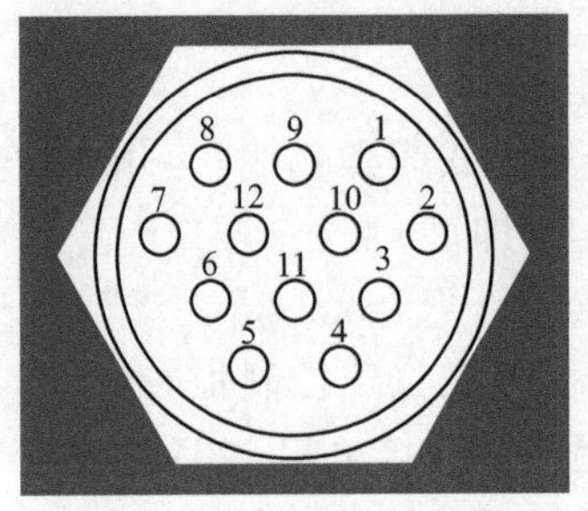

图 3-1-5　EE 端口引脚图

表 3-1-1　EE 引脚功能

引脚号	名称	功能	引脚号	名称	功能
1	RI1	输入信号	7	RO7	输出信号
2	RI2	输入信号	8	RO8	输出信号
3	RI3	输入信号	9	24V	高电平
4	RI4	输入信号	10	24V	高电平
5	RI5	输入信号	11	0V	低电平
6	RI6	输入信号	12	0V	低电平

3.1.2　认识外围 I/O 板 CRMA15 和 CRMA16

LR Mate 200iD 的主板备有输入 28 点、输出 24 点的外围设备控制接口。由机器人控制柜上的外围 I/O 板 CRMA15 和 CRMA16 分别通过两根电缆线连接至外围设备上的 I/O 印刷电路板，如图 3-1-6 所示。

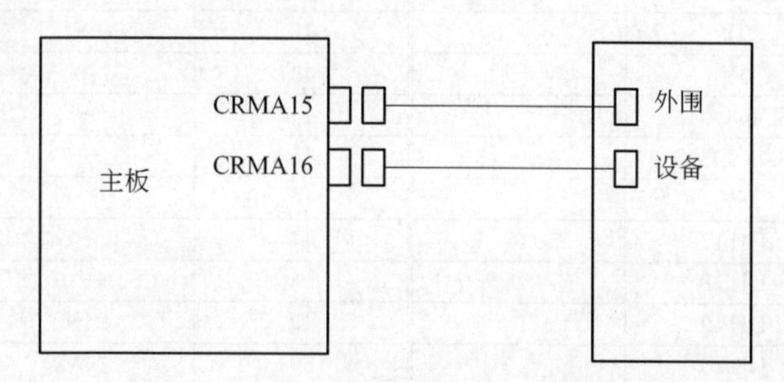

图 3-1-6　控制柜与外围 I/O 连接端子

（1）认识 CRMA15 板

CRMA15 板上共有 50 个端子，为方便连接，CRMA15 板各端子通过电缆引出至外围连接端子，如图 3-1-7 所示，各端子的定义见表 3-1-2。

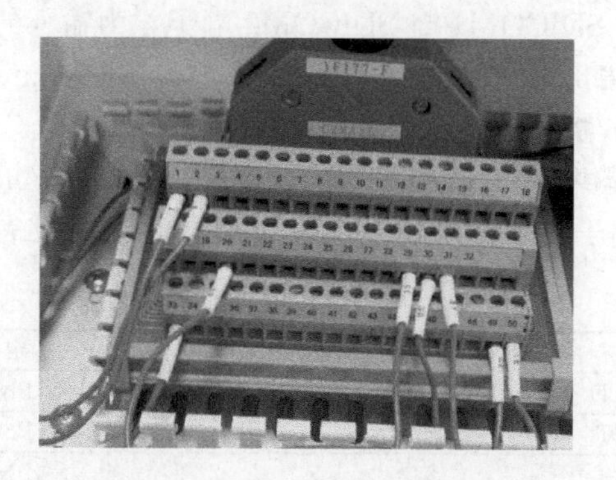

图 3-1-7　CRMA15 引出至外围连接端子

表 3-1-2 CRMA15 板各接线端含义

端子号	定义	物理开始点	端子号	定义	物理开始点
1	DI101	1	26	—	
2	DI102	2	27	—	
3	DI103	3	28	—	
4	DI104	4	29	0V	
5	DI105	5	30	0V	
6	DI106	6	31	DOSRC1	
7	DI107	7	32	DOSRC1	
8	DI108	8	33	DO101	1
9	DI109	9	34	DO102	2
10	DI110	10	35	DO103	3
11	DI111	11	36	DO104	4
12	DI112	12	37	DO105	5
13	DI113	13	38	DO106	6
14	DI114	14	39	DO107	7
15	DI115	15	40	DO108	8
16	DI116	16	41	—	
17	0V		42	—	
18	0V		43	—	
19	SDICOM1		44	—	
20	SDICOM2		45	—	
21	—		46	—	
22	DI117	17	47	—	
23	DI118	18	48	—	
24	DI119	19	49	24V	
25	DI120	20	50	24V	

从表 3-1-2 中可以看到，50 个端子中有 12 个端子是未定义状态。

① 1～16 号以及 22～25 号的端子定义为输入信号，一共有 20 个输入点；33～40 号端子则定义为输出信号，一共有 8 个，每个端子的最大输出电流为 0.2A。

② 17 号、18 号以及 29 号、30 号端子分别为电源供电端口 0V，49 号和 50 号为+24V。

③ 19 号、20 号是 SDICOM1 与 SDICOM2 端子，为输入的公共端。31 号、32 号两个 DOSRC1 端子为输出的公共端。

(2) 认识 CRMA16 板

CRMA16 板上也是共有 50 个端子，为方便连接，CRMA16 板各端子也可以通过电缆引出至外围连接端子，如图 3-1-8 所示，各端子的定义见表 3-1-3。

表 3-1-3 CRMA16 板各接线端含义

端子号	定义	物理开始点	端子号	定义	物理开始点
1	XHOLD	21	5	PNS1	25
2	RESET	22	6	PNS2	26
3	START	23	7	PNS3	27
4	RNBL	24	8	PNS4	28

续表

端子号	定义	物理开始点	端子号	定义	物理开始点
9	—		30	0V	
10	—		31	DOSRC2	
11	—		32	DOSRC2	
12	—		33	CMDENBL	21
13	—		34	FAULT	22
14	—		35	BATALM	23
15	—		36	BUSY	24
16	—		37	—	
17	0V		38	—	
18	0V		39	—	
19	SDICOM3		40	—	
20	—		41	DO109	9
21	DO120	20	42	DO110	10
22	—		43	DO111	11
23	—		44	DO112	12
24	—		45	DO113	13
25	—		46	DO114	14
26	DO117	17	47	DO115	15
27	DO118	18	48	DO116	16
28	DO119	19	49	24V	
29	0V		50	24V	

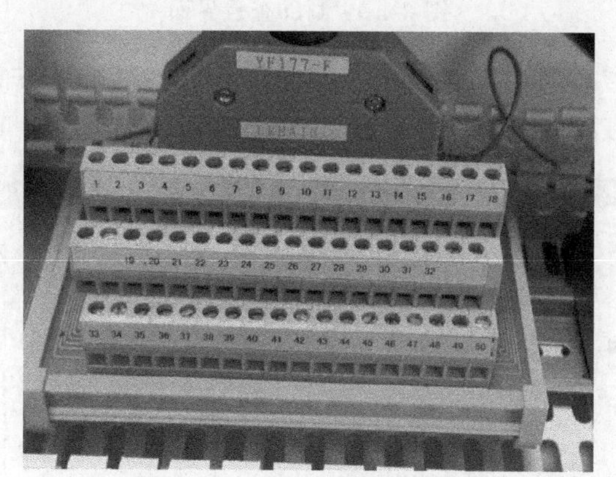

图 3-1-8　CRMA16 连接端子

从表 3-1-3 中可以看到，CRMA16 板 50 个端子中有 17 个端子是未定义状态，各端子功能分配如下。

① 1～8 号为出厂配置了特殊功能的输入信号，33～36 号为出厂配置了特殊功能的输出信号，其功能与更改在后面的项目中将会学到。

② 17 号、18 号以及 29 号、30 号端子分别为电源供电端口 0V，49 号和 50 号为+24V。

③ 19 号 SDICOM3 端子为输入的公共端。31 号、32 号两个 DOSRC2 端子为输出的公共端。

3.1.3 查看机器人的 I/O 信号状态

在机器人的示教编程中，我们可以随时查看机器人各 I/O 的各种状态。其步骤如下：启动机器人，打开示教器，按下示教器上的【I/O】按键，按下【F1】（类型），选择需要查看的端口，如图 3-1-9。

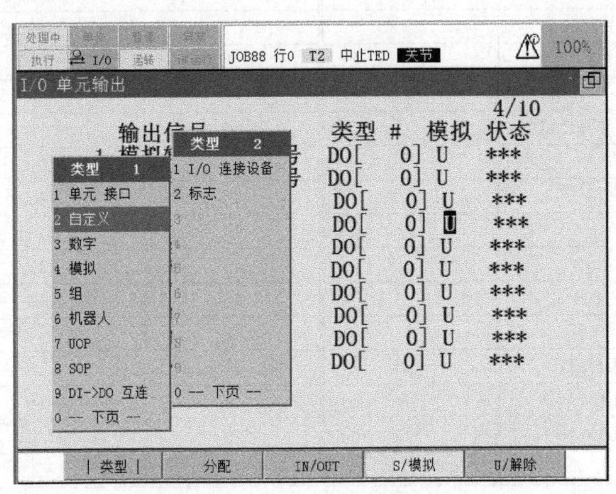

图 3-1-9　I/O 查看界面

例如选择“数字”，进入数字信号的查看菜单。同时，在查看页面时可以按示教器的【F3】（IN/OUT）切换显示输入/输出信号状态，如图 3-1-10 所示。

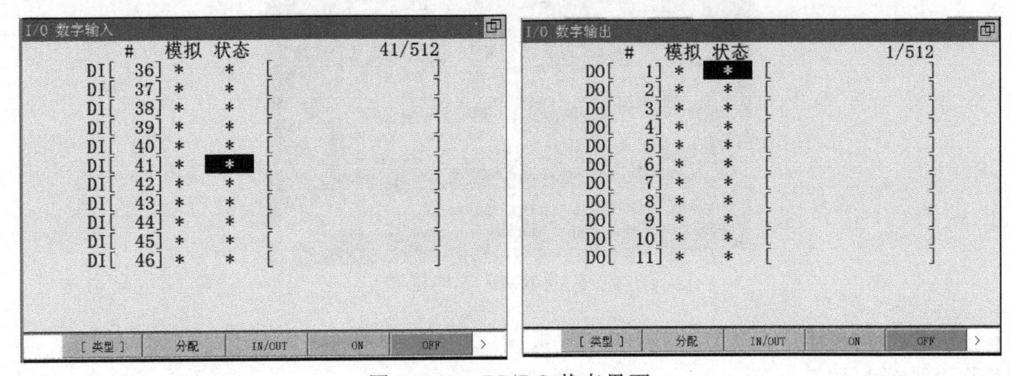

图 3-1-10　DI/DO 状态界面

3.1.4 配置外围设备 I/O

在使用机器人过程中，我们经常会使用到外围 I/O 信号，例如机器人读取某传感器信号，这就需要将传感器的信号线与外围I/O板（CRMA15/CRMA16）连接起来，然后通过机器人系统将外围I/O板接收的信号与机器人数字输入信号DI进行配对，才能实现信号的交换，如图3-1-11所示。机器人信号与外围I/O板的配对可通过示教器进行，其操作步骤如下。

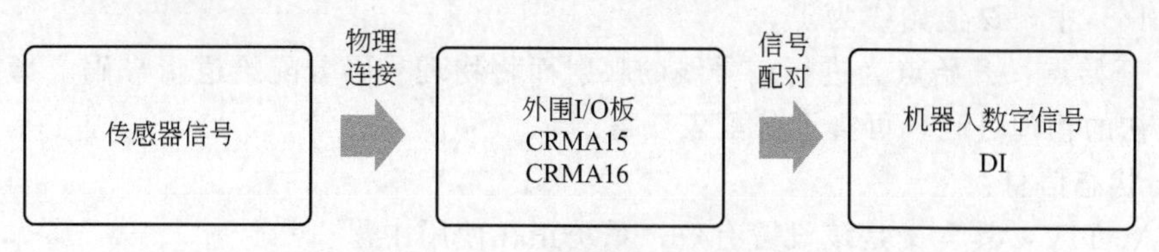

图3-1-11　外部信号的传输

① 根据本任务3.1.3节操作，打开数字I/O菜单，如图3-1-12所示。

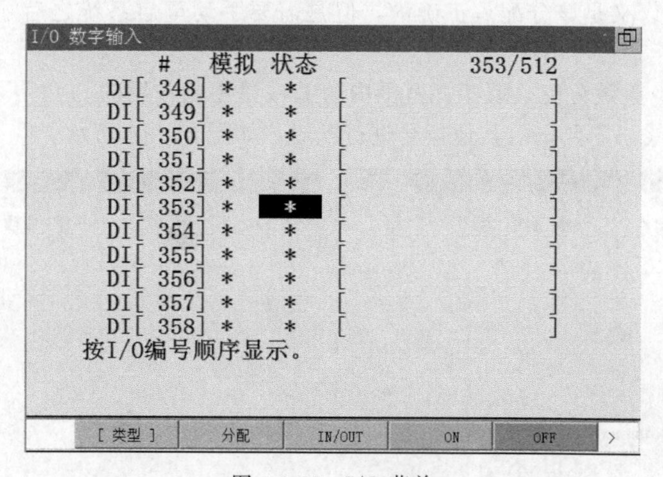

图3-1-12　I/O菜单

② 按示教器【F2】（分配），进入I/O分配菜单，如图3-1-13所示。

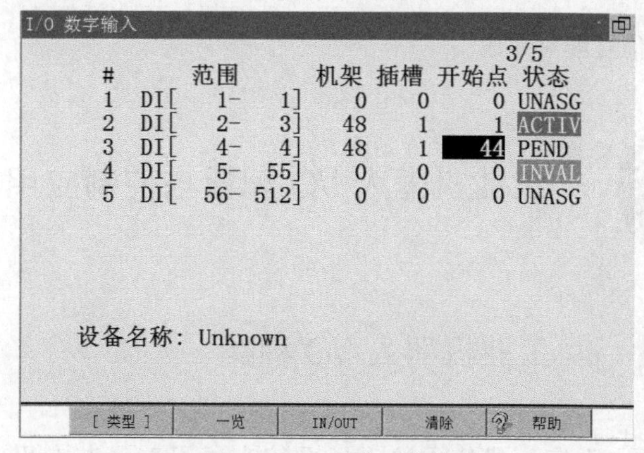

图3-1-13　DI分配菜单

③ 在分配菜单中，可以看到各信号的分配状态。

a. 机架：指 I/O 模块的种类，其中 48 表示 LR Mate 200iD 的外围 I/O 板（CRMA15、CRMA16）。

b. 插槽：是在机架上的 I/O 模块的编号。LR Mate 200iD 的 I/O 板（CRMA15、CRMA16）中，该值始终为 1。

c. 开始点：开始点为进行信号线的映射而将物理号码分配给逻辑号码。指定该分配的最初的物理号码，可查询分配表获得。

d. 状态信息：

- ACTIV：其含义是该设置有效，系统正在使用中。
- UNASG：含义是没有分配，该范围的 I/O 点无法使用，即使调用也不会有任何反应，相当于一条空指令。
- PEND：含义是该分配是正确的，但是需要手动重启系统之后才能生效，变为 ACTIV。
- INVAL：无效分配，属于该范围内的 I/O 是不起作用的。

④ 根据接线与需要，对其他信号进行配对，如图 3-1-14 所示。

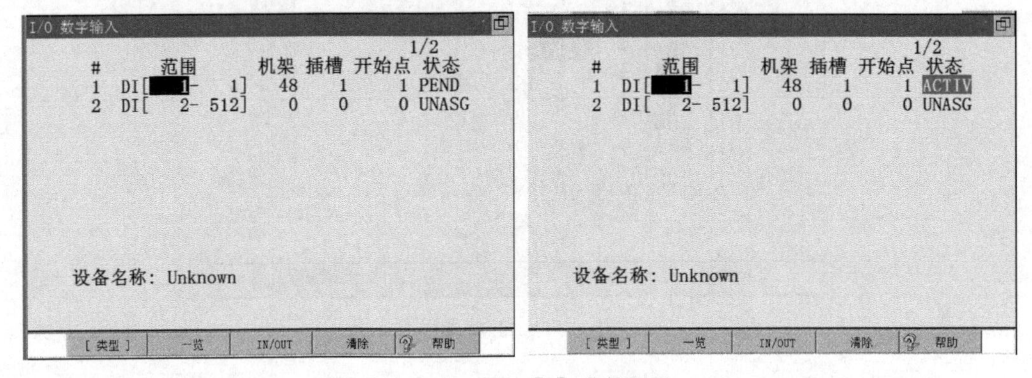

图 3-1-14 对 DI[1] 进行配置

⑤ 重启后，信号配对完成。

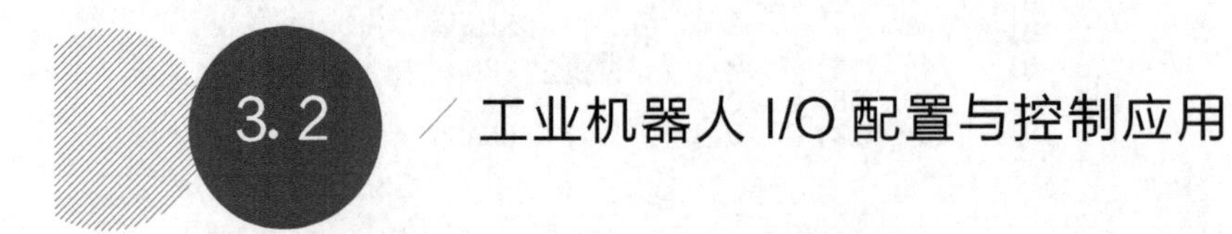

3.2 工业机器人 I/O 配置与控制应用

3.2.1 工业机器人 I/O 种类

FANUC 机器人系统一般使用的 I/O 系统有通用 I/O 与专用 I/O 两大类，见图 3-2-1。

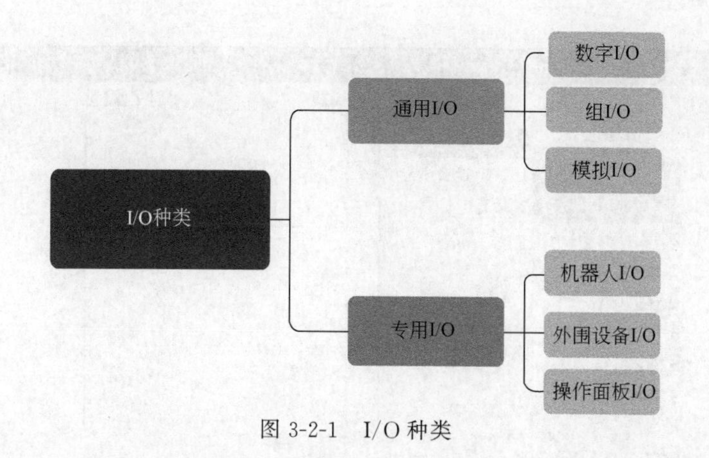

图 3-2-1　I/O 种类

① 数字 I/O：属通用数字信号，从外围设备通过处理分为数字量输入 DI[i]和数字量输出 DO[i]，有 ON 和 OFF 两种状态。

② 模拟 I/O：由外围设备通过输入/输出信号线，传输模拟输入/输出电压的值，可分为模拟量输入 AI[i]和模拟量输出 AO[i]。进行读写时，将模拟输入/输出电压值转化为数字值。

③ 组 I/O：是用来汇总多条信号线并进行数据交换的通用数字信号，分为组输入 GI[i]与组输出 GO[i]，信号的值用数值（十/十六进制数）来表达，转变或逆转变为二进制数后通过信号线交换数据。

④ 机器人 I/O：是经由机器人，作为末端执行器 I/O 被使用的机器人数字信号，分为机器人输入信号 RI[i]和机器人输出信号 RO[i]。

⑤ 外围设备 I/O：是在系统中已经确定了其用途的专用信号，分为外围设备输入信号 UI[i]和外围设备输出信号 UO[i]。

⑥ 操作面板 I/O：是用来进行操作面板、操作箱的按钮和 LED 状态数据交换的数字专用信号，分为输入信号 SI[i] 和输出信号 SO[i]。

机器人各 I/O 的状态，均可通过在示教器上按【I/O】键进入 I/O 菜单进行查询。如图 3-2-2 所示。

3.2.2　机器人程序中常用的 I/O 指令

在进行机器人程序设计时，我们可以使用机器人 I/O 指令对各 I/O 端口的状态进行查询或更改，以下是常用的 I/O 指令。

(1) 数字输入 DI[i]/输出 DO[i]赋值指令

R[i]=DI[i]

将数字输入的状态（ON=1、OFF=0）存储到寄存器 R[i]中。

例：

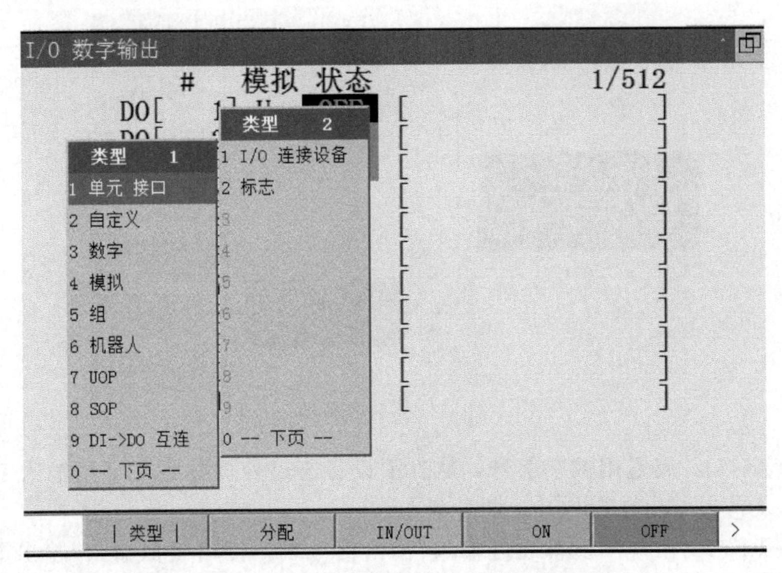

图 3-2-2 在 I/O 菜单中选择不同种类的 I/O

R[1]=DI[1] //将 DI[1]的状态存储到寄存器 R[1]中

DO[i]=ON/OFF

接通或断开所指定的数字输出信号。

例:

DO[1]=ON //将 DO[1]的状态设置为 ON

DO[i]=PULSE,[时间]

脉冲输出指令,在所指定的时间内接通输出所指定的数字输出。在没有指定时间的情况下,脉冲输出由系统变量 $DEFPULSE (单位 0.1s) 所指定的时间。

例:

DO[2]=PULSE,0.2sec //DO[2]输出一个 0.2s 的脉冲信号

DO[i]=R[i]

赋值指令,根据所指定的寄存器的值,接通或断开所指定的数字输出信号。若寄存器的值为 0 就断开,若是 0 以外的值就接通。

例:

DO[1]=R[2] //将 R[2]的值赋予 DO[1]

(2) 组输入 GI[i]/输出 GO[i]指令

组输入 (GI)、组输出 (GO) 信号,是对几个数字输入/输出信号进行分组,以一条指令来控制这些信号。组输入/输出在使用前,须先在组信号的配置中确定组内的信号个数。如图 3-2-3 所示,在组信号的配置中,GO[1]的信号输出由输出板上 1~4 号 4 个点位组成。

组输入/输出常用的指令如下:

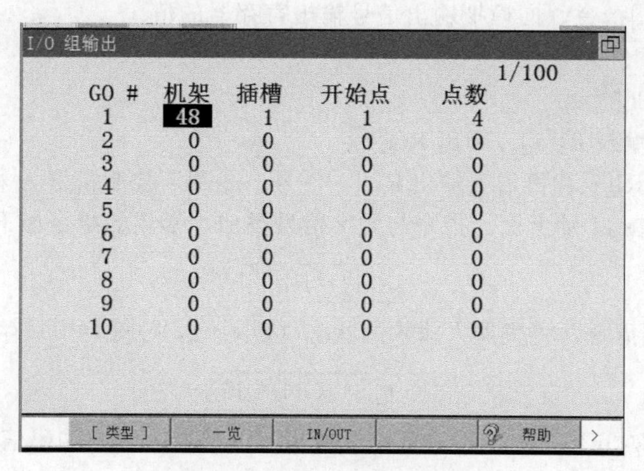

图 3-2-3　组信号的配置界面

R[i]＝GI[i]

将组输入信号的二进制值转换为十进制值代入指定的寄存器。

例：

R[1]＝GI[1]　//将 GI[1]信号组成的二进制数转换成十进制后存储到 R[1]中

GO[i]＝(值)

GO[i]＝（值）指令将经过二进制变换后的值输出到指定的群组输出中。

例：

GO[1]＝0　　//将 0 转换成二进制后，对应输出到 GO ［1］ 的点位上

GO[i]＝R[i]

GO[i]＝R[i]指令将所指定寄存器的值经过二进制变换后输出到指定的组输出中。

(3) 模拟输入 AI[i]/输出 AO[i]指令

模拟输入（AI）和模拟输出（AO）信号，是连续值的输入/输出信号，表示该值的大小为温度和电压之类的数据值。模拟量输入/输出指令与数字量指令相似，常用的指令如下：

R[i]＝AI[i]

R[i]＝AI[i]指令，将模拟输入信号的值存储在寄存器中。

例：

R[1]＝AI[1]

AO[i]＝(值)

AO[i]＝(值)指令，向所指定的模拟输出信号输出值。

AO[i]＝R[i]

AO[i]=R[i]指令，向模拟输出信号输出寄存器的值。

例：

AO[1]=R[2]

(4) 机器人输入 RI[i] /输出 RO[i]

机器人输入 RI[i]和机器人输出 RO[i]信号，是用于控制机器人末端执行器的 I/O 信号，其接线口在 J4 轴上面。指令与数字信号类似，常用的指令如下：

R[i]=RI[i]

R[i]=RI[i]指令，将机器人输入的状态（ON=1，OFF=0）存储到寄存器中。

RO[i]=ON/OFF

RO[i]=ON/OFF 指令，接通或断开所指定的机器人数字输出信号。

RO[i]=PULSE,[时间]

RO[i]脉冲输出指令，仅在所指定的时间内接通输出信号。在没有指定时间的情况下，脉冲输出由系统变量 $DEFPULSE（单位 0.1s）所指定的时间。

RO[i]=R[i]

RO[i]=R[i]指令，根据所指定的寄存器的值，接通或断开所指定的数字输出信号。若寄存器的值为 0 就断开，若是 0 以外的值就接通。

3.2.3 I/O 的状态查询与手动控制

启动机器人后，选择示教器上【I/O】→【F1】（类型）→“数字”，进入数字 I/O 的菜单，如图 3-2-4 所示。

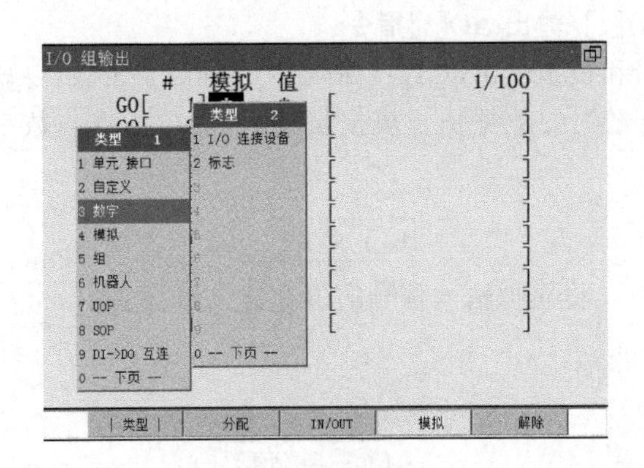

图 3-2-4 I/O 菜单

然后按【F3】(IN/OUT)，切换到 I/O 数字输出界面，此时可以看到 DO[1] 的状态，如图 3-2-5 所示。

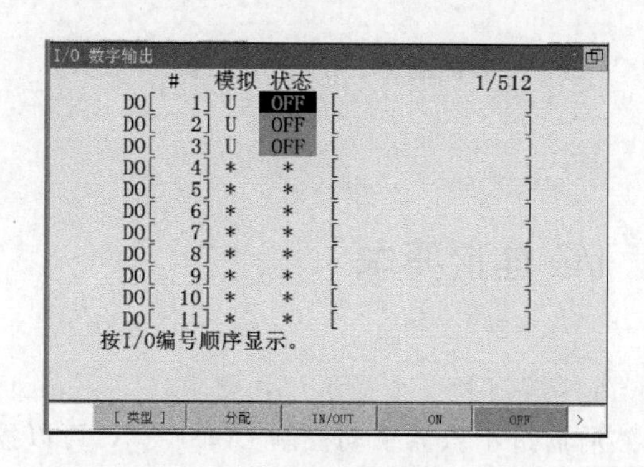

图 3-2-5　数字输出菜单

按【F2】（分配），进入 DO 的分配菜单，查看 DO 分配的机架、插槽、开始点等信息。之后按“一览”返回，如图 3-2-6 所示。

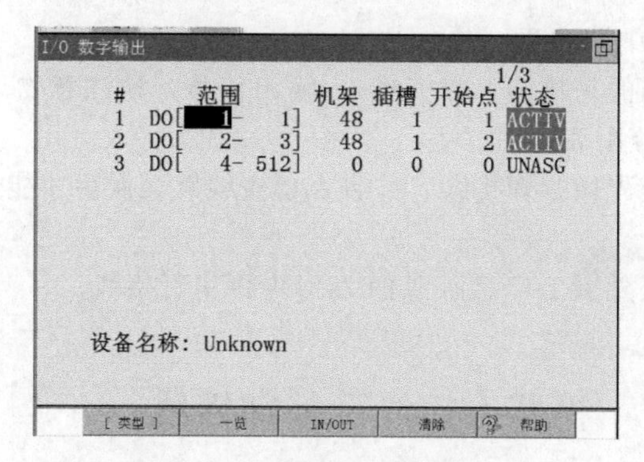

图 3-2-6　数字输出配置菜单

在数字输出界面中，先将光标移动到 DO[1]的状态栏，然后按示教器上【F4】（ON）与【F5】（OFF），即可手动切换 DO[1]状态，如图 3-2-7 所示。

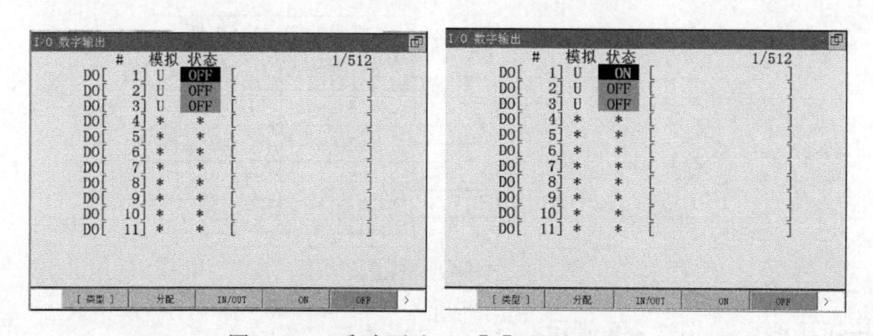

图 3-2-7　手动更改 DO[1] 的输出状态

其他 I/O 状态的查询与手动切换，与上面操作类似。

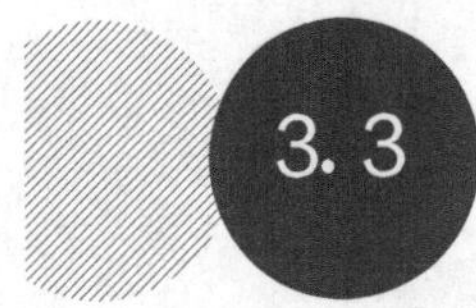

3.3 工业机器人 I/O 连接实例

3.3.1 I/O 连接要求

为机器人连接一个外部按钮和一个指示灯，要求：

① 连接指示灯，然后通过示教器手动控制 DO[101]，可以控制指令灯的亮灭。

② 连接按钮，连接后可通过示教器上 I/O 界面里 DI[101] 观察按钮的按下和松开状态。

本实例需要先进行机器人外围设备 I/O 的接线，然后根据接线的点位进行信号配置。

在任务实施过程中请注意：

① 本次任务使用的是机器人数字输入/输出信号，请注意物理接线地址（物理开点），最好先作 I/O 分配表；

② 任务中注意应先做物理接线，并且在检查线路无误后才能开启机器人进行信号配置；

③ 可使用机器人外围 I/O 板提供的 24V 电源进行接线。

3.3.2 机器人接线及外部接线

查询 3.1 节 I/O 板接线端图，作出物理接线图。

① 指示灯接线，如图 3-3-1 所示。

机器人CRMA15主板	
端子号	功能
33	DO[101]
30	0V
31	DOSRC1
49	24V

图 3-3-1 DO[101] 接线图

② 按钮接线，如图 3-3-2 所示。

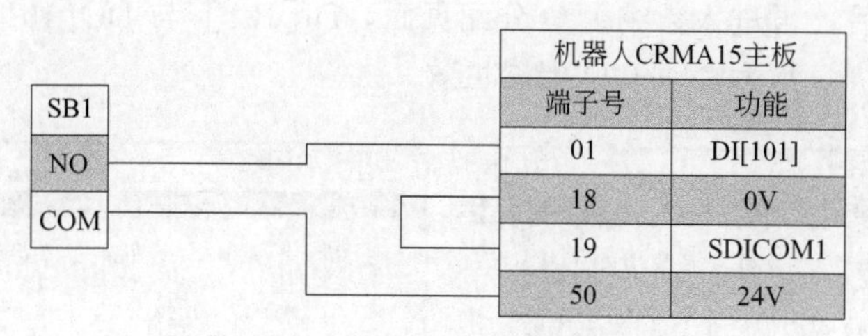

图 3-3-2　DI[101] 接线图

3.3.3　DI[101]、DO[101]的配置

打开 I/O 界面，按下示教器【F1】（类型）→“数字”，进入数字 I/O 界面，如图 3-3-3 所示。

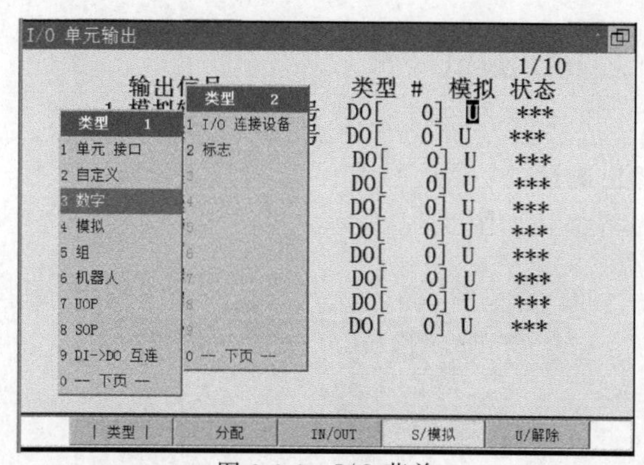

图 3-3-3　I/O 菜单

接着按【F2】（分配），进入 I/O 分配界面，根据接线图对 DI[101]与 DO[101]进行分配，如图 3-3-4 所示，分配完后重启机器人。

I/O 数字输入　10/10

#	范围	机架	插槽	开始点	状态
1	DI[1- 8]	0	1	19	ACTIV
2	DI[9- 16]	0	1	27	ACTIV
3	DI[17- 22]	0	1	35	ACTIV
4	DI[23- 24]	0	0	0	UNASG
5	DI[25- 64]	0	2	1	ACTIV
6	DI[65- 100]	0	0	1	ACTIV
7	DI[101- 101]	48	1	1	PEND
8	DI[102- 104]	0	0	0	UNASG
9	DI[105- 144]	0	4	1	ACTIV
10	DI[145- 512]	0	0	0	UNASG

I/O 数字输出　12/12

#	范围	机架	插槽	开始点	状态
3	DO[17- 20]	0	1	37	ACTIV
4	DO[21- 24]	0	0	0	UNASG
5	DO[25- 64]	0	2	1	ACTIV
6	DO[65- 100]	0	3	1	ACTIV
7	DO[101- 101]	48	1	1	PEND
8	DO[102- 102]	0	0	0	UNASG
9	DO[103- 103]	48	1	3	ACTIV
10	DO[104- 104]	0	0	0	UNASG
11	DO[105- 105]	0	0	1	ACTIV
12	DO[106- 512]	0	0	0	UNASG

图 3-3-4　DI[101]/DO[101] 的配置

重启机器人后，再进入数字 I/O 分配页面，DI[101] 与 DO[101] 状态均显示为 ACTIV，如图 3-3-5 所示，即 I/O 配置生效。

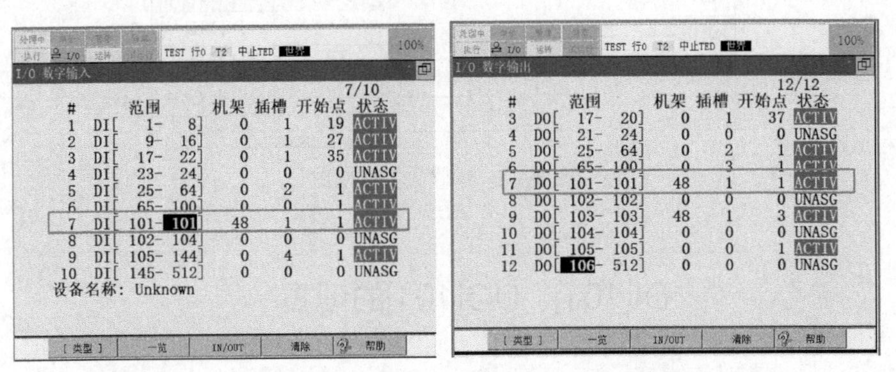

图 3-3-5 重启机器人后 DI[101] 与 DO[101] 的状态为 ACTIV

3.3.4 I/O 测试

（1）数字信号输出测试

进入到数字 I/O 界面，如图 3-3-6 所示。

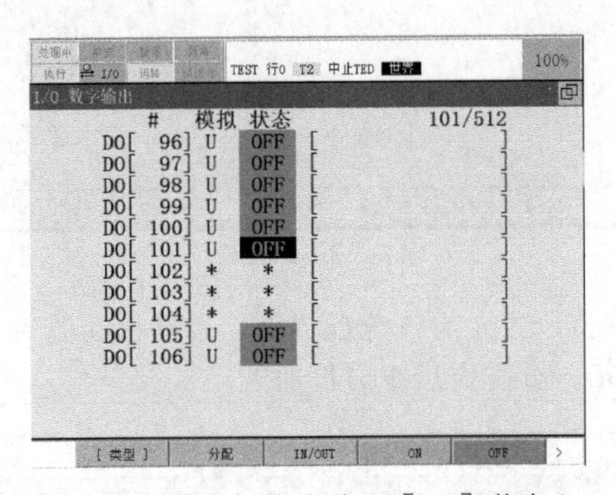

图 3-3-6 将光标移动到 DO[101] 状态上

选择数字 DO[101]，按下示教器【F4】（ON），可以看到 DO[101] 状态变为 ON，同时外接指示灯亮；再按下【F5】（OFF），可以看到 DO[101] 状态变为 OFF，外接指示灯灭。如图 3-3-7 所示。

（2）数字信号输入测试

进入到数字 I/O 界面，按示教器【F3】（IN/OUT），切换到数字输入界面，如图 3-3-8 所示。按下开关 SB1，DI[101]状态显示 ON；松开开关，DI[101]状态显示 OFF。

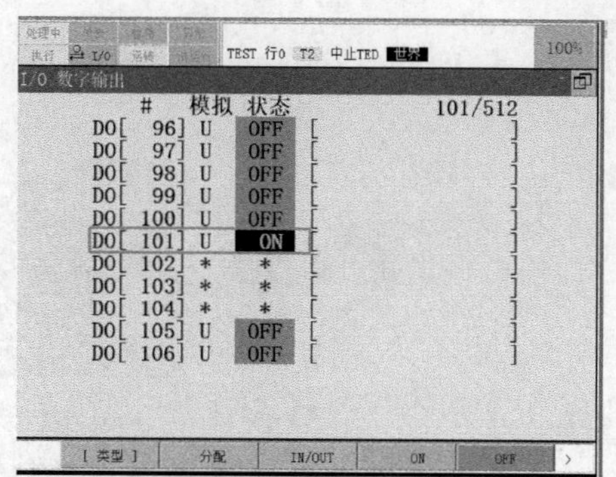

图 3-3-7 手动更改 DO[101] 为 ON

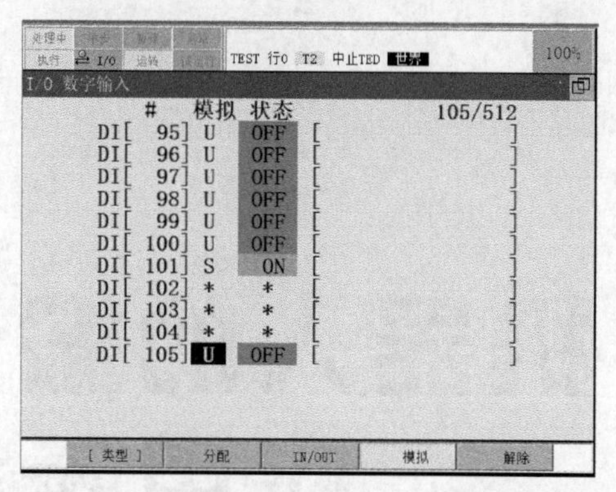

图 3-3-8 按下 SB1，DI［101］状态为 ON

机器人的搬运码垛应用示教编程

4.1　搬运工具的安装与配置

搬运功能作为机器人最基础的应用而在工业上被广泛应用。为配合机器人完成物件捉取的工具一般为气动型夹爪与真空吸盘。本节主要介绍机器人搬运工具的安装与机器人控制的配置。要求为机器人安装执行工具，并进行气路连接。

4.1.1　气动夹爪的原理

气动夹爪又名气动手指或气动夹指，是利用压缩空气作为动力，用来夹取或抓取工件的执行装置。根据样式通常可分为 Y 型夹爪和平行型夹爪（图 4-1-1）。

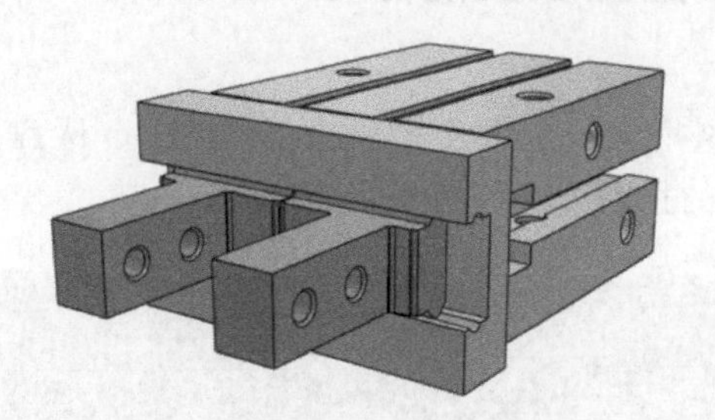

图 4-1-1　平行型气动夹爪

其中平行型气动夹爪通过两个活塞动作，活塞由一个滚轮和一个双曲柄与气动手爪相连，形成一个特殊的驱动单元。控制活塞的进出气，即可控制活塞杆的伸缩，继而带动曲柄机构实现夹爪开合。如图 4-1-2 所示。

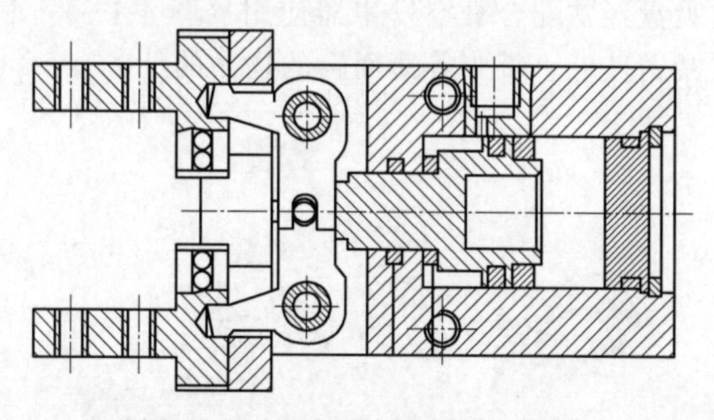

图 4-1-2　平行型气动夹爪结构图

本节使用的为 MHZ2-20D 平行型夹爪，构造如图 4-1-3 所示。

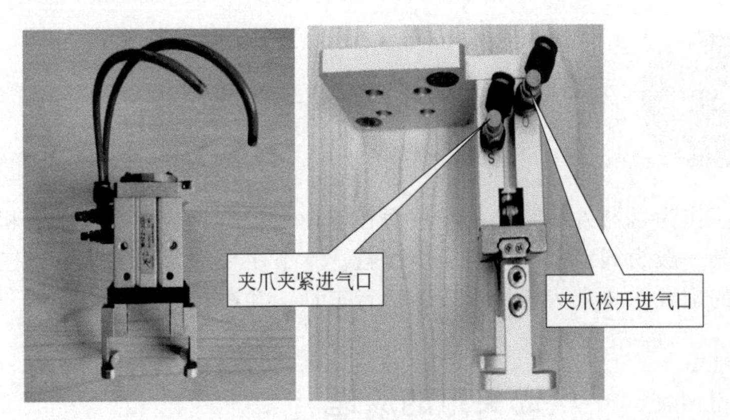

图 4-1-3　MHZ2-20D 平行型夹爪

4.1.2 / 真空吸盘的原理

真空吸盘，又名真空吊嘴，是真空设备执行器之一。吸盘材料一般采用橡胶等柔性材料制造，具有较大的扯断力。如图 4-1-4 所示。

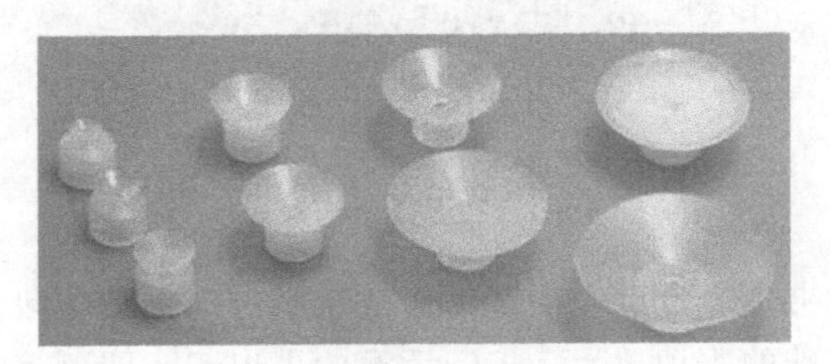
图 4-1-4　真空吸盘

在工业上，真空吸盘经常配合真空发生器使用（图 4-1-5）。利用真空发生器产生的负压，完成吸持与搬送玻璃、纸张等薄而轻的物品的任务。

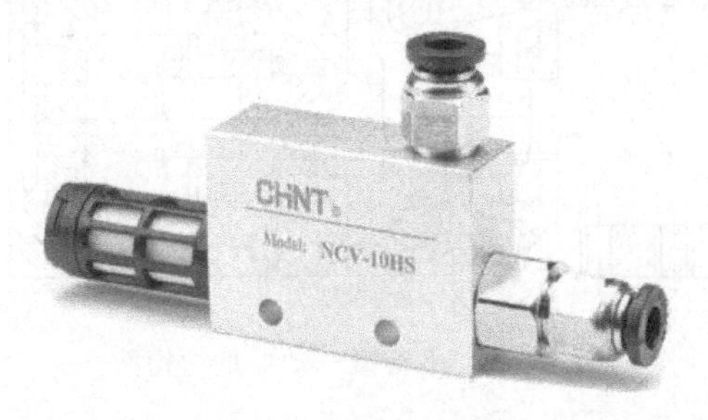

图 4-1-5　真空发生器

本节使用型号为 NCV-10HS 的真空发生器配合直径 20mm 的真空吸盘进行操作。

如图 4-1-6、图 4-1-7 所示。

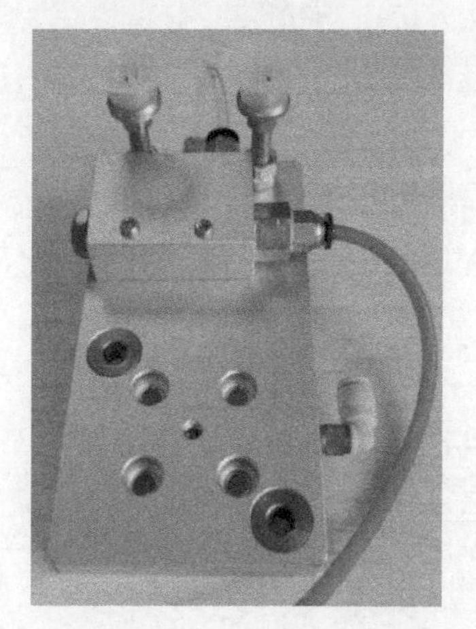

图 4-1-6　真空吸盘与真空发生器组合工具

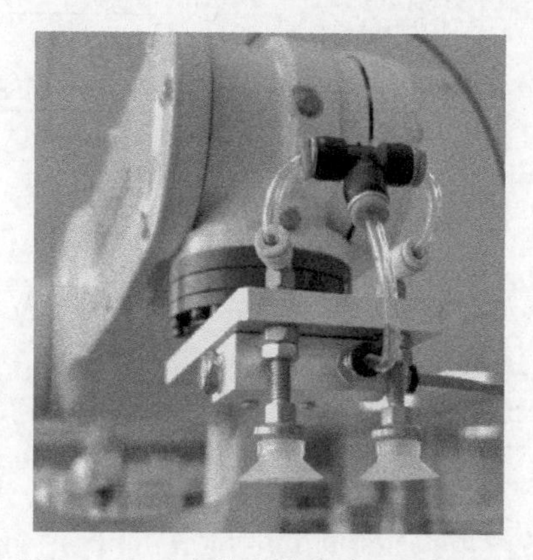

图 4-1-7　已安装完毕的真空吸盘工具

4.1.3 / FANUC 机器人 LR Mate 200iD 的气压供应回路

本节使用的机器人型号为 LR Mate 200iD。此型号机器人为末端执行器提供了两路气压回路，回路由两个电磁阀控制，并通过机器人输出端口 RO 信号对电磁阀进行控制。

其中，AIR1 为直通出气口，接通后气压会直通 J4 轴上的出气口（图 4-1-8）；AIR2 为回路 2 进气口，J4 轴上的 1A/1B 为第一对出气口，由机器人输出 RO1 与 RO2 控制，2A/2B 为第二对出气口，由 RO3/RO4 控制，如图 4-1-9 所示。

图 4-1-8　机器人 J4 轴上的出气口

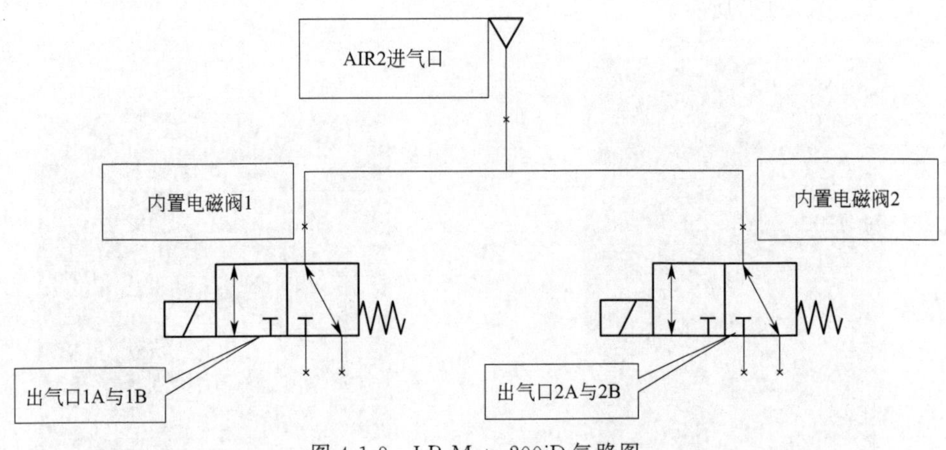

图 4-1-9　LR Mate 200iD 气路图

4.1.4　气动夹爪的气动回路连接

对于可夹持的物品，可以采用气动夹爪进行搬运操作，其基本连接图如图 4-1-10 所示。

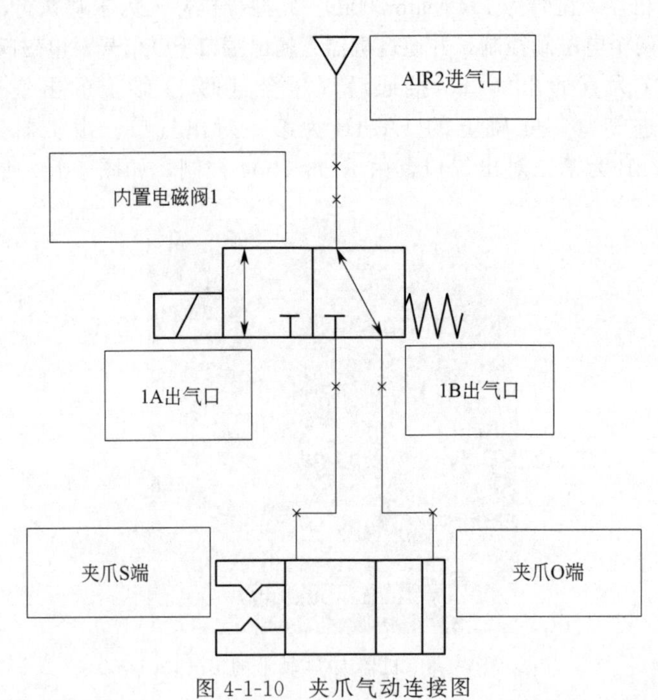

图 4-1-10　夹爪气动连接图

第一步，根据设定位置，将气动夹爪安装到机器人 J6 轴法兰盘上。注意选择合适的紧固螺钉，并且安装过程请使用正确的对角线紧法。如图 4-1-11 所示。

图 4-1-11　机器人 J6 轴法兰盘与安装完成的夹爪

第二步，进行机器人的供气管路连接。这里使用机器人内置管路 AIR2，气管规格为 $DN15$（4 分管）。

首先，将供气管接到机器人本体后座的 AIR2 接口上，如图 4-1-12 所示。

图 4-1-12　AIR2 接口接进气管

然后，将机器人 J4 轴上的出气端口 1A 与 1B 分别连接到气动夹爪的 S 端与 O 端。如图 4-1-13、图 4-1-14 所示。

注意： 1A 端接入夹爪的 S 端，为夹紧动作控制；1B 端接入夹爪的 O 端，为松开动作控制。

第三步，进行控制测试。启动机器人并打开供气阀。

使用示教器【I/O】按键进入机器人 I/O 界面，如图 4-1-15 所示。

再按【F1】键选择“类型”→“机器人”，如图 4-1-16 所示。

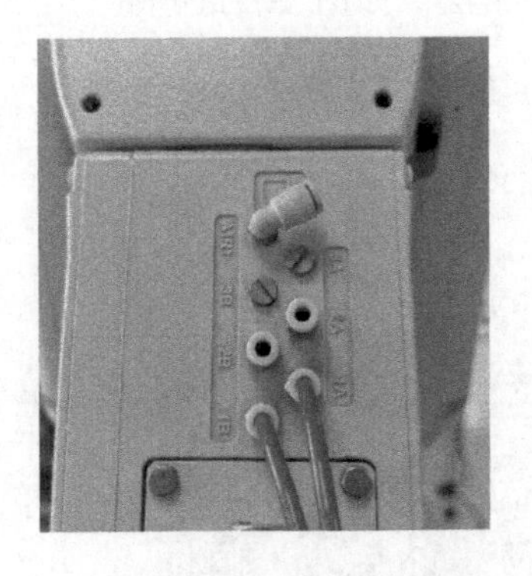

图 4-1-13　接入气管的 1A 与 1B 出气口

图 4-1-14　安装完毕的夹爪工具

I/O 单元输出

2/10

	输出信号	类型	#	模拟	状态
1	模拟输入状态信号	DO[	0]	U	***
2	模拟输出状态信号	DO[	0]	U	***
3	倍率 = 100	DO[	0]	U	***
4	循环中	DO[	0]	U	***
5	程序结束	DO[	0]	U	***
6	试运行状态	DO[	0]	U	***
7	检测信号	DO[	0]	U	***
8	MH 警报	DO[	0]	U	***
9	MH 警告	DO[	0]	U	***
10	机器人动作 G1	DO[	0]	U	***

[类型]　分配　IN/OUT　S/模拟　U/解除

图 4-1-15　示教器的 I/O 界面

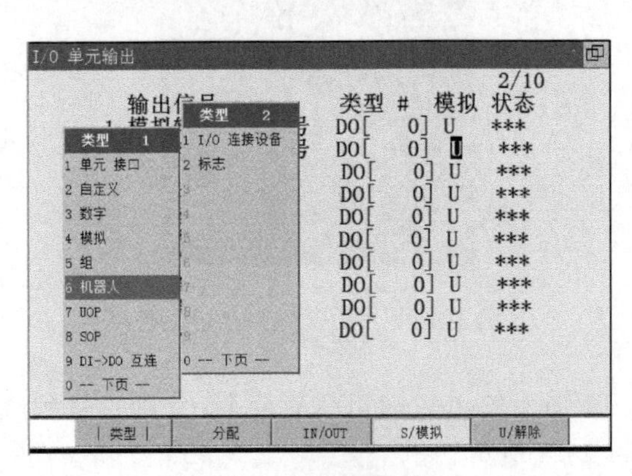

图 4-1-16　选择机器人

进行 RI/RO 界面，可通过【F3】（IN/OUT）切换显示 RI/RO 状态，如图 4-1-17 所示。

在 R0 显示界面，可通过【F4】（ON）与【F5】（OFF）对输出进行控制，如图 4-1-18 所示。

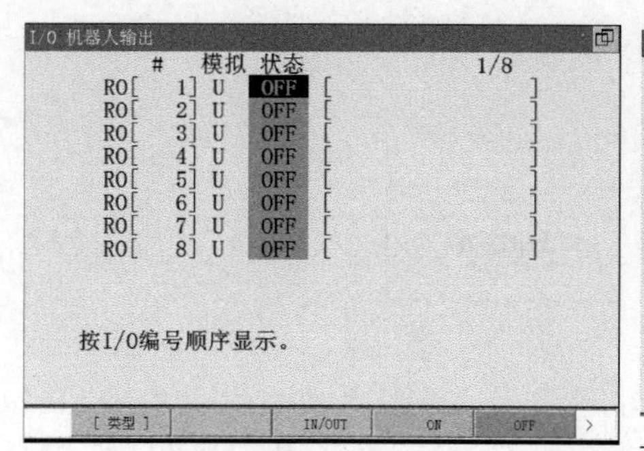

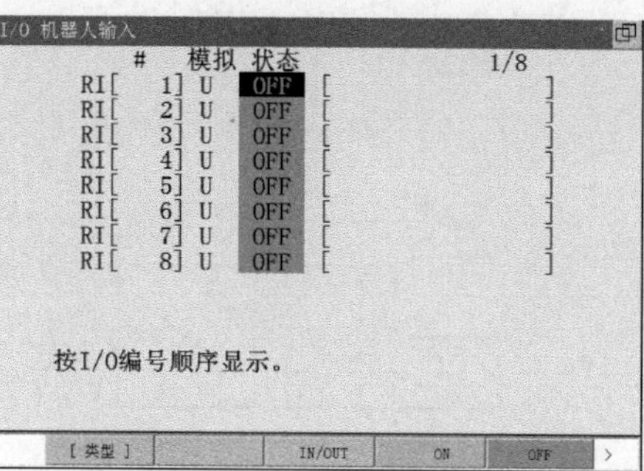

图 4-1-17　查看 RO/RI 信号状态

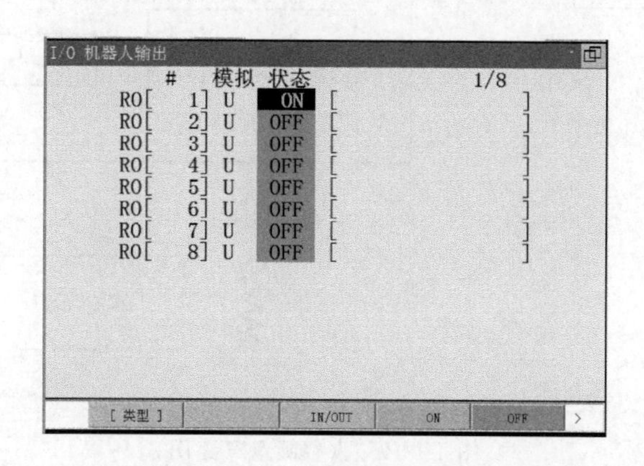

图 4-1-18　更改 R0 状态

本节中，RO[1] 为夹爪夹紧，RO[2] 为夹爪松开。切换 RO[1] 与 RO[2] 的状态，观察夹爪开合动作，RO[1] 为 ON 时夹爪夹紧，RO[2] 为 ON 时夹爪松开，安装配置完成。

4.1.5 ／ 真空吸盘的气动回路连接

对于表面光滑的物品，如玻璃、打磨平滑的金属件等，可以采用真空吸盘工具进行搬运操作，其基本气路图如图 4-1-19 所示。

第一步，根据设定位置，将吸盘工具安装到机器人 J6 轴法兰盘上。注意选择合适的紧固螺钉，并且安装过程请使用正确的对角线紧法。如图 4-1-20 所示。

第二步，进行机器人的供气管路连接。本任务使用机器人内置管路 AIR2，气管规格为 DN15（4 分管）。

首先，将供气管接到机器人本体后座的 AIR2 接口上。

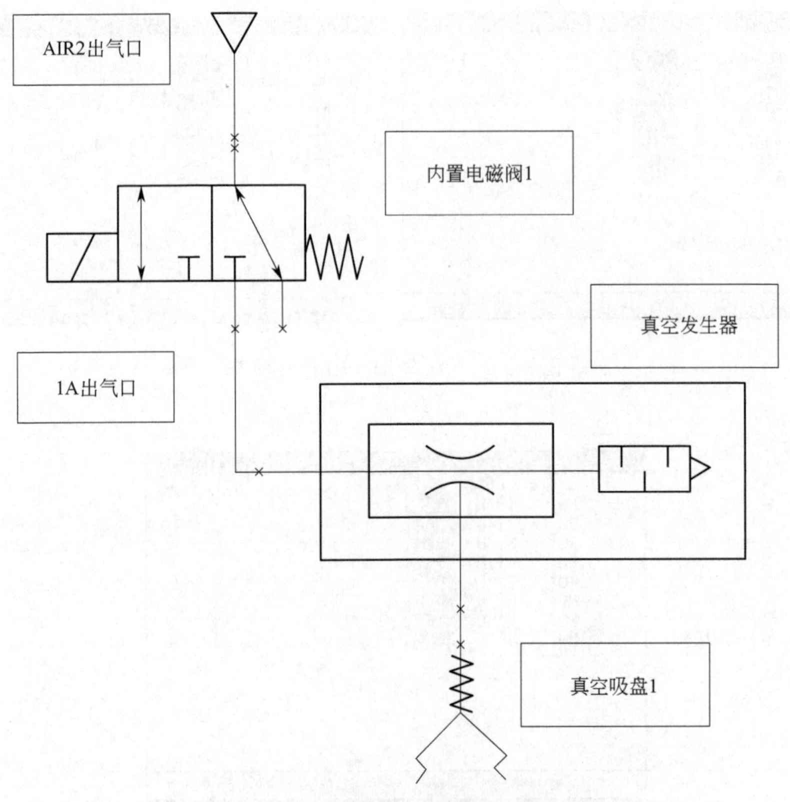

图 4-1-19　真空吸盘气路图

图 4-1-20　J6 轴法兰盘与安装完成的真空吸盘

然后，将机器人 J4 轴上的出气端口 1A 连接到吸盘工具的真空发生器进气口，并将真空发生器的出口与真空吸盘连接。如图 4-1-21、图 4-1-22 所示。

注意：因为机器人使用的是两位三通电磁阀，因此这次不需要使用的出气口 1B 需要封好。

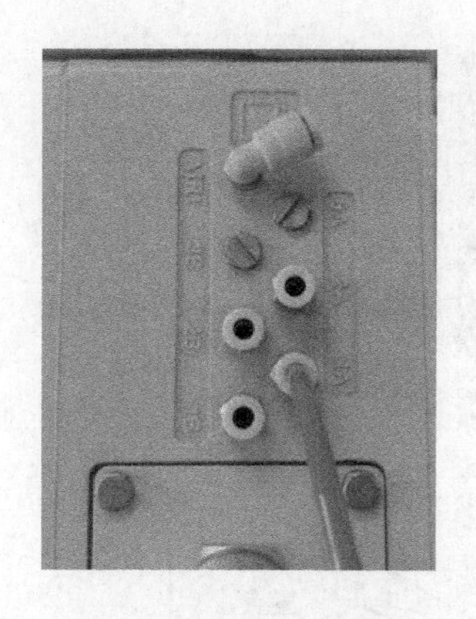

图 4-1-21　J4 轴上出气口接 1A，其余不使用的出气口需要封好

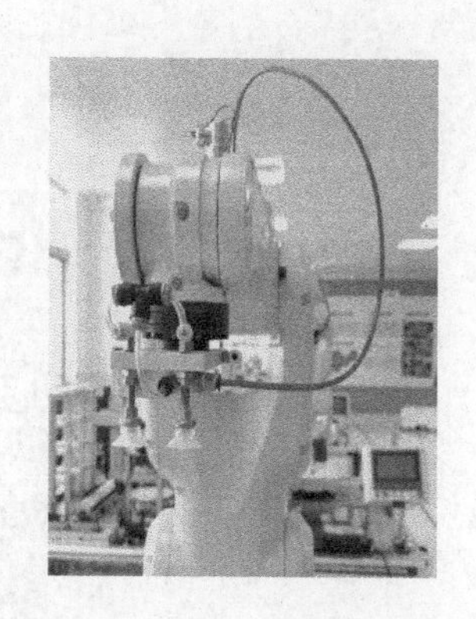

图 4-1-22　安装完毕的真空吸盘

第三步，进行控制测试。启动机器人并打开供气阀。

进入机器人 I/O 界面，选择 RI/RO，点击 ON/OFF，观察吸盘的动作。如图 4-1-23 所示。

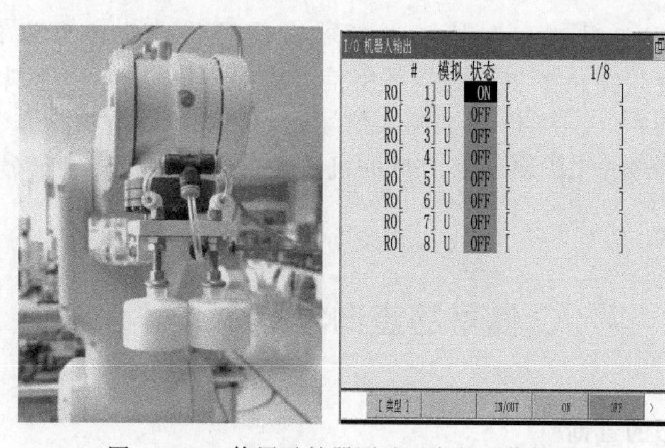

图 4-1-23　使用示教器测试吸盘的工作情况

RO[1]为 ON 的时候，吸盘产生吸力，RO[1]为 OFF 的时候，吸盘吸力消失，安装配置完成。

4.2 基于气动夹爪单物体搬运

本节要求将生产线上某圆柱状工件搬运摆放到工作台上，以便进行下一步处理加工。本节内容为应用工业机器人配合气动夹爪工具进行单个物件的基本搬运操作。本节使用到 FANUC 机器人的运动指令、机器人 I/O 操作指令。如图 4-2-1 所示。

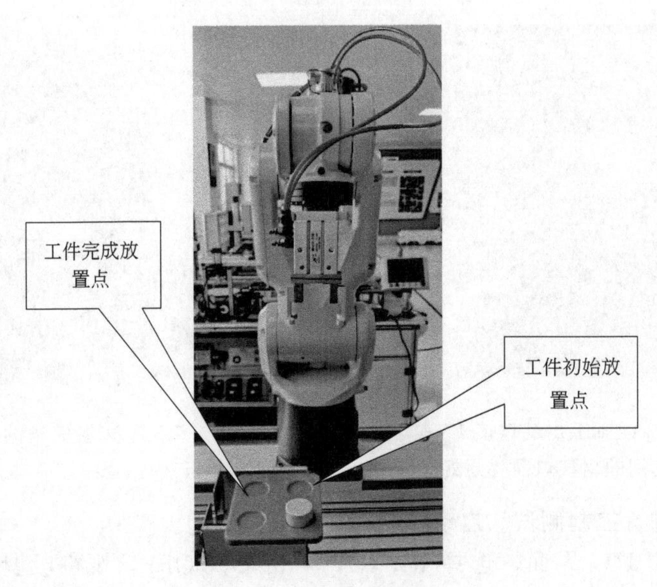

图 4-2-1 任务工位示意图

机器人 I/O 指令是改变向外围设备输出信号状态或读取设备状态的指令。FANUC 机器人的 I/O 指令主要包括数字信号指令（DI/DO）、模拟信号指令（AI/AO）、群组信号指令（GI/GO）、机器人信号指令（RI/RO）。

本节所使用型号为 LR Mate 200iD 的机器人，其可用机器人信号指令 RI/RO 一共有八组。

4.2.1 I/O 信号的查询与指令

(1) 信号状态的查询

信号状态的查询可以按示教器上的【I/O】键进入（详细方法可参阅本书 3.2 节）。同时可以看到，RO[1] 与 RO[2] 为互锁状态。例如我们将 RO[1] 强制为 ON，RO[2] 会自动关闭。如图 4-2-2 所示。

(2) 信号指令的格式

对于信号的读取与控制，可以在程序中使用如下指令：

RO[i]=(值)

直接输出指令，值为 ON 发出信号，值为 OFF 关闭信号。

RO[i]=Pulse,(Width)

输出脉冲指令，Width 为脉冲宽度（0.1～25.5s）。

R[i]=DI[i]

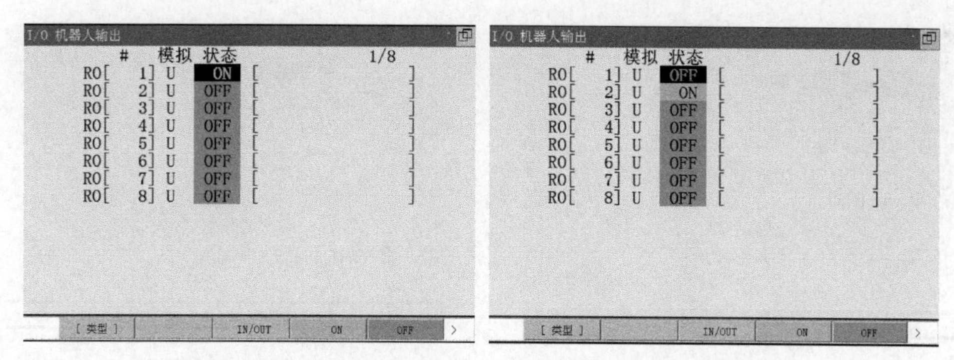

图 4-2-2　RI/RO 的状态查询，且 RO[1] 与 RO[2] 处于互锁

信号状态读取指令，例如 R[1]=DI[1]，即将 DI[1] 的状态读取并写入数据寄存器 R[1] 中。

注意：数字信号指令（DI/DO）、模拟信号指令（AI/AO）、群组信号指令（GI/GO）的用法与机器人信号指令（RI/RO）类似。

4.2.2 程序中 I/O 指令的调用

在程序编写中，可使用示教器用下列方法进行 RI 与 R0 的调用。

首先创建打开程序，按右下角的【NEXT】键，切换到指令菜单，如图 4-2-3 所示。

然后点击【F1】(指令)，打开指令菜单并选择“I/O”选项，如图 4-2-4 所示。

图 4-2-3　编程界面

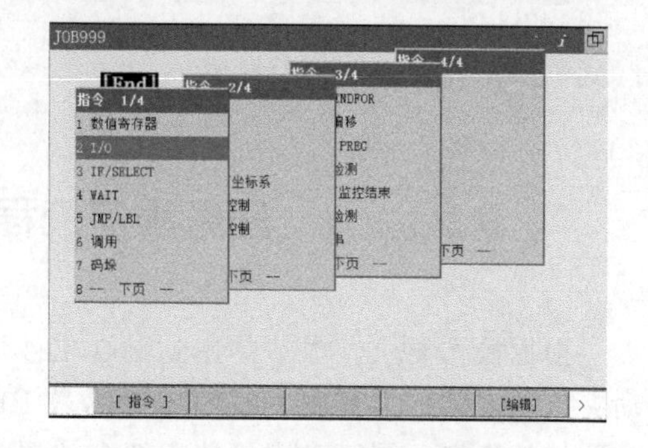

图 4-2-4　选择 I/O 选项

打开菜单后，选择指令样式，如本例需要改变 RO[1] 的状态，可选择“3 RO[ ] = ...”，如图 4-2-5 所示。

指令样式输入后，使用光标移动到指令需要补充的地方进行补充，移动到“[...]”后直接输入数字 1，如图 4-2-6 所示。

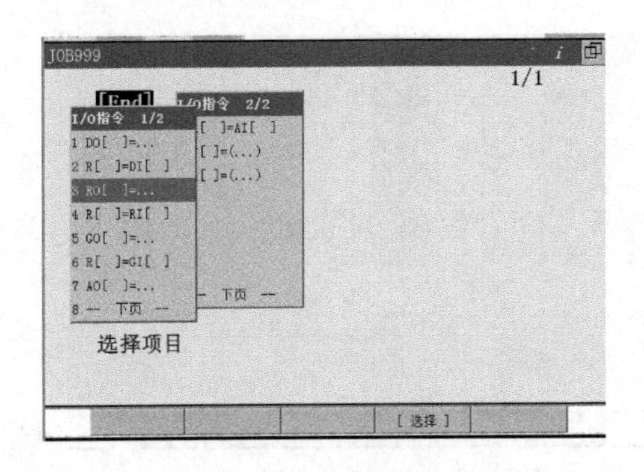

图 4-2-5　选择指令样式

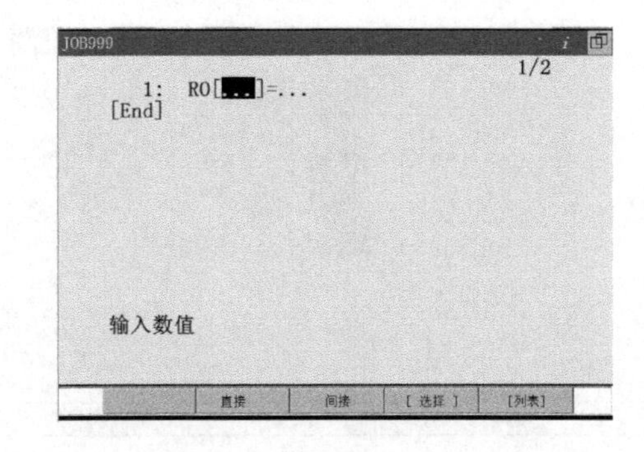

图 4-2-6　选择 RO[ ] 编号

接着移动到“＝”后面，系统自动弹出可以设置的赋值，此处选择“ON”，如图 4-2-7 所示。

I/O 指令的输入完成，如图 4-2-8 所示。

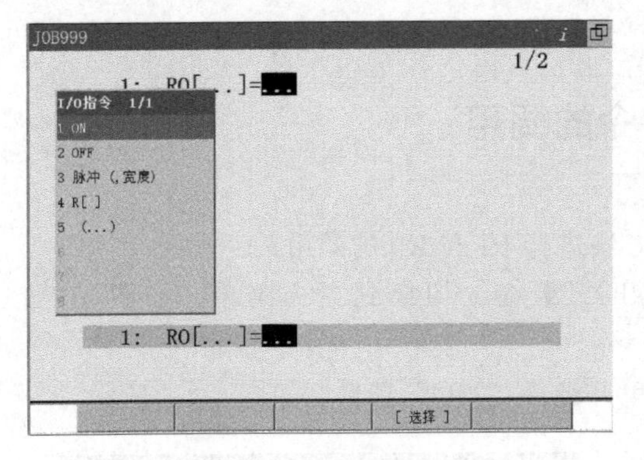

图 4-2-7　选择赋值

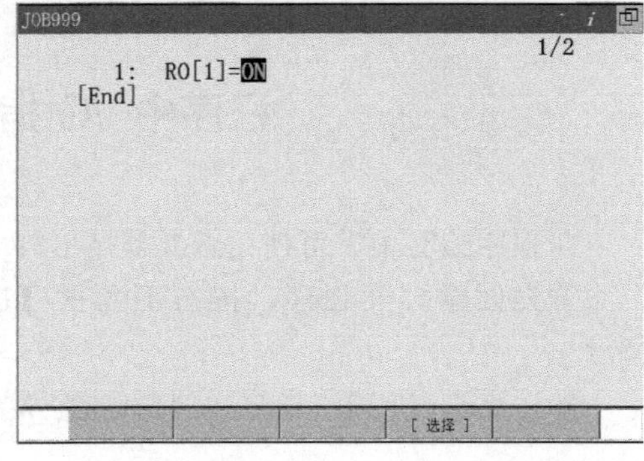

图 4-2-8　指令输入完成

4.2.3 ／ 任务程序流程

根据操作要求，本节使用到贴合工件形状的气动夹爪。在开始操作前，先进行气动夹爪的安装。本节中，我们需要示教 P1～P4 点，其中 P1、P3 为靠近点，P2、P4 为取、放件点，同时设定机器人待命位置 PR[1]，见表 4-2-1、图 4-2-9。

表 4-2-1　需示教的点

P1 点	取件靠近点,需示教
P2 点	取件点,需示教
P3 点	放件靠近点,需示教
P4 点	放件点,需示教
PR[1]	机器人原点,关节模式(0,0,0,0,－90,0),需示教

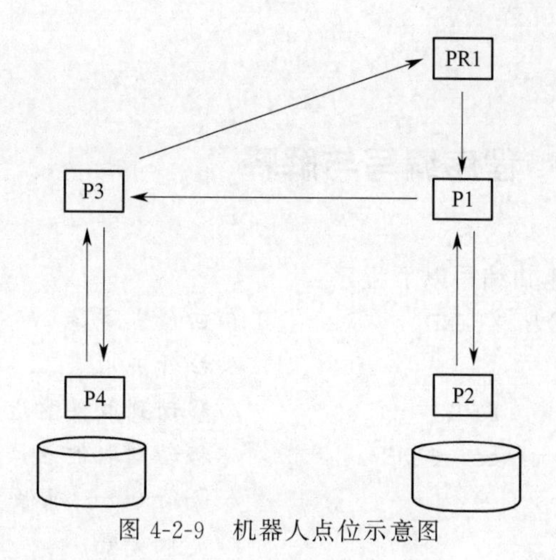

图 4-2-9　机器人点位示意图

程序的设计流程如图 4-2-10 所示。

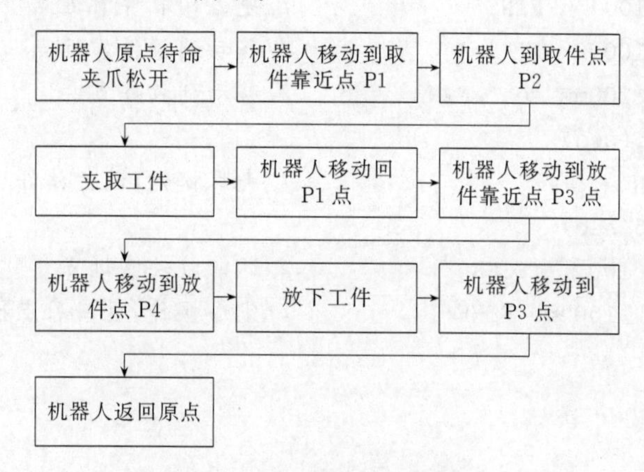

图 4-2-10　程序的设计流程

4.2.4　任务注意事项

在本任务中需要注意：

① 夹爪的控制用 R0[1]（夹爪的夹紧）与 R0[2]（夹爪的松开）。

② 机器人在启动运行前，最好保证机器人在原位待命（例如本任务前设置了原点位置 PR[1]），同时夹爪工具也应处于打开状态。

③ 为了避免工件在取放过程中的碰撞，设置了取放工件时的靠近点（P1 与 P3）。

④ 为提高工作效率，机器人一般的移动可以使用关节指令 J 来完成。而对于需要精准到达的点位，可使用直线指令 L 来处理。

⑤ 在夹取和释放工件的时候，可以使用 WAIT 指令让机器人略作停留，保证工

件被夹紧到位。

4.2.5 / 程序编写与解释

根据流程图，创建并编写以下程序：

```
1：J  PR[1]  100%  FINE                 //回原点等待
2：RO[2]=ON                             //松开夹爪
3：J  P[1]  100%  FINE                  //移动到取件靠近点
4：L  P[2]  100mm/sec  FINE             //移动到取件点
5：WAIT  0.5(sec)                       //等待0.5s,确保夹爪位置稳定
6：RO[1]=ON                             //夹爪夹紧
7：WAIT  0.5(sec)                       //等待0.5s,确保工件被夹紧
8：J  P[1]  100%  FINE                  //先返回取件靠近点
9：J  P[3]  100%  FINE                  //移动到放件靠近点
10：L  P[4]  100mm/sec  FINE            //移动到放件点
11：WAIT  0.5(sec)
12：RO[2]=ON                            //夹爪松开,进行放件
13：WAIT  0.5(sec)
14：J  P[3]  100%  FINE                 //返回放件靠近点
15：J  PR[1]  100%  FINE                //完成操作,返回原点待命
[End]
```

4.3 / 基于气动夹爪多次往返搬运

本节主要使用机器人配合气动夹爪，进行物件的多次搬运操作。要求机器人能将工件从初始放置点搬运到完成放置点，并且自动进行4次循环搬运操作后才停止。如图4-3-1所示。

为提高程序的效率与可读性，本节将使用到机器人的一般寄存器R[i]、跳转指令JMP、标签指令LBL[i]、条件比较指令IF。数值寄存器指令参见2.3节。

4.3.1 / 跳转指令JMP、标签指令LBL[i]

(1) 跳转指令与标签指令的介绍

标签指令LBL[i] 是用来表现程序转移的目的地的指令，一般配合跳转指令JMP

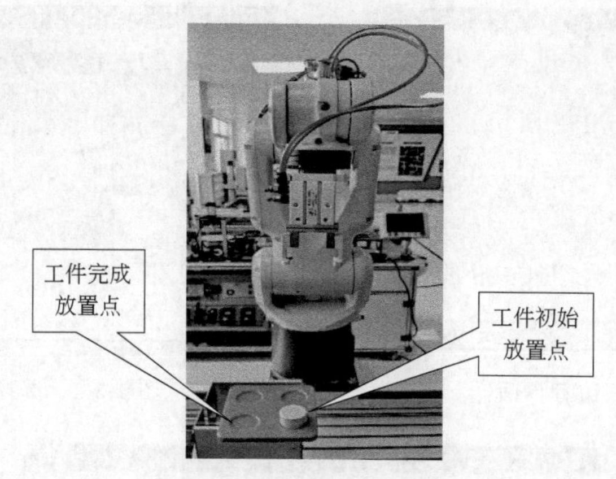

图 4-3-1　任务工位示意图

使用，如图 4-3-2 中所示程序。

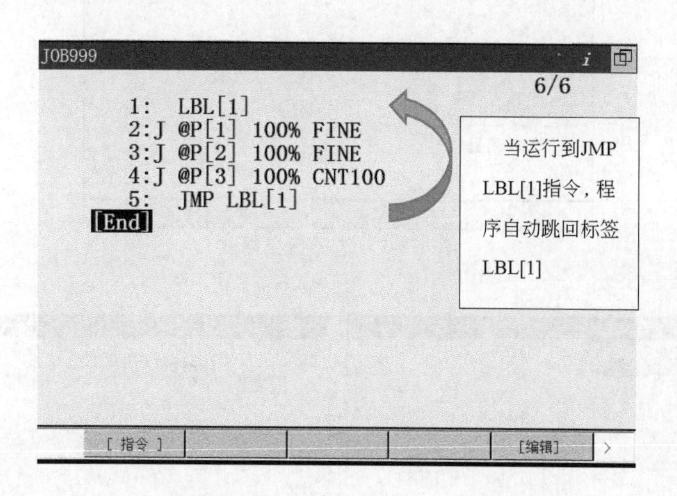

图 4-3-2　跳转指令与标签指令例子

当程序运行到第 5 行指令“JMP LBL[1]”时，程序会跳转回标签 1，即第 1 行指令“LBL[1]”运行。

因此，使用跳转与标签指令，可以方便地实现程序的循环运行。

(2) 程序中 JMP 与 LBL[i] 的调用

在程序编写时，我们使用示教器进行 JMP 与 LBL[i] 调用。

首先创建打开程序，按右下角的【NEXT】键，切换到指令菜单，如图 4-3-3 所示。

然后点击【F1】(指令)，打开指令菜单并选择“JMP/LBL”选项，如图 4-3-4 所示。

接着选择使用的是 JMP 指令或 LBL[i] 指令，如图 4-3-5 所示选择跳转指令“JMP LBL[　]”。

在 [...] 中输入标签的数字号即可，如图 4-3-6 所示。

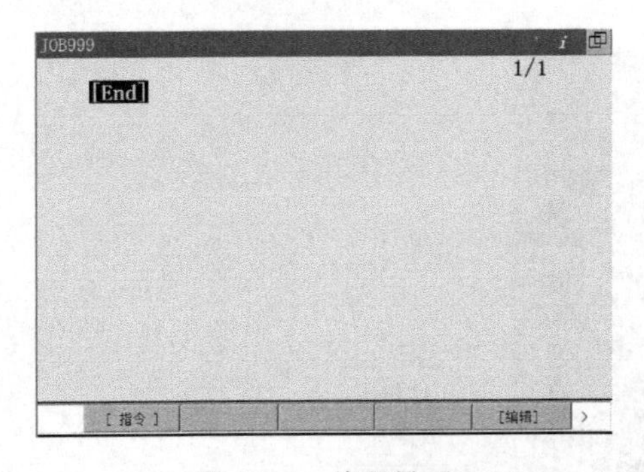

图 4-3-3　编程界面

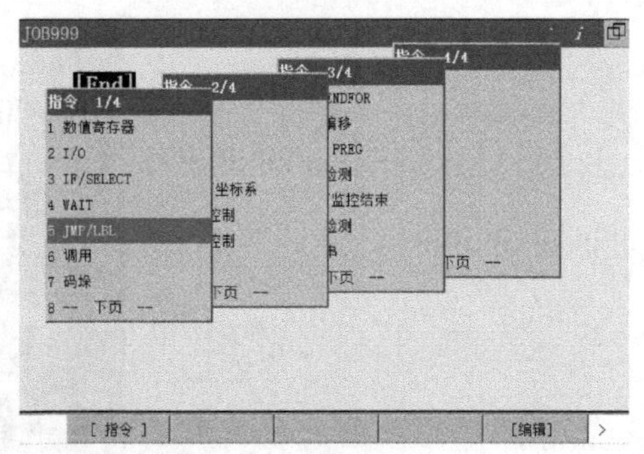

图 4-3-4　选择 JMP/LBL

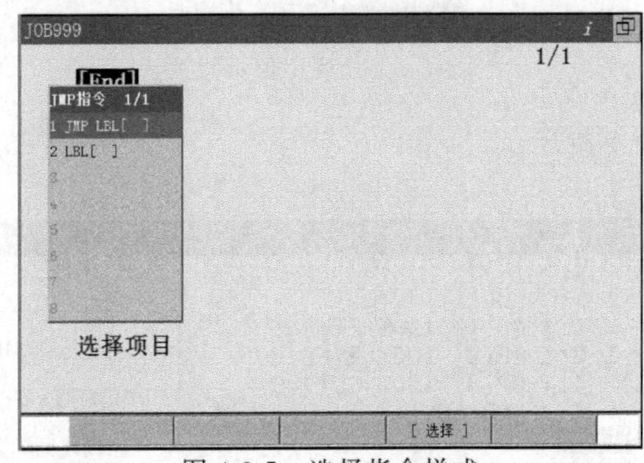

图 4-3-5　选择指令样式

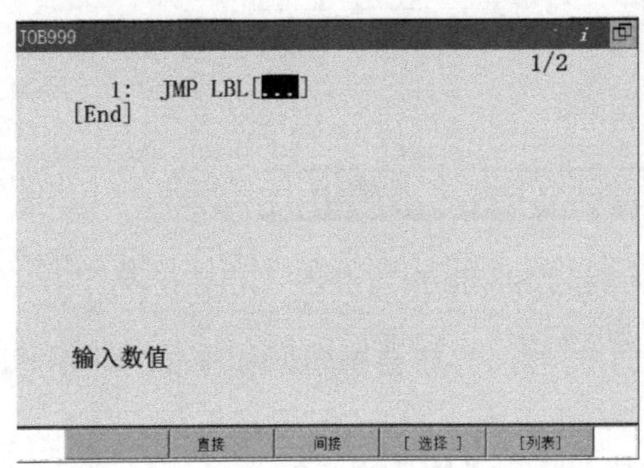

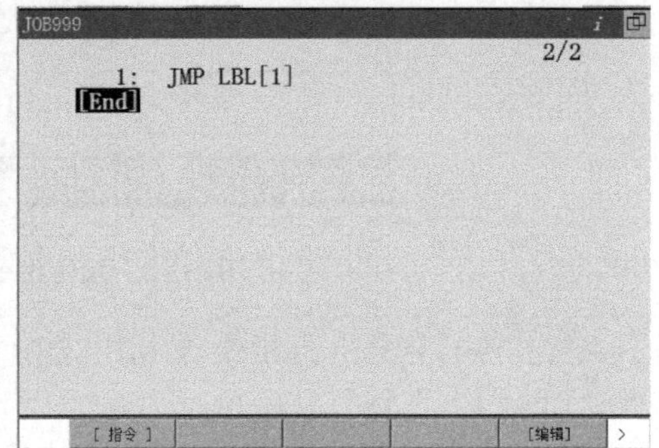

图 4-3-6　完成指令的输入

4.3.2 / 条件比较指令 IF

(1) 条件比较指令的介绍

条件比较指令 IF，是对寄存器的值和另外一方的值进行比较，若符合条件，就执行指令。

其格式如下：

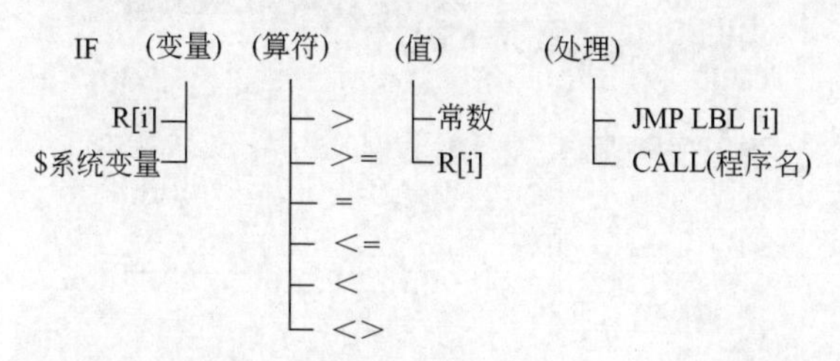

如图 4-3-7 中，当运行至第 6 行指令“IF R[1] =1，JMP LBL[1] ”，若 R[1] 的值等于 1，则会运行逗号后面的指令“JMP LBL[1] ”，如果 R[1] 的值不等于 1，则程序继续向下运行至“END”。

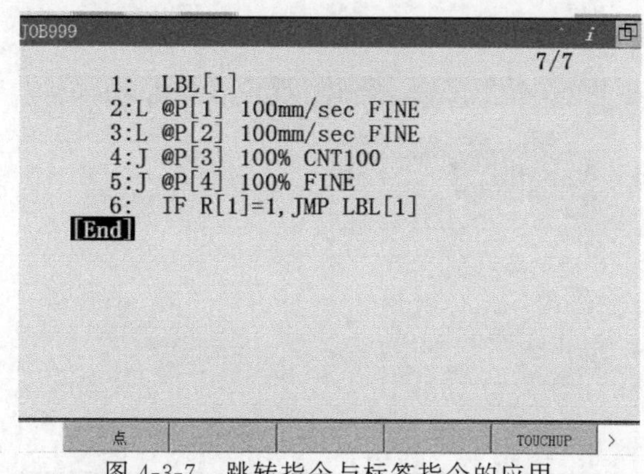

图 4-3-7　跳转指令与标签指令的应用

(2) 程序中条件比较指令的调用

在程序编写中，使用示教器进行 IF 指令的调用。

首先创建打开程序，按右下角的【NEXT】键，切换到指令菜单，如图 4-3-8 所示。

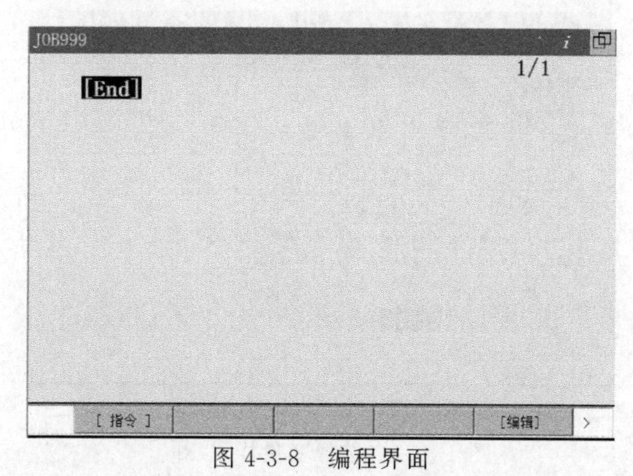

图 4-3-8　编程界面

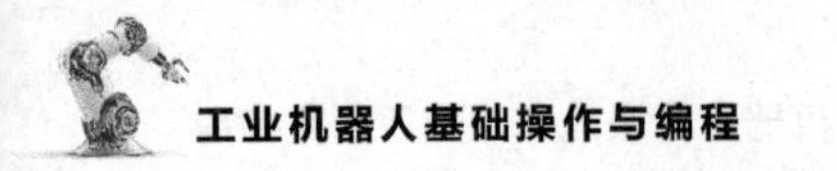

然后点击【F1】(指令)，打开指令菜单并选择"IF/SELECT"选项，如图 4-3-9 所示。

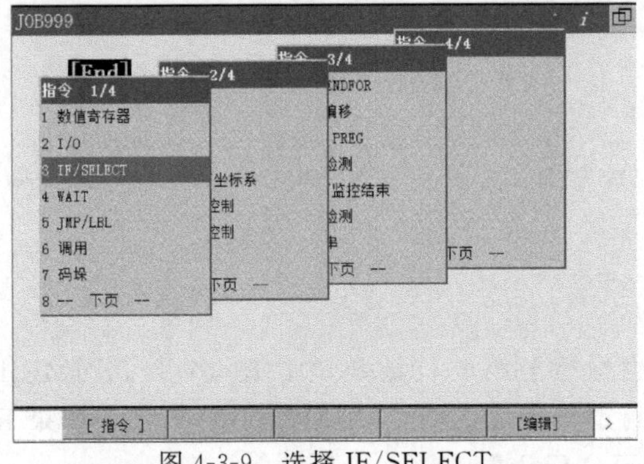

图 4-3-9　选择 IF/SELECT

接着选择 IF 指令的判定条件样式，如图 4-3-10 所示。

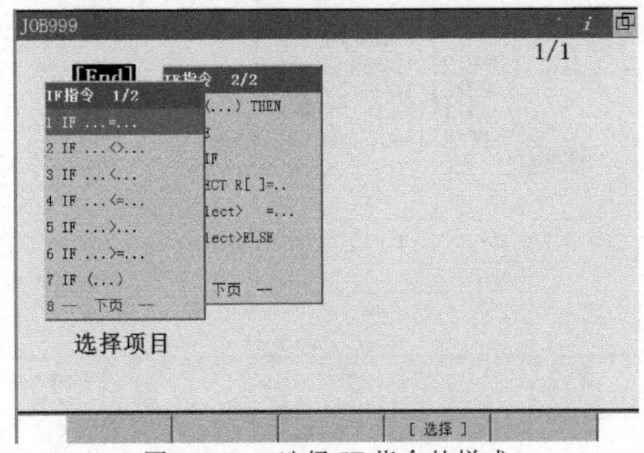

图 4-3-10　选择 IF 指令的样式

本节使用 R[1] ＜4 作为判定条件，选择"IF...＜..."，接着设定指令各项参数。先设定变量，如图 4-3-11 所示。

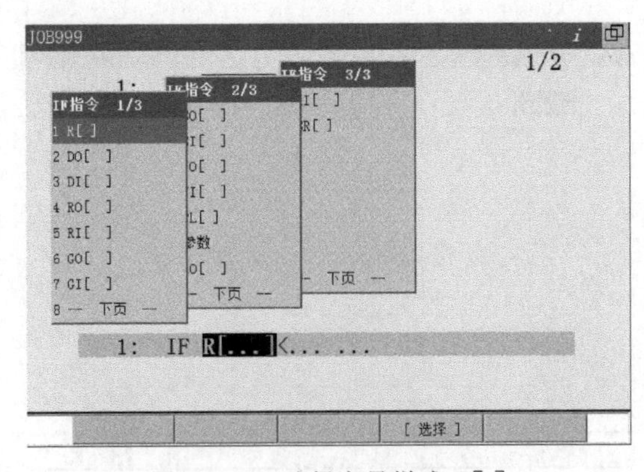

图 4-3-11　选择变量样式 R[ ]

然后是比较值的设定，如图 4-3-12 所示。

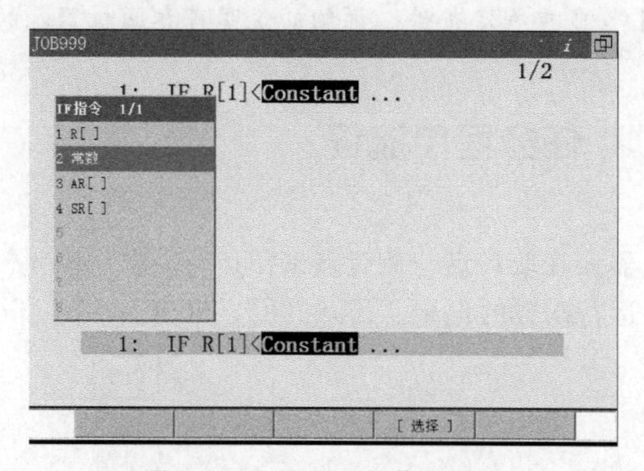

图 4-3-12　选择比较值的样式

处理条件的设定，如图 4-3-13 所示。

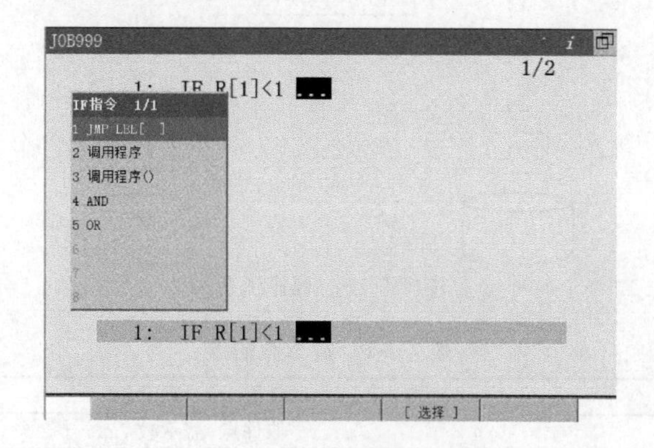

图 4-3-13　选择处理条件的样式

最后完成指令，如图 4-3-14 所示。

图 4-3-14　指令输入完成

注意：在选择处理程序时，除了“JMP LBL[1]”外，还有其他的处理方法，如“调用程序”或“AND”多重判定条件。详细的说明可参阅机器人的《用户操作手册》。

4.3.3 任务程序流程

本次任务要求机器人在取料点与放置点来回运行 4 次（图 4-3-15），可以设置寄存器 R[1] 作为机器人运行次数的记录。需示教的点见表 4-3-1。

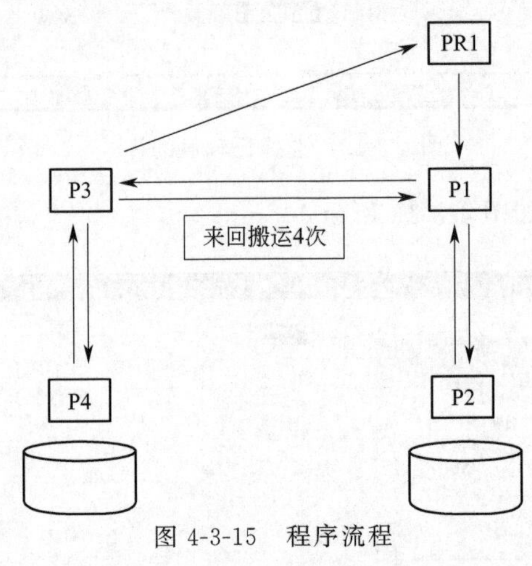

图 4-3-15 程序流程

表 4-3-1 需示教的点

P1 点	取件靠近点，需示教
P2 点	取件点，需示教
P3 点	放件靠近点，需示教
P4 点	放件点，需示教
PR[1]	机器人原点，关节模式(0,0,0,0,−90,0)，需示教
R[1]	记录运行次数

通过条件判断指令 IF 与跳转指令 JMP 来实现控制的要求。其流程图如图 4-3-16 所示。

4.3.4 任务注意事项

本次任务中需要注意：

① 本次任务运行的次数存储在寄存器 R[1] 中，因此每次运行程序前，都必须将运行的次数重置，即在程序开始时，必须添加指令“R[1] =0”。

② 每运行完一个流程，使用 R[1] =R[1] +1 进行计数，本运算的意思是将 R[1] 里的值加 1 之后再重新写入 R[1] 中，即 R[1] 里的值自增 1。

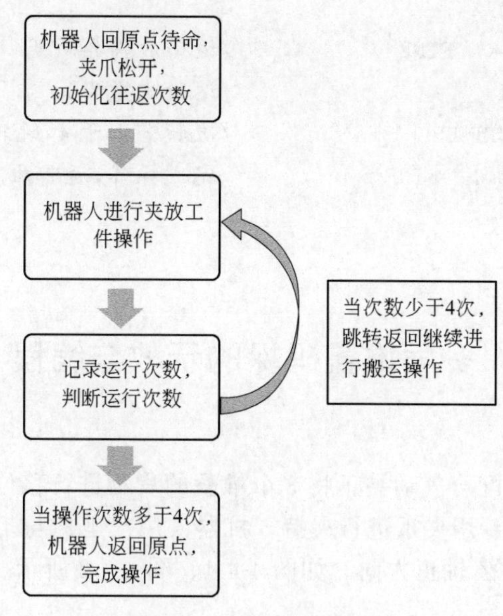

图 4-3-16　控制流程图

③ 任务的比较指令“IF R[1] <4，JMP LBL[1] ”的比较符号后的数字 4 可以根据需求更改，从而改变循环的次数。

4.3.5 ／ 程序的编写与解释

根据流程图创建并编写以下程序：

```
1：J  PR[1]  100%  FINE
2：RO[2] = ON
3：R[1]=0                                  //初始化运行次数
4：LBL[1]                                  //添加跳转标签
5：J  P[1]  100%  FINE
6：L  P[2]  100mm/sec  FINE
7：WAIT  0.5(sec)
8：RO[1] = ON
9：WAIT  0.5(sec)
10：J  P[1]  100%  FINE
11：J  P[3]  100%  FINE
12：L  P[4]  100mm/sec  FINE
13：WAIT  0.5(sec)
14：RO[2]=ON
```

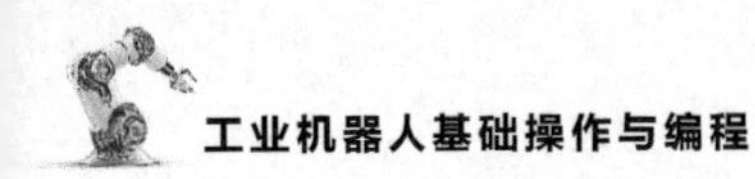


```
15: WAIT  0.5(sec)
16: J  P[3]  100%  FINE                //返回放件接近点
17: R[1] = R[1] + 1                    //运行次数+1
18: IF R[1] < 4,JMP LBL[1]             //次数若小于4,跳转到标签1重新运行
19: J  PR[1]  100%  FINE               //完成操作,返回原点待命
[End]
```

4.4 多层堆叠码垛的示教与编程

任务要求：机器人配合气动夹爪将3个堆叠的货物进行移位码垛操作，工件高度每个为10mm，可使用专用夹爪进行夹持，机器人用户坐标与工具坐标已标定，其中叠高的方向为用户坐标 Z 轴正方向。如图4-4-1、图4-4-2所示。

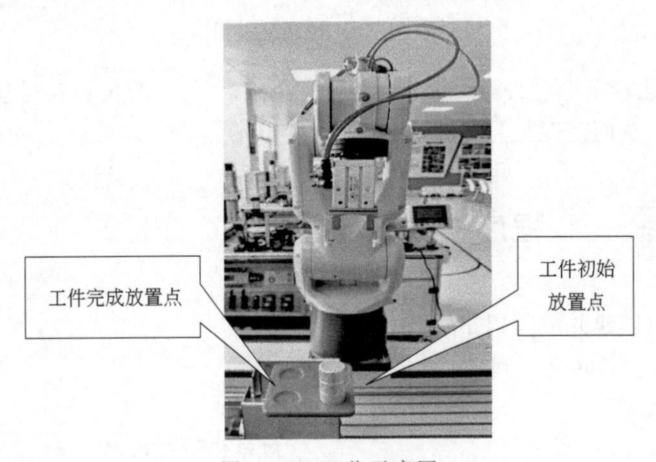

图4-4-1 工位示意图

如果每个货物都必须示教提取点位，那编程效率会十分低，同时对后期的程序更改与维护也相对麻烦。

因此，本节将结合机器人的位置寄存器PR[i]与运动指令中的位置补偿指令Offset完成任务，以提高编程效率。

4.4.1 位置寄存器PR[i]

(1) 位置寄存器PR[i]介绍

位置寄存器PR[i]主要用于点位置的存储，每一个PR[i]带有6个可更改的变

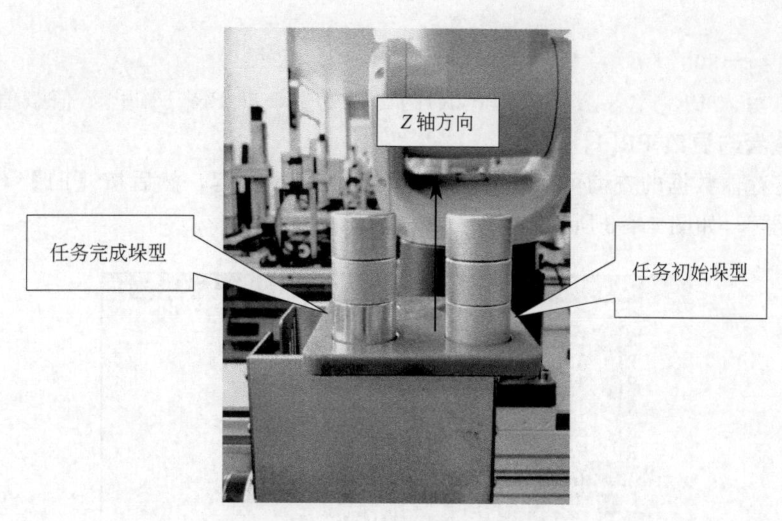

图 4-4-2　任务要求演示

量，有正交模式（笛卡儿坐标模式）（X，Y，Z，W，P，R）与关节模式（J1，J2，J3，J4，J5，J6），一般可用的 PR[i] 编号为 1～100。

(2) 位置寄存器赋值与运算

PR[i]=(值)

赋值指令，值可以为其他的 PR[i]、当前程序里的 P[i] 值等。

例：

PR[1]=P[1]

PR[2]=PR[1]

PR[i]=(值)+(值)
PR[i]=(值)-(值)

运算指令，将值进行加减操作，结果代入 PR[i] 中，值可以为其他的 PR[i]、当前程序里的 P[i] 值等。

例：

PR[1]=P[1]+PR[2]

PR[2]=Lpos+PR[3]

(3) 位置寄存器要素指令

位置寄存器要素指令是对位置寄存器中某一个值进行运算更改的指令。

PR[i,j]=(值)

将值写入 PR[i] 的第 j 个位置中。其中，值可以为常数、模拟输入量信号 AI[i]、数字输入量信号 DI[i]、其他 R[i] 里的值等。

注意： PR[i] 如果是正交模式，写入的数据为笛卡儿坐标的数据；如果 PR[i] 是关节模式，写入的数据为关节旋转角度的数据。

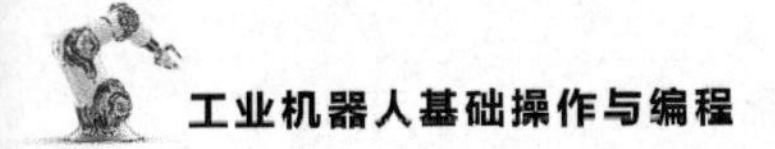

例：

PR[1,2]=300

将 300 写入 PR[i](X,Y,Z,W,P,R)的 2 号变量，即 PR[1] 里 Y 值赋值 300。

(4) 查看与更改 PR[i] 的值

位置寄存器数据的查询可以按示教器上的【DATA】键，然后按【F1】(类型) → "位置寄存器"，如图 4-4-3 所示。

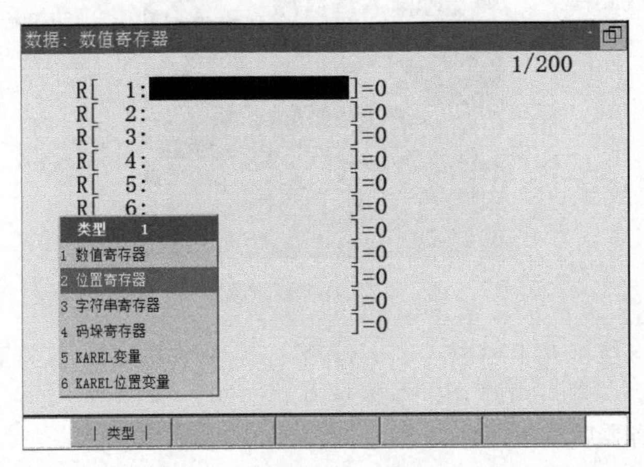

图 4-4-3 选择指令"位置寄存器"

在位置寄存器界面，可以对位置寄存器进行查看、修改等操作。如图 4-4-4 所示。

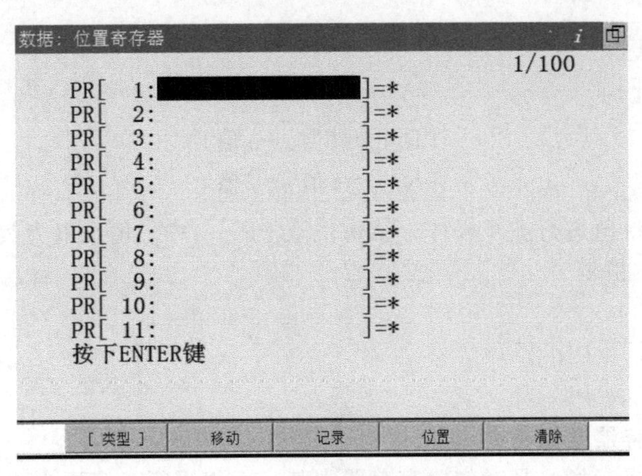

图 4-4-4 位置寄存器查看界面

【F2】(移动)：将机器人变换到位置寄存器所记录的位置与姿态，此操作必须配合示教器上的【SHIFT】键进行。

【F3】(记录)：将当前机器人位置与姿态信息记录到所选择的位置寄存器里，此操作必须配合示教器上的【SHIFT】键进行。

【F4】（位置）：进入位置寄存器详细数据页面，在此页面中可以直接通过输入的方式更改位置寄存器的值，并能通过【F5】（形式）改变位置寄存器的存储模式。如图 4-4-5 所示。

（5）程序中 PR[i] 相关指令的调用

① PR[i] 的赋值与运算指令　PR[i] 的赋值与运算指令与数值寄存器的赋值与运算指令应用类似，都可以通过“指令”→“数值寄存器”页面进行选择，如图 4-4-6 所示。

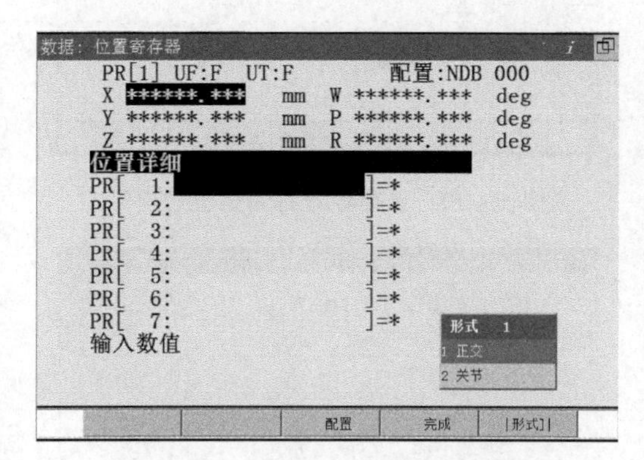

图 4-4-5　PR[i] 数据修改界面

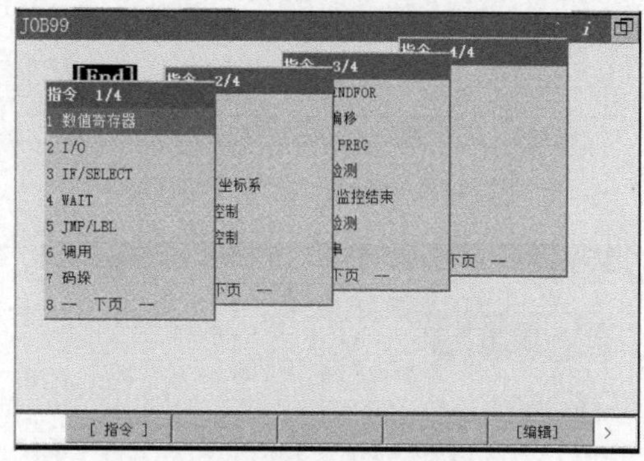

图 4-4-6　选择数值寄存器选项

选择赋值样式，如图 4-4-7 所示。

指令左侧第一个值选择类型为 PR[ ]，如图 4-4-8 所示。

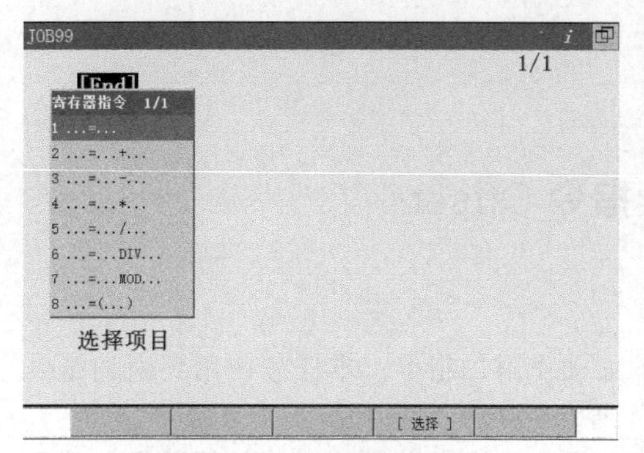

图 4-4-7　选择赋值样式

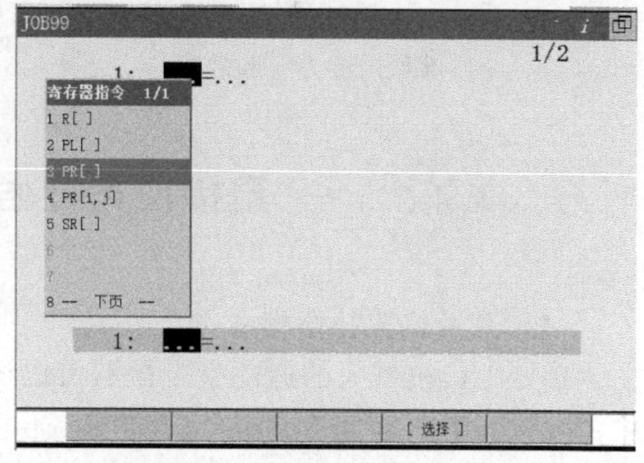

图 4-4-8　选择左侧第一个值的赋值类型为 PR[ ]

输入需要赋值 PR[i] 的编号，如图 4-4-9 所示。

输入等号右边需要被赋值的内容，如图 4-4-10 所示。

注意：PR[i] 能被赋值的是坐标系的数组数据。如果是 PR[i,j]，则赋值内容为一般常数。如图 4-4-11 所示。

② PR[i] 在运动指令中的调用　一般程序中添加运动指令时，系统会以 P[i] 作为位置数据。如果想使用 PR[i]，只需要将指针移动到 P[i] 上面，如图 4-4-12 所示。

然后按【F4】(选择)→"PR[ ]"→输入 PR 的编码，即可进行 PR[i] 的调用。如图 4-4-13 所示。

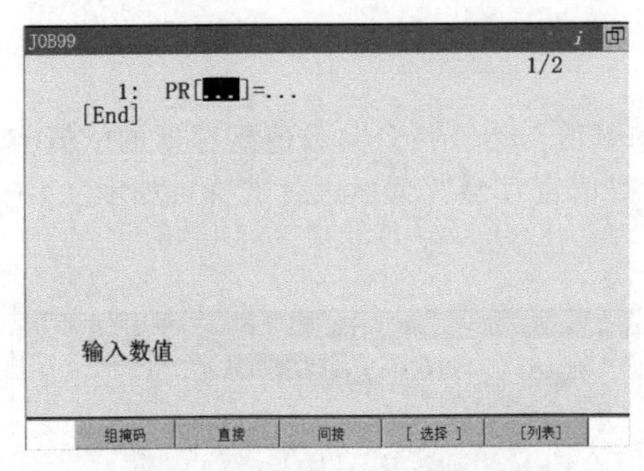

图 4-4-9 输入 PR[i] 的编号

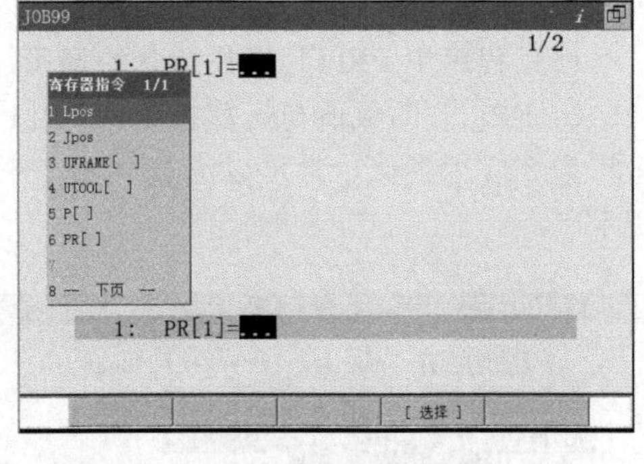

图 4-4-10 选择等号右侧赋值的内容

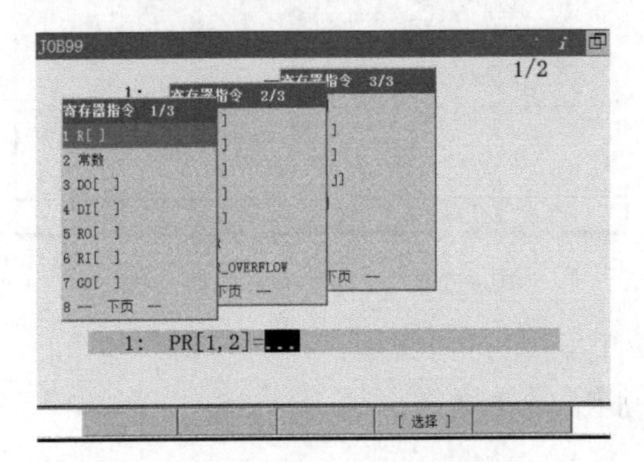

图 4-4-11 如果是 PR[i,j] 的赋值，则赋值内容为一般常数

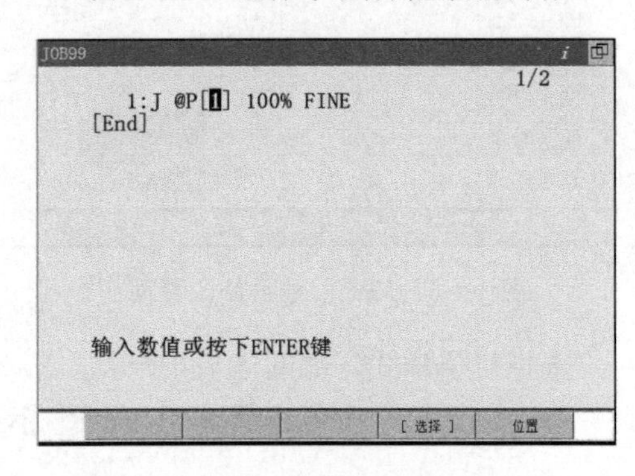

图 4-4-12 光标移动到运动指令 P[i] 上

4.4.2 / 直接位置补偿指令 Offset

(1) 直接位置补偿指令

FANUC 机器人的运动指令最后可以添加动作附加指令。本任务使用到附加指令中的运动位置补偿指令 Offset。如图 4 4 14 所示。

当在运动指令后面使用 Offset 进行直接位置补偿时，机器人会将补偿数据加到目标点后，再进行移动。

例:

使用了 Offset 指令的偏移。

例子中示教的两个点位置为 P1、P2，并且在 PR[1] 中 *Y* 轴数据为 300，*Z* 轴数据为 100。如图 4-4-15 所示。

当运行指令"L P[2] 500mm/sec FINE Offset PR[1]"，机器人会移动到距离 P2 点 *Y* 方向偏移 300mm、*Z* 方向偏移 100mm 处。

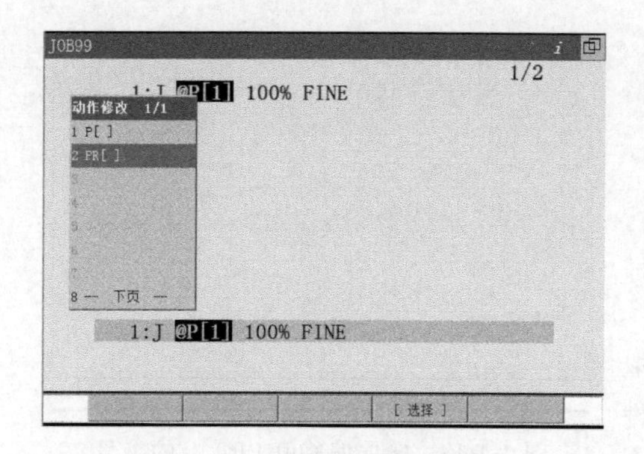

图 4-4-13　选择更改成 PR[ ]

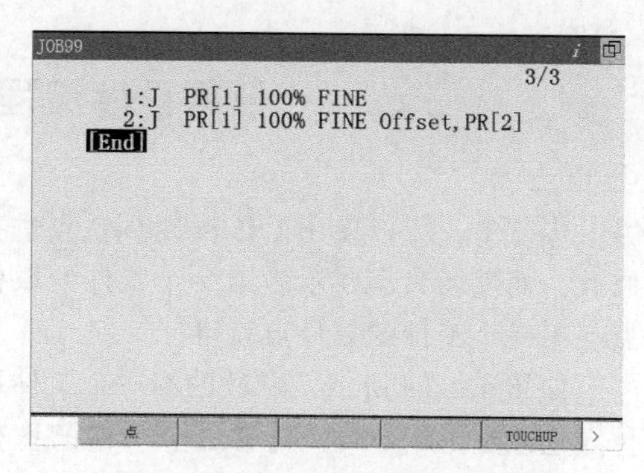

图 4-4-14　一般运动指令与添加 Offset 的运动指令的对比

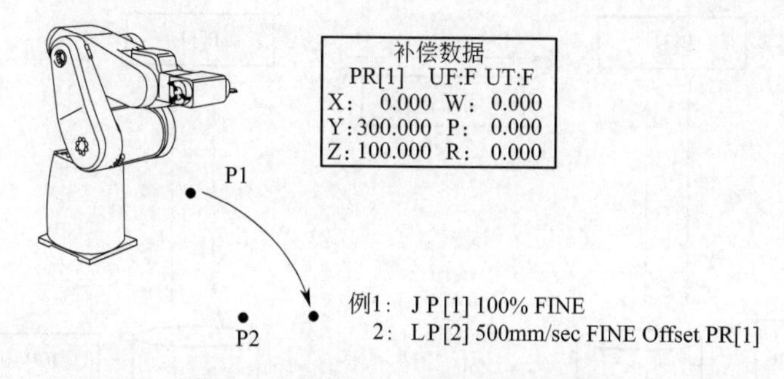

图 4-4-15　使用了 Offset 指令的偏移

（2）直接位置补偿指令的调用

要在运动指令中添加 Offset，只需要把光标移动到运动指令语句最后方，如图 4-4-16 所示。

然后按“选择”→“偏移，PR[ ]”→输入 PR[ ] 的编码，即可完成调用。如图 4-4-17、图 4-4-18 所示。

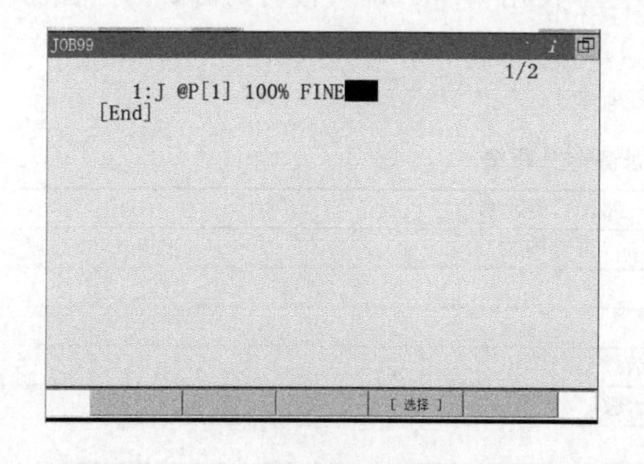

图 4-4-16　光标移动到运动指令最后方

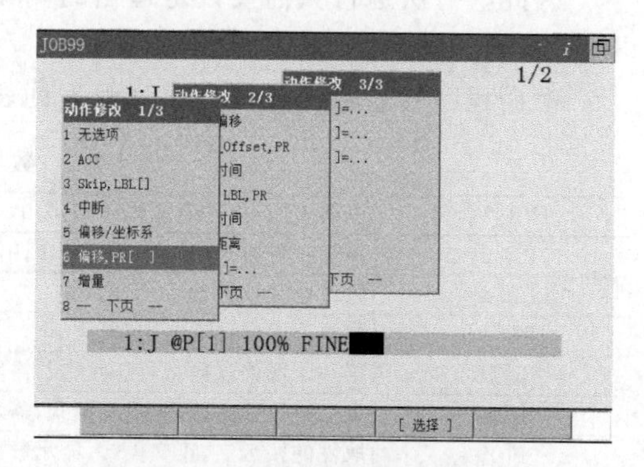

图 4-4-17　选择“偏移，PR[ ]”

4.4.3 / 任务程序流程

本节中，可以使用 Offset 对到达点进行修改。而现场只需要示教第一个工件的取件点与第一个工件的放件点就可。

如图 4-4-19 所示，示教的第一个工件取件点记录在 PR[10]，而第二个工件的取件点在 PR[10] Z 轴偏移－10mm 处，第三个取件点在 PR[10] Z 轴偏移－20mm 处。

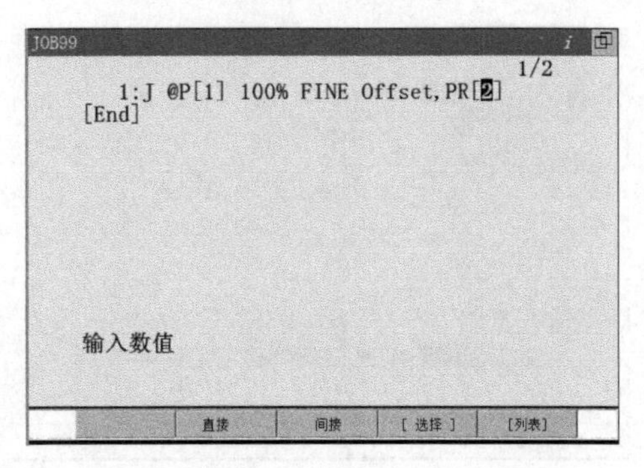

图 4-4-18　输入偏移值 PR[ ] 的编号

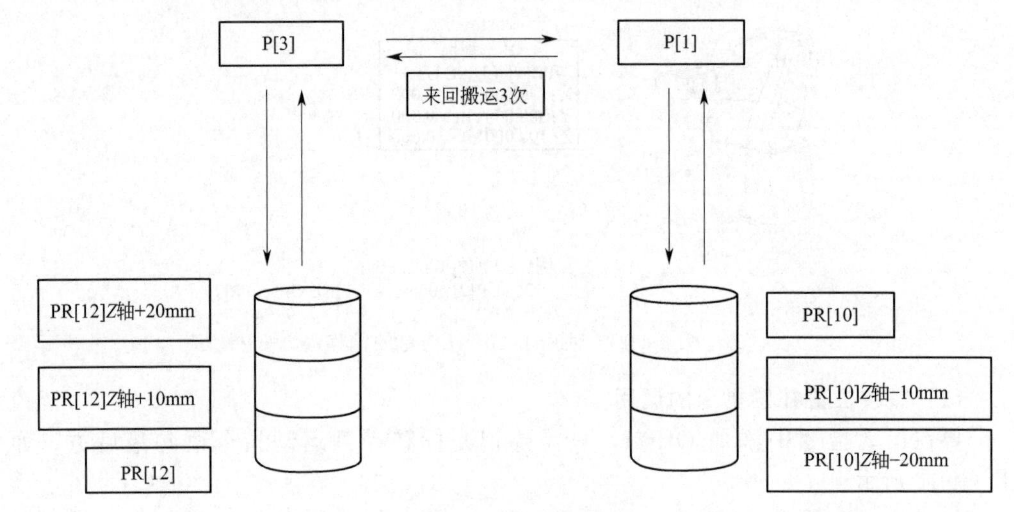

图 4-4-19　示教点规划

因此，每次运行只需要设定适当的偏移量并使用 Offset 即可移动到需要的点位而不需要全部示教各个位置。放件点同理。

根据程序的思路，数据寄存分配表见表 4-4-1。

表 4-4-1　数据寄存分配表

PR[1]	机器人原点,关节模式(0,0,0,0,－90,0),需示教
PR[2]	用于位置数据初始化(0,0,0,0,0,0),正交模式
PR[3]	取件位置偏移量,正交模式
PR[4]	放件位置偏移量,正交模式
PR[10]	第一个取件点数据,正交模式,需示教
PR[12]	第一个放件点数据,正交模式,需示教
P[1]	取件的接近点,正交模式,需示教
P[3]	放件的接近点,正交模式,需示教
R[1]	运行次数存储

程序设计的流程图如图 4-4-20 所示。

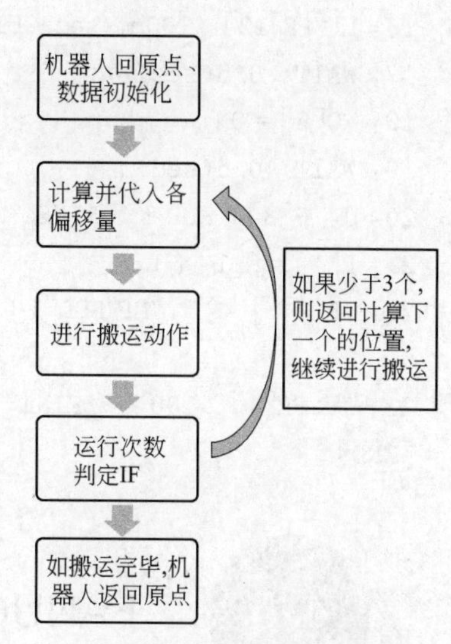

图 4-4-20　程序设计流程图

4.4.4　任务注意事项

本次任务中需要注意：

① 本次任务使用的位置寄存器中，PR[1]、PR[2]、PR[10]～PR[12] 需要在程序运行前先进行设置或示教，并且在程序调试完成后不能随意修改。

② 因为位置寄存器 PR[i] 属于全局型变量，设置与示教的值在其他程序可以被调用或修改，因此必须注意如运行其他程序，先检查是否会调用或修改本次任务所涉及的 PR[i]。

③ 程序中码垛的个数可以通过修改判断指令“IF R[1]<3，JMP LBL[1]”来修改。每次取件放件的偏移量的计算，则可以在以下两行程序中修改。

```
PR[3,3]=R[1]*(-10)                    计算取件的偏移量
PR[4,3]=R[1]*10                       计算放件的偏移量
```

4.4.5　任务程序的编写与解释

```
1：J  PR[1]  100%  FINE
2：RO[2]=ON                                          //夹爪松开
3：R[1]=0                                            //初始化运行次数
4：PR[3]=PR[2]                                       //初始化各偏移量数据
5：PR[4]=PR[2]
6：LBL[1]                                            //添加跳转标签
7：PR[3,3]=R[1]*(-10)                                //计算代入取件的偏移量
8：PR[4,3]=R[1]*10                                   //计算带入放件的偏移量
9：J  P[1]  100%  FINE                               //移动到取件接近点
10：L  PR[10]  100mm/sec  FINE  Offset,PR[3]         //移动到取件点
11：WAIT  0.5(sec)
12：RO[1]=ON                                         //夹爪夹紧
13：WAIT  0.5(sec)
14：J  P[1]  100%  FINE                              //返回取件接近点
15：J  P[3]  100%  FINE                              //移动到放件接近点
```

```
16: L  PR[12]  100mm/sec  FINE  Offset, PR[4]     //移动到放件点
17: WAIT  0.5(sec)
18: RO[2] = ON                                     //夹爪松开
19: WAIT  0.5(sec)
20: J  P[3]  100%  FINE                            //返回放件接近点
21: R[1] = R[1] + 1                                //运行次数+1
22: IF R[1] < 3,JMP LBL[1]                         //若次数小于4,跳转标签1
                                                   重新运行
23: J  PR[1]  100%  FINE                           //完成操作,返回原点待命
[END]
```

4.5 / FANUC码垛指令的应用

本节要求使用吸盘工具，将人工逐一放置的12个工件按照规定的样式进行码垛操作。如图4-5-1、图4-5-2所示。

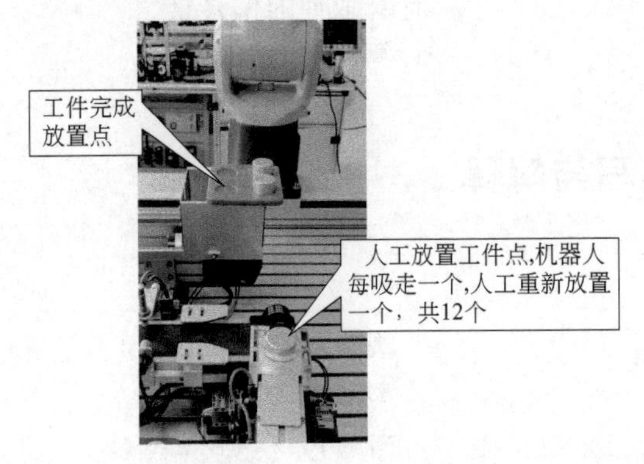

图4-5-1　工位示意图

图4-5-2　码垛完成图

本节将配合码垛PALLETIZING指令进行搬运操作。这个功能可用于码垛与拆垛，只需要对几个具有代表性的点进行示教，即可从下层到上层按照顺序堆上工件。

使用该指令必须在机器人系统上安装PALLETIZING（J500）软件工具包。相关的安装需联系FANUC机器人公司。

4.5.1 / 码垛的类别

机器人的码垛类别主要通过堆上样式与径路样式来决定，如图4-5-3所示。

堆上样式 B：对应工件的姿态一定，底面形状为直线或者平行四边形的情形。如图 4-5-4 所示。

堆上样式 E：对应更为复杂的堆上样式情形。如图 4-5-5 所示。

堆上样式 BX、EX：堆上样式 B、E 只能设定一种径路样式，而 BX、EX 则可以设定多个径路样式。如图 4-5-6 所示。

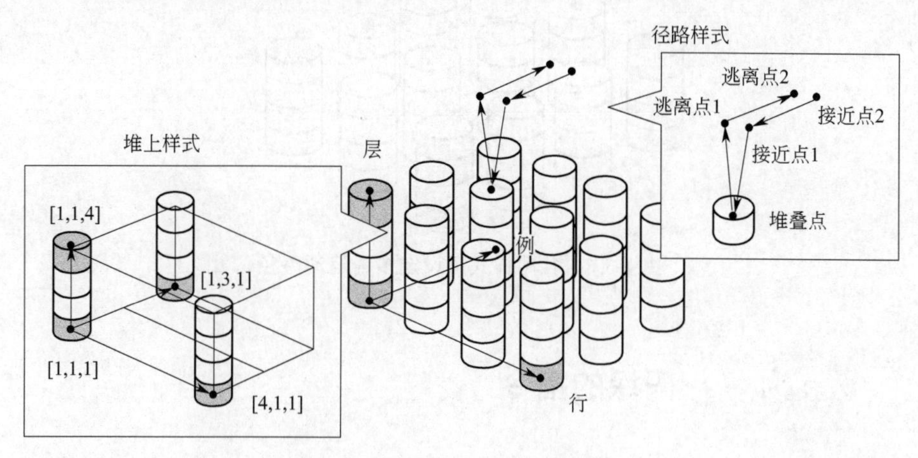

图 4-5-3　堆上样式与径路样式

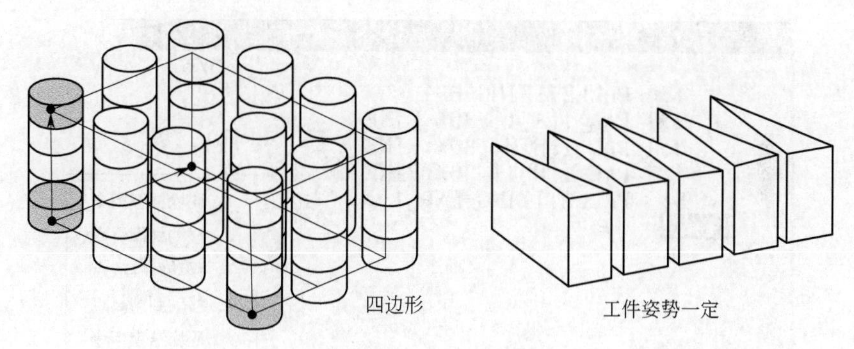

图 4-5-4　堆上样式 B

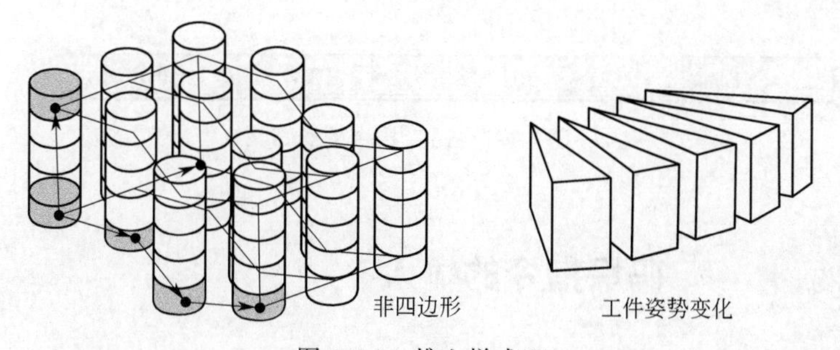

图 4-5-5　堆上样式 E

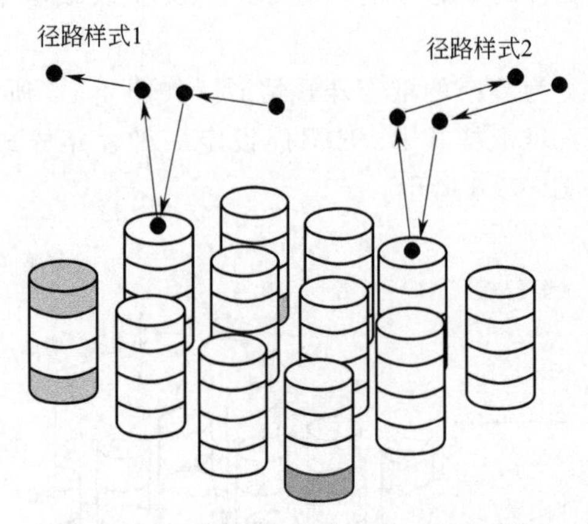

图 4-5-6　径路样式可设定多种运动路径

4.5.2　码垛的指令

码垛的指令由码垛标签指令、码垛动作指令与码垛结束指令组成，如图 4-5-7 所示。

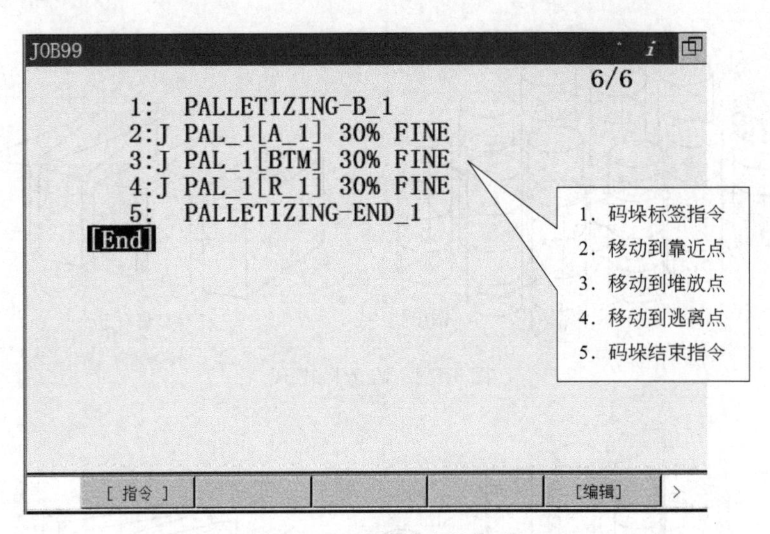

图 4-5-7　码垛指令的组成

4.5.3　码垛指令的输入

本节将使用堆上样式 B 进行，操作步骤如下。

在程序中选择“指令”→“码垛”，进入码垛指令菜单，如图 4-5-8 所示。

选择“PALLETIZING-B”（样式 B 型码垛），如图 4-5-9 所示。

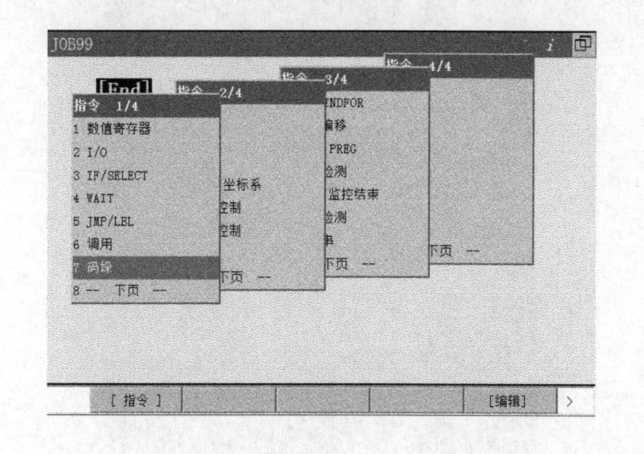

图 4-5-8　选择“码垛”进入码垛指令

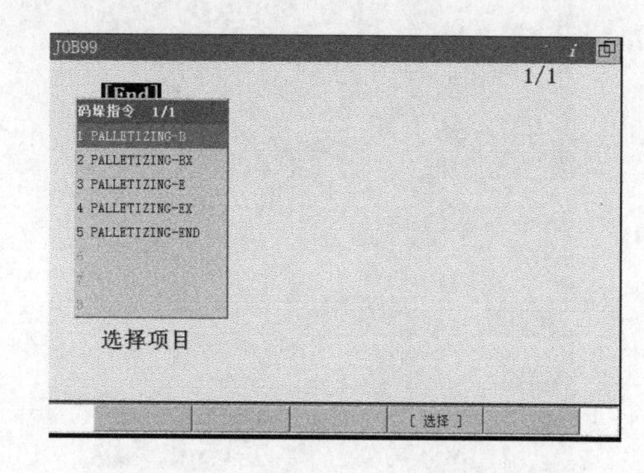

图 4-5-9　选择码垛的样式

接着进入码垛菜单，注意根据任务要求设置“行”“列”“层”，设置后按【F5】（完成），如图 4-5-10 所示。

接着需要根据要求，示教码垛的关键点位置。示教机器人到对应的码垛位置，同时按住【SHIFT】+【F4】（记录）示教位置。如图 4-5-11 所示。

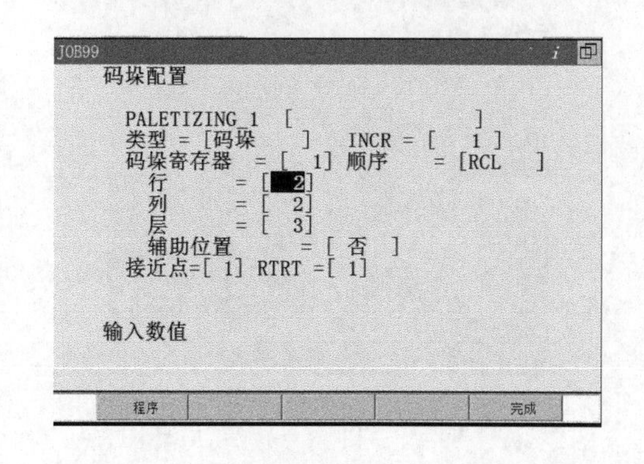

图 4-5-10　设置码垛的“行”“列”“层”

JOB99
码垛底部点
1: *P [1, 1, 1]　1/1
2: *P [2, 1, 1]
3: *P [1, 2, 1]
4: *P [1, 1, 3]
[End]
后退　记录　完成

图 4-5-11　示教码垛的关键点

P[1，1，1] 表示第一行、第一列、第一层的位置。如图 4-5-12 所示。

P[2，1，1] 表示第二行、第一列、第一层的位置。如图 4-5-13 所示。

P[1，2，1] 表示第一行、第二列、第一层的位置。如图 4-5-14 所示。

P[1，1，3] 表示第一行、第一列、第三层的位置。如图 4-5-15 所示。

完成点位的示教后，按【F5】（完成）进入码垛线路点菜单，根据要求，示教码垛的接近点 [A_1]、堆放点 [BTM] 与逃离点 [R_1]，示教后按【F5】（完成）。如图 4-5-16 所示。

注意：堆放点 [BTM] 一般为第一行、第一列，最高层的放置点。接近点 [A _ 1] 与逃离点 [R _ 1] 可以为同一个点，如图 4-5-17 所示。

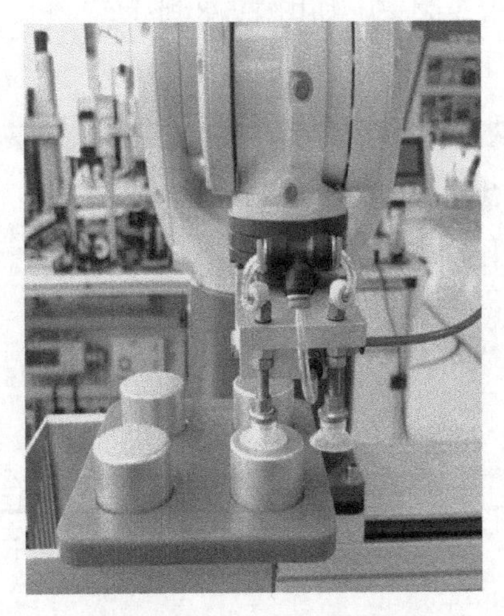

图 4-5-12　P[1，1，1] 位置

图 4-5-13　P[2，1，1] 位置

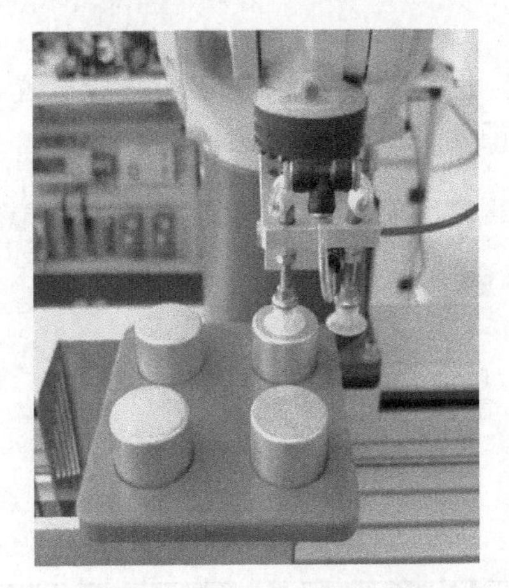

图 4-5-14　P[1，2，1] 位置

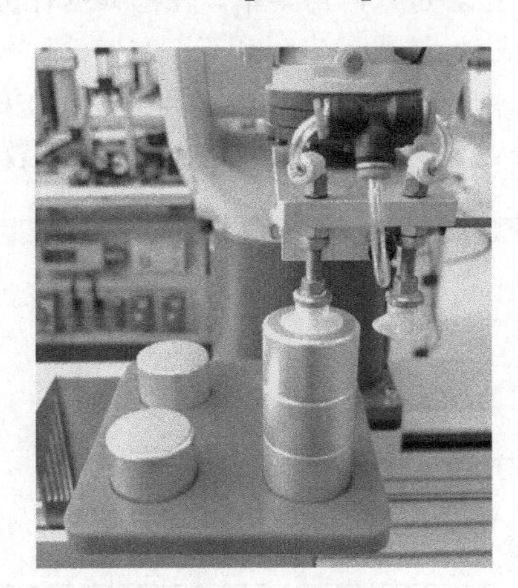

图 4-5-15　P[1，1，3] 位置

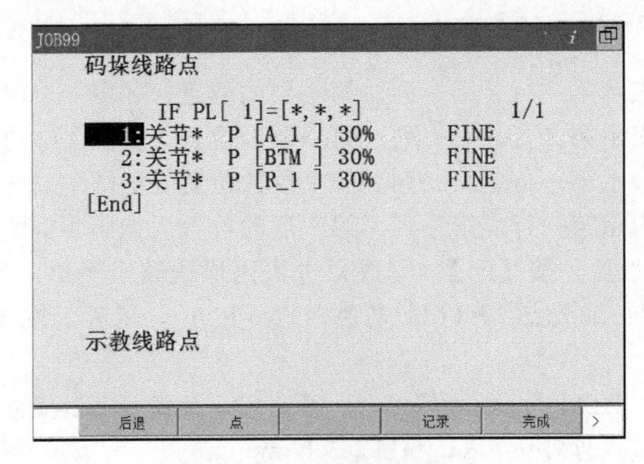

图 4-5-16　示教后按【F5】

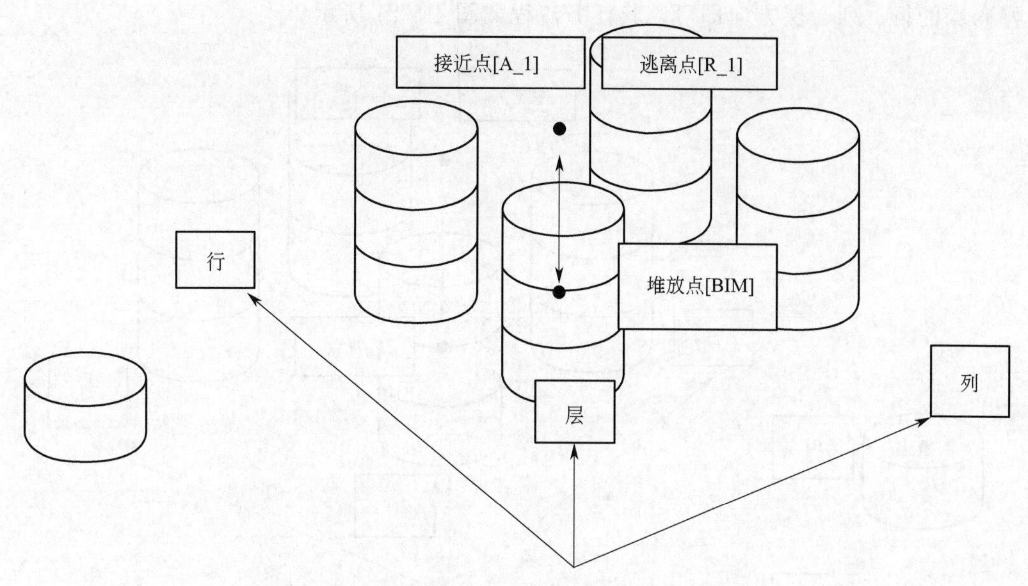

图 4-5-17　接近点、堆放点、逃离点的示教位置

然后，码垛指令会导入到程序当中。同时，码垛指令每运行一次，只会搬取一个工件，如图 4-5-18 所示。

本节需要完成 2×2×3（行×列×层）个工件的搬运工作，因此必须为码垛指令添加循环。如图 4-5-19 所示。

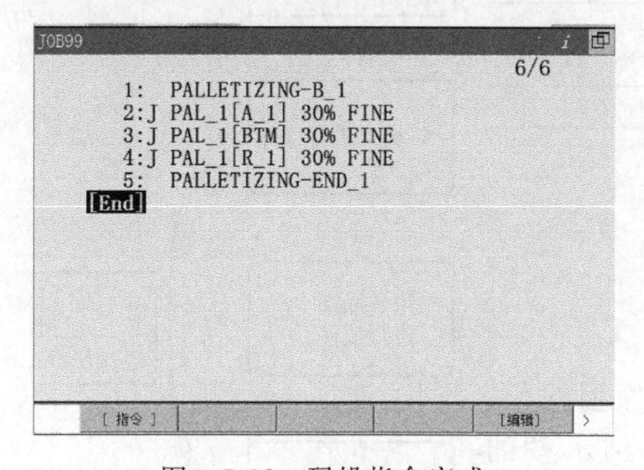

图 4-5-18　码垛指令完成

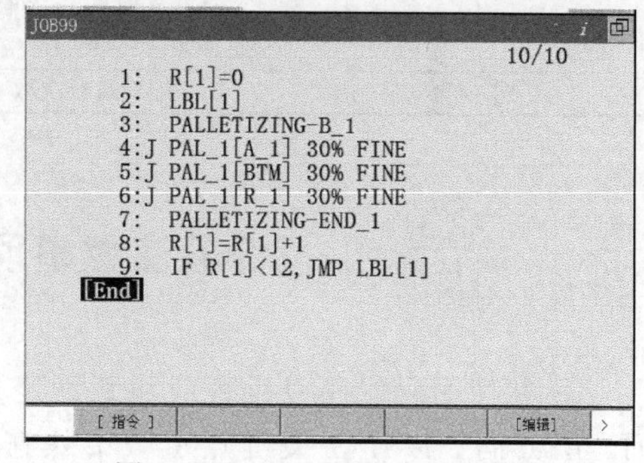

图 4-5-19　为码垛指令添加循环

至此，码垛指令完成。

4.5.4 ／ 任务程序流程

本节中，需要为机器人更换真空吸盘工具。除去码垛指令步骤里的示教点，本任务需要示教的点只有取件点 P2 与取件的靠近点 P1（图 4-5-20、表 4-5-1），同时设定

好码垛的行、列、层方向即可，其任务流程如图 4-5-21 所示。

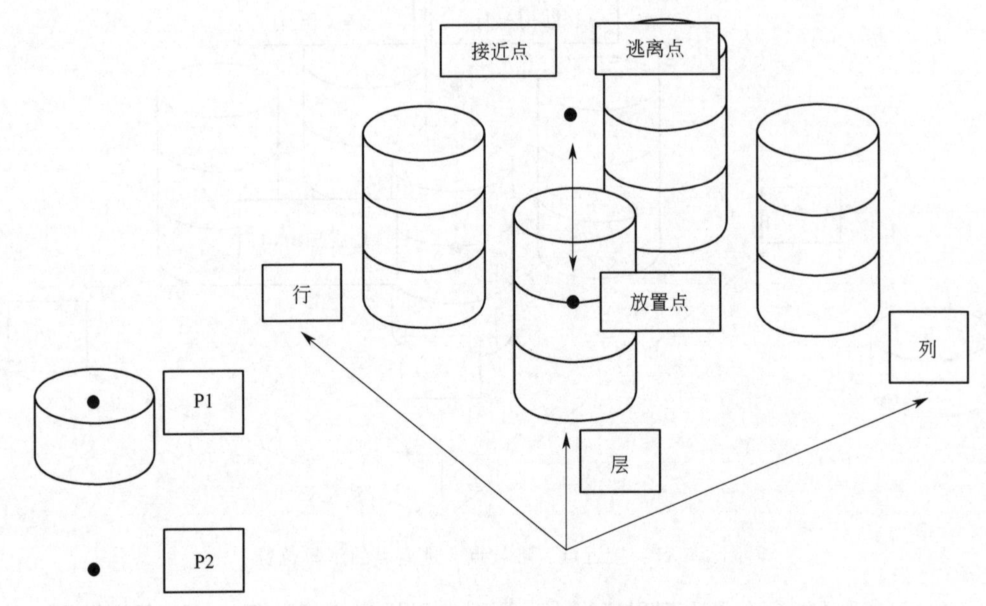

图 4-5-20　示教点位示意图

表 4-5-1　需示教的点

P1点	取件靠近点,需示教
P2点	取件点,需示教
PR[1]	机器人原点,关节模式(0,0,0,0,−90,0),需示教
R[1]	记录运行次数

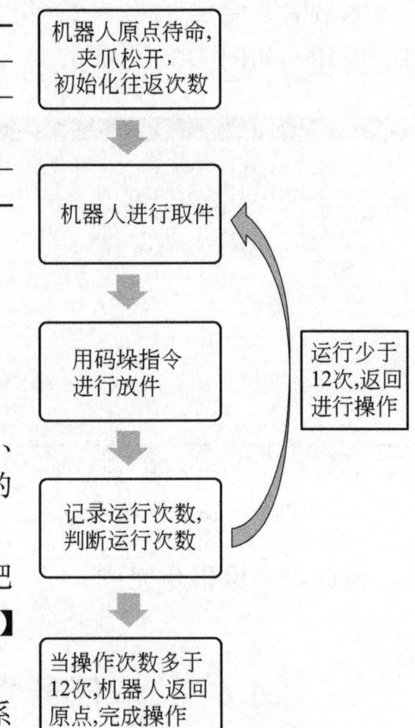

图 4-5-21　程序设计流程图

4.5.5　任务注意事项

① 在使用码垛指令前，应注意设定好垛型的行、列、层方向，以便在关键点示教中快速找到示教的位置。

② 码垛指令在完成后可以进行修改，只需要把指针移动到码垛标签指令上，然后按示教器上【F1】(修改) 即可选择需要修改的项目。如图 4-5-22 所示。

③ 进行码垛指令中各点的示教时，在世界坐标系下进行，以免示教点出错。同时，码垛的运行指令中不支持圆弧运动指令 (C)。

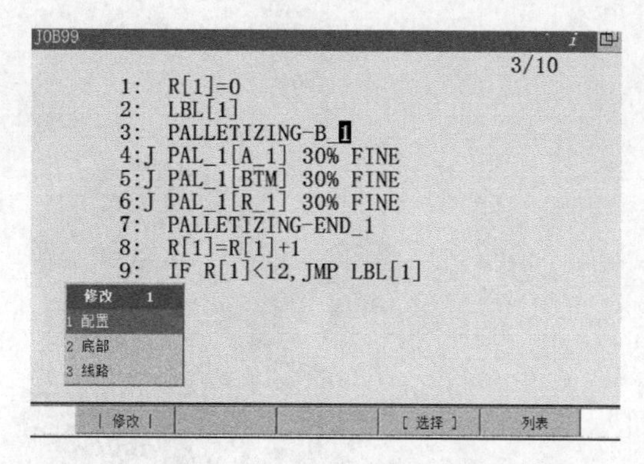

图 4-5-22　码垛指令的修改

4.5.6　任务程序的编写与解释

```
1：J   PR[1]   100%   FINE                //原点
2：RO[1] = OFF                            //真空吸盘关闭
3：R[1] = 0                               //初始化运行次数
4：LBL[1]                                 //跳转标签
5：J   P [1]   100%   FINE                //移动到取件接近点
6：L   P [2]   100mm/sec   FINE           //移动到取件接近点
7：WAIT   0.5(sec)
8：RO[1] = ON                             //真空吸盘打开
9：WAIT   0.5(sec)
10：J   P1[1]   100%   FINE               //返回取件接近点
11：PALLETIZING-B_1                       //码垛标签指令
12：J PAL_1[A_1]   100%   FINE            //移动至接近点
13：L PAL_1[BTM]   100mm/sec   FINE       //移动至放置点
14：WAIT   0.5(sec)
15：RO[1] = OFF                           //真空吸盘打开
16：WAIT   0.5(sec)
17：J PAL_1[R_1]   100%   FINE            //移动至逃离点
18：PALLETIZING-END_1                     //码垛结束
19：R[1] = R[1] + 1                       //运行次数 + 1
20：IF R[1]<12,JMP LBL[1]                 //次数若小于 12,跳转到标签 1
21：J   PR[1]   100%   FINE               //完成操作,返回原点待命
[End]
```

机器人的装配应用示教编程

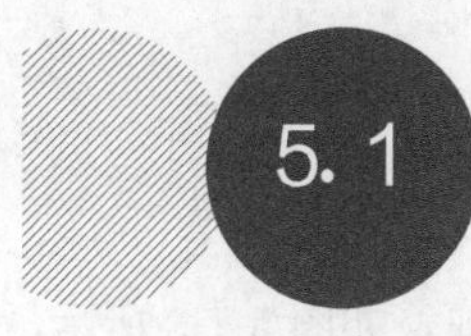

5.1 基于面板控制上下料程序设计

现有一上下料加工工序，工人将毛坯件放置在料仓后，机器人自动进行取件，并将毛坯搬运至加工位置，然后等待毛坯加工完成后，将工件取出放置在成品区。在本节中，将学习通过示教编程后，机器人进行自动运行的搬运控制。如图 5-1-1 所示。

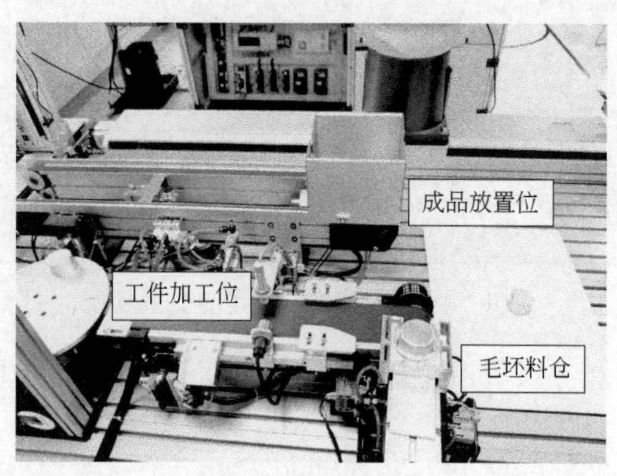

图 5-1-1　任务工位图

5.1.1 机器人启动自动运行的三种方式

① 示教操作盘 [【SHIFT】键+【FWD】（前进）或【BWD】（后退）键]。

② 操作面板/操作箱（启动按钮）：仅限选项面板。

③ 外围设备（RSR1～RSR8 输入、PROD_START 输入、START 输入）。

本节先学习采用操作面板/操作箱（启动按钮）进行机器人的自动运行控制。如图 5-1-2 所示。

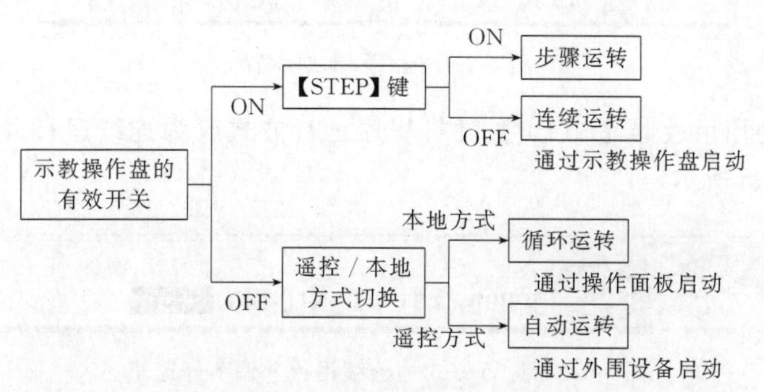

图 5-1-2　机器人程序控制

5.1.2 设置面板操作模式

先按【MUNE】键→“下一页”→“系统”→“配置”进入系统配置选项，如图 5-1-3 所示。

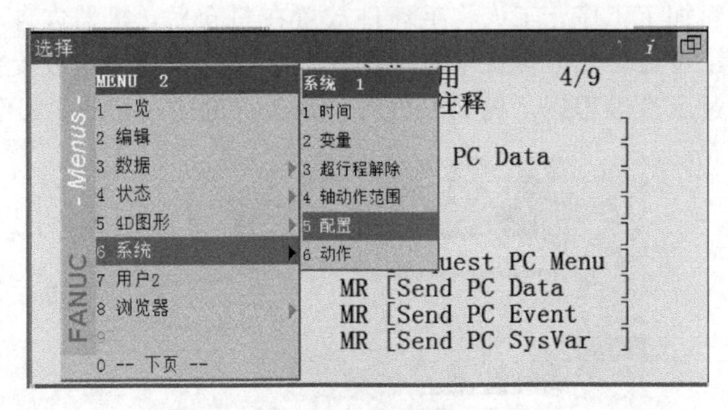

选择
MENU 2
1 一览
2 编辑
3 数据
4 状态
5 4D图形
6 系统
7 用户2
8 浏览器
0 -- 下页 --
系统 1
1 时间
2 变量
3 超行程解除
4 轴动作范围
5 配置
6 动作
4/9
PC Data
MR [Send PC Data]
MR [Send PC Event]
MR [Send PC SysVar]
- Menus -
FANUC
图 5-1-3 “系统”→“配置”选项

在配置菜单内找到“远程/本地设置”选项，选择“操作面板键”，如图 5-1-4 所示。

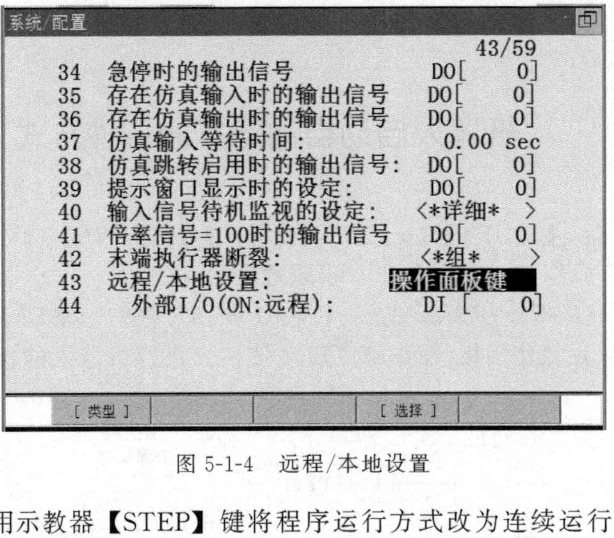

系统/配置
43/59
34 急停时的输出信号 DO[0]
35 存在仿真输入时的输出信号 DO[0]
36 存在仿真输出时的输出信号 DO[0]
37 仿真输入等待时间: 0.00 sec
38 仿真跳转启用时的输出信号: DO[0]
39 提示窗口显示时的设定: DO[0]
40 输入信号待机监视的设定: <*详细* >
41 倍率信号=100时的输出信号 DO[0]
42 末端执行器断裂: <*组* >
43 远程/本地设置: 操作面板键
44 外部I/O(ON:远程): DI [0]
[类型]
[选择]
图 5-1-4 远程/本地设置

接下来，使用示教器【STEP】键将程序运行方式改为连续运行并调节好运动的速率，如图 5-1-5 所示。

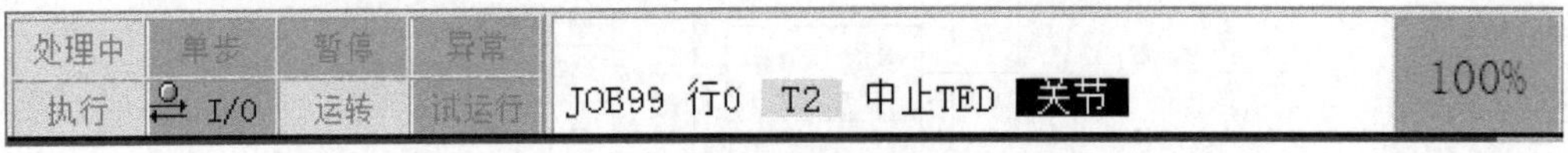

处理中
单步
暂停
异常
执行
I/O
运转
试运行
JOB99 行0 T2 中止TED 关节
100%
图 5-1-5 运行方式为连续运行并调节好速率

打开需要自动运行的程序，注意光标位置，在操作面板模式下，光标位置即为程序开始运行的位置。如图 5-1-6 所示，光标在程序第一行，自动运行时即从第一行开始运行。

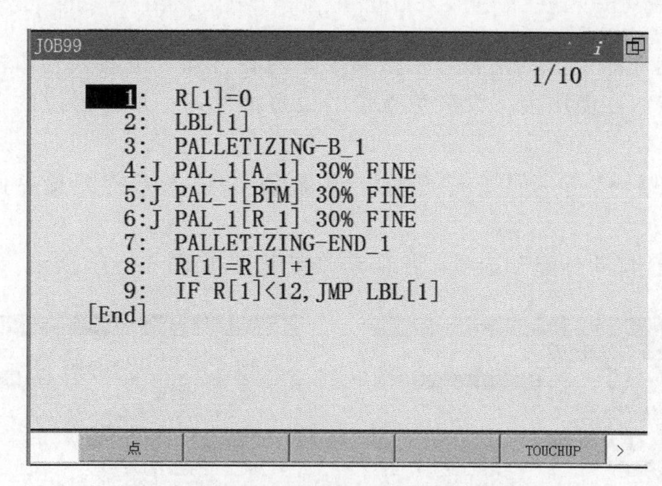

图 5-1-6　将光标移动到要自动运行程序的第一行

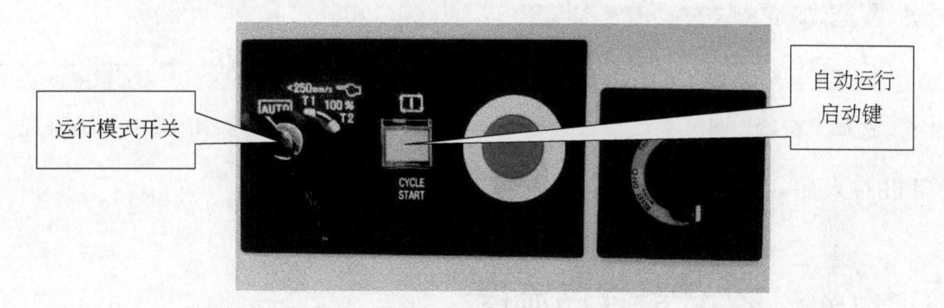

图 5-1-7　将运行模式旋钮开关打到 AUTO 挡位

将控制柜上运行模式旋钮开关打到 AUTO 模式挡位。按示教器【RESET】键，清除所有报警。最后，按控制柜上的绿色启动键，机器人自动运行程序。如图 5-1-7 所示。

若需要暂停程序，可采用以下方法：

① 示教器上的【HOLD】键，外围设备 I/O 的 * HOLD 信号；

② 示教器、操作面板的急停按钮，外围设备 I/O 的 * IMSTP 信号；

③ 按示教器的【FCTN】键，调出辅助菜单“中止程序”，如图 5-1-8 所示；

④ 外围设备 I/O 的 * CSTOPI 信号。

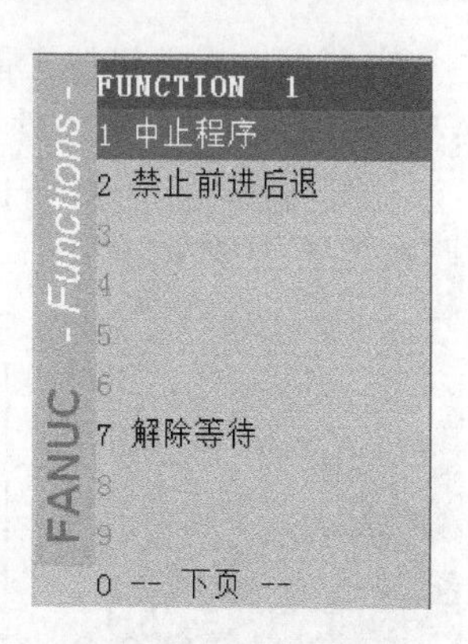

图 5-1-8　使用【FCTN】键中止程序

5.1.3 关闭机器人外围 I/O 的自动分配模式

本节使用到外部 I/O 的连接。根据第 3 章内容得知，机器人有两块外围输出板，共 100 个输出点。在使用前，为避免点位的设置混乱，一般将点位的自动分配关闭，操作如下。

按【MUNE】→“下一页”→“系统”→“配置”，进入系统配置界面，如图 5-1-9 所示。

找到“UOP 自动分配”选项，并将其“禁用”。如图 5-1-10 所示。

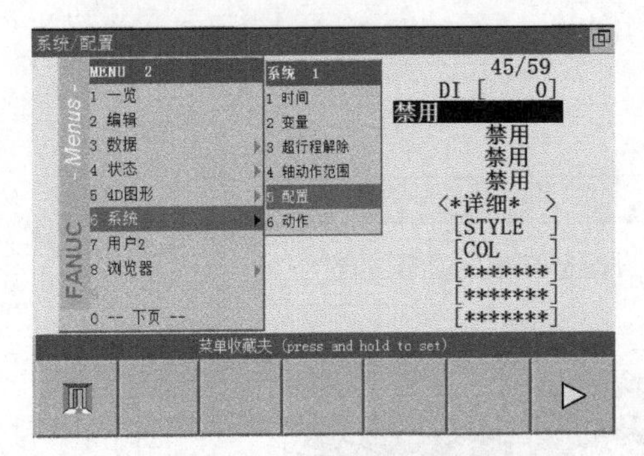

图 5-1-9 选择“配置”进入系统配置菜单

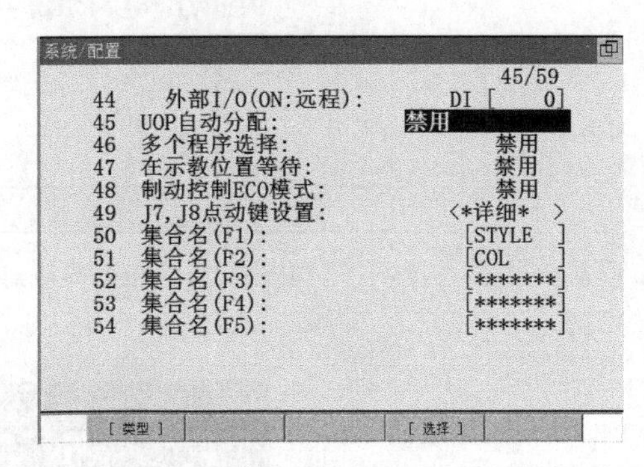

图 5-1-10 关闭 UOP 自动分配

重启机器人后，机器人的 I/O 配置将会取消自动分配。

5.1.4 任务程序流程

本节中，要求机器人能自动检测毛坯信号并作出反应。因此，在料仓加入了光纤传感器（PNP 型）对放件工作进行检测，如图 5-1-11 所示。

光纤传感器信号线与机器人的 DI[101] 端口连接，如图 5-1-12 所示。

图 5-1-11 光纤传感器

光纤传感器(PNP型)
信号端
0V
24V

机器人CRMA15主板	
端子号	功能
01	DI[101]
17	0V
19	SDICOM1
49	24V

图 5-1-12 DI［101］与机器人端口接线图

根据任务要求，工作流程图如图 5-1-13 所示。

根据任务要求，程序需要用到的示教点见表 5-1-1，示意图如图 5-1-14 所示。

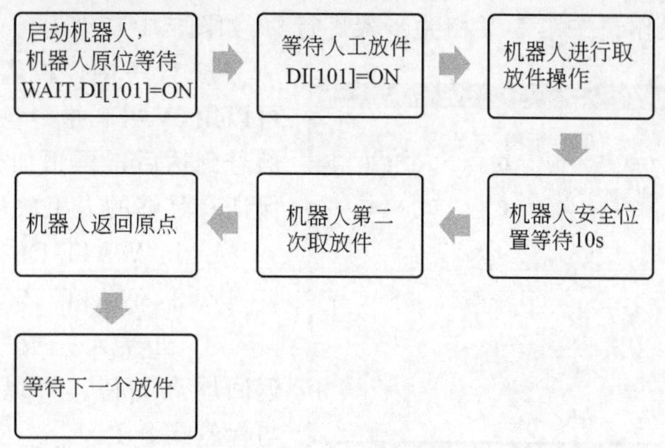

图 5-1-13　工作流程图

表 5-1-1　示教点

PR[1]	机器人原点(0,0,0,0,−90,0),关节坐标模式,需设定	P[5]	成品位接近点,需示教
		P[6]	成品位,需示教
P[1]	取件点接近点,需示教	DI[101]	人工放件信号
P[2]	取件点,需示教	RO[1]	气动夹爪夹紧
P[3]	加工位接近点,需示教	RO[2]	气动夹爪松开
P[4]	加工位,需示教		

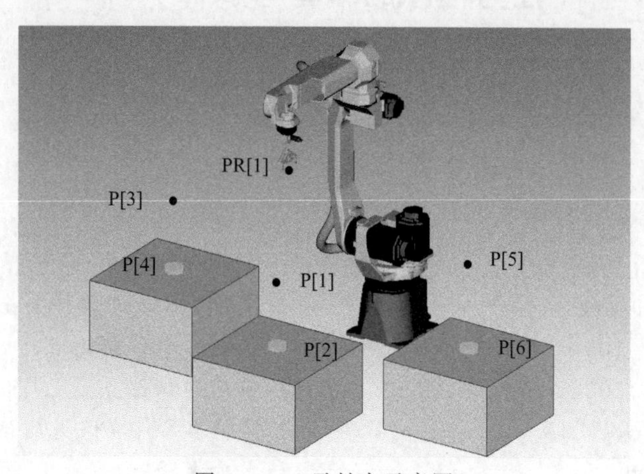

图 5-1-14　示教点示意图

5.1.5　任务注意事项

① 本次使用的光纤传感器为 PNP 型。如果采用 NPN 型传感器，则需要将 24V

与 0V 的接线调转或者外接继电器，否则传感器会烧掉。

② 使用的信号 DI[101] 需要设置机架号、插槽、开始点等信息，并重启机器人使其生效（详细操作请按第 3 章相关步骤进行）。如图 5-1-15 所示。

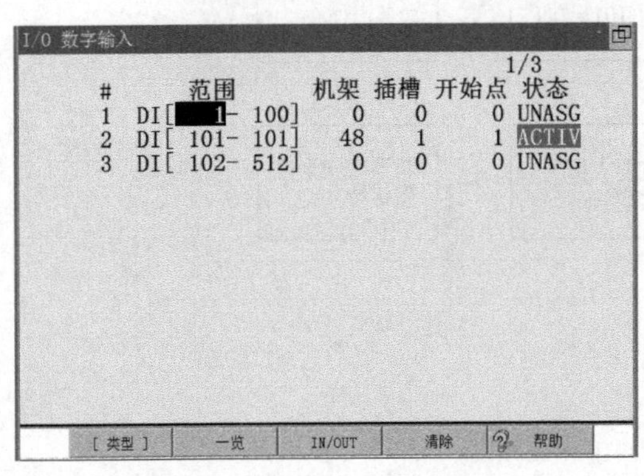

图 5-1-15　DI[101] 配置界面

③ 程序中，机器人原位等待信号可以用 WAIT 指令实现，并且可以在信号到达后，再添加一个 WAIT 指令，保证有足够的人工放件时间。

1：WAIT DI[101]＝ON

2：WAIT　5.00(sec)

④ 机器人完成一次搬运动作后，返回原点等待。可以用跳转指令 JMP 与标签指令 LBL[i] 实现。

⑤ 任务自动运行前，应先使用较低速率试运行。如机器人动作出现问题，立刻停止机器人自动运行模式。

⑥ 自动运行前，要将程序光标跳转至程序的第一行，确保从第一行程序开始完整运行。

5.1.6　任务程序的编写与解释

根据流程图，创建并编写以下程序：

```
1：LBL[1]
2：J  PR[1]  100%  FINE                //回原点等待
3：RO[2] = ON                          //松开夹爪
4：WAIT  DI[101] = ON                  //等待放件信号
5：WAIT 5.00(sec)                      //等待5s,保证放件安全
6：J  P[1]  100%  FINE                 //移动到取件接近点
7：L  P[2]  100mm/sec  FINE            //移动到取件点
8：WAIT  0.5(sec)                      //等待0.5s,确保夹爪位置稳定
9：RO[1] = ON                          //夹爪夹紧
10：WAIT  0.5(sec)                     //等待0.5s,确保工件被夹紧
11：J  P[1]  100%  FINE                //先返回取件接近点
12：J  P[3]  100%  FINE                //移动到加工位接近点
13：L  P[4]  100mm/sec  FINE           //移动到加工位
14：WAIT  0.5(sec)
15：RO[2] = ON                         //夹爪松开,进行放件
```

```
16：WAIT  0.5(sec)
17：J  P[3]  100%  FINE              //返回加工位接近点
18：WAIT 10.00(sec)
19：L  P[4]  100mm/sec  FINE         //移动到加工位
20：WAIT  0.5(sec)                   //等待 0.5s,确保夹爪位置稳定
21：RO[1] = ON                       //夹爪夹紧
22：WAIT  0.5(sec)                   //等待 0.5s,确保工件被夹紧
23：J  P[3]  100%  FINE              //移动到加工位接近点
24：J  P[5]  100%  FINE              //移动到成品位接近点
25：L  P[6]  100mm/sec  FINE         //移动到成品位
26：WAIT  0.5(sec)
27：RO[2] = ON                       //夹爪松开,进行放件
28：WAIT  0.5(sec)
29：J  P[5]  100%  FINE              //移动到成品位接近点
30：JMP LBL[1]                       //搬运完成,跳转回原点等待信号
[END]
```

5.2 基于外部信号控制运行的轴承装配程序设计

现有一轴承装配工序需要改造成机器人控制完成。要求使用控制面板启动按钮启动机器人后，机器人在原位待命。按下装配按钮 SB1，机器人进行轴承取件→装配轴承→返回原位待命工序。在装配过程中若出现问题，可按 SB2 暂停机器人动作。问题解决后，可按控制柜上的启动按钮继续装配工作。如图 5-2-1、图 5-2-2 所示。

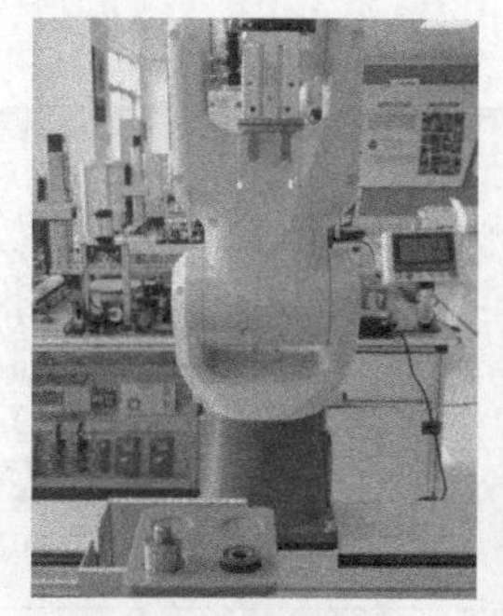

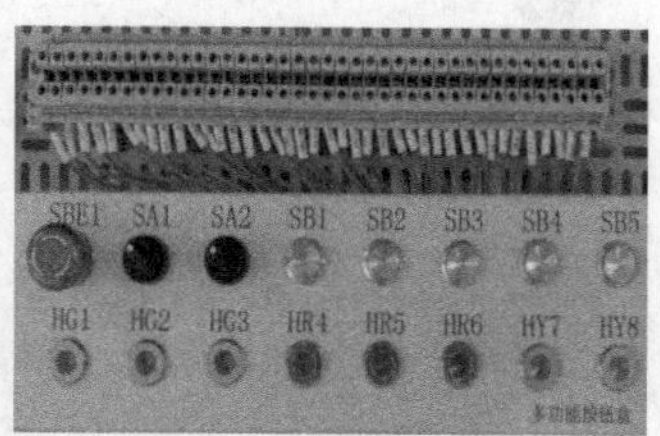

图 5-2-1　轴承装配任务工位图

指示灯 EL1 在机器人程序运行的过程中常亮，及时提示机器人的状态信息。

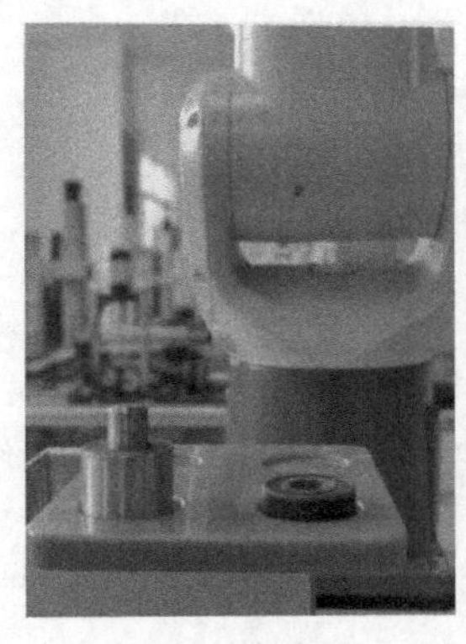

图 5-2-2　工件摆放与完成图

5.2.1 外围设备 I/O 状态查询

外围设备 I/O（UI/UO）是在系统中已经确定了其用途的专用信号。这些信号与遥控装置、外围设备连接，从外部进行机器人控制。

点击示教器【I/O】键→“类型”→“UOP” 进入外围设备 I/O 菜单，如图 5-2-3、图 5-2-4 所示。

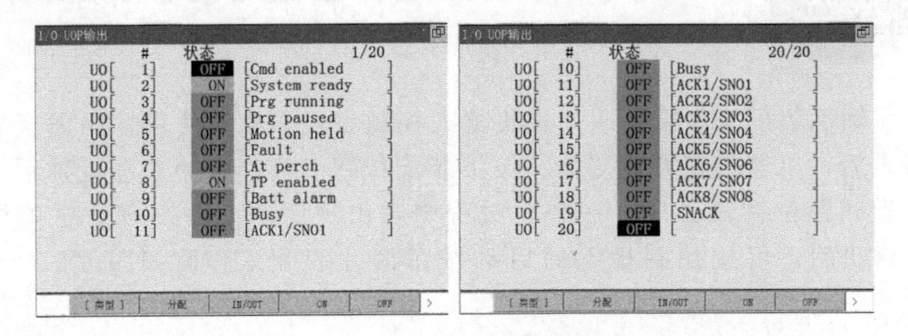

图 5-2-3　UO 状态查询菜单

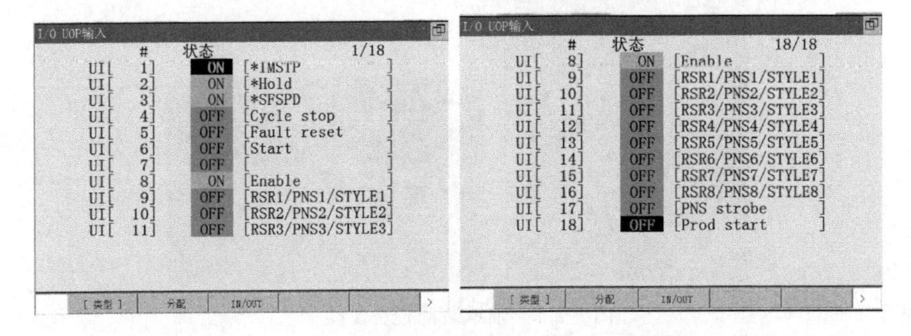

图 5-2-4　UI 状态查询菜单

UI信号一个有18个，UO信号有20个，其作用见表5-2-1和表5-2-2。

表5-2-1　UI信号列表

信号	功　能
UI1 (始终有效)	*IMSTP：瞬时停止信号，通过软件切断伺服电源。通常情况下处在ON。该信号成为OFF时，系统执行如下处理：发出报警后断开伺服电源；瞬时停止机器人的动作，中断程序的执行
UI2 (始终有效)	*Hold：暂停信号，从外部装置发出暂停指令。通常情况下处在ON。该信号成为OFF时，系统将减速停止执行中的动作，中断程序的执行
UI3 (始终有效)	*SFSPD：安全速度信号(SFSPD)，在安全防护栅栏门开启时使机器人暂停。该信号通常连接于安全防护栅栏门的安全插销。通常情况下处在ON。该信号成为OFF时，系统将减速停止执行中的动作，中断程序的执行，同时将速度倍率调低到由$SCR、$FENCEOVRD所指定的值
UI4 (始终有效)	Cycle stop：循环停止信号(CSTOPI)，结束当前执行中的程序。 ·系统设定画面“系统”→“配置”中将“用CSTOPI信号强制中止程序”设定为“禁用”时，在将当前执行中的程序执行到末尾后结束程序。 ·系统设定画面“系统”→“配置”中将“用CSTOPI信号强制中止程序”设定为“启用”时，立即结束当前执行中的程序
UI5 (始终有效)	*Fault reset：报警解除信号，解除报警。作用与示教器上【RESET】键相同
UI6 (遥控状态时有效)	Start：这是外部启动信号。此信号处在遥控状态(RSR控制、PNS控制)时有效，接收到该信号时，系统进行如下处理： ·系统设定画面“系统”→“配置”中将“恢复运行专用(外部启动)”设定为“禁用”时，则从当前所选的程序的当前行启动程序； ·系统设定画面“系统”→“配置”中将“恢复运行专用(外部启动)”设定为“有效”时，如果系统正在运行多个程序，则只启动当前暂停中的程序。没有暂停中的程序的情况下，忽略该信号。 注意：该操作不能启动没有处在暂停状态的程序
UI7	—
UI8 (始终有效)	Enable：动作使能信号，允许机器人动作，使机器人处于动作允许状态。一般状态为ON
UI9～UI16 (遥控状态时有效)	RSR/PNS模式下启动请求信号
UI17 (遥控状态时有效)	PNS strobe：程序号码选择信号(PNS)和PNS选通信号。在接收到PNS strobe输入时，读出PNS1～PNS8输入，选择要执行的程序。 其他程序处在执行中或暂停中时，忽略此信号
UI18 (遥控状态时有效)	自动运转启动信号(Prod start)从第一行起启动当前所选的程序。当处在接通后又被断开的下降沿时，该信号启用。 PNS模式下，从第一行起执行由PNS所选择的程序。 没有与PNS一起使用的情况下，从第一行起执行由示教器所选择的程序。 其他程序处在执行中或暂停中时，忽略此信号

表 5-2-2　UO 信号列表

信号	功　能
UO1	可接收输入信号(Cmd enabled),在下列条件成立时输出： ·遥控条件成立； ·可动作条件成立； ·选定了连续运转方式(单步方式无效)
UO2	系统准备就绪信号(System ready),在伺服电源接通时输出。将机器人置于动作允许状态
UO3	程序执行中信号(Prg running),在程序执行中输出。程序处在暂停中时该信号不输出
UO4	暂停中信号(Prg paused),在程序处在暂停中而等待再启动的状态时输出
UO5	保持中信号(Motion held),在按下【HOLD】键和输入 HOLD 信号时输出
UO6	报警(Fault)信号,在系统中发生报警时输出
UO7	基准点信号(At perch),在机器人处在预先确定的参考位置时输出。 最多可以定义 3 个基准点,但是此信号在机器人处在第 1 基准点时输出,其他基准点则被分配通用信号
UO8	示教器有效信号(TP enabled),在示教操作盘的有效开关处在 ON 时输出
UO9	电池异常信号(Batt alarm),表示控制装置或机器人的脉冲编码器的后备电池电压下降报警。 注意:请在接通控制装置电源后再更换电池
UO10	处理中信号(Busy),在程序执行中或通过示教器进行的作业处理中输出。 程序处在暂停中时,该信号不输出
UO11～UO18	·RSR 接收确认信号(ACK),在 RSR 功能有效时进行组合使用。接收到 RSR 输入时,作为确认而输出对应的脉冲信号。可以指定脉冲宽。 ·选择程序号码信号(SNO),在 PNS 功能有效时进行组合使用。作为确认而始终以二进制代码方式输出当前所选的程序号码(对应 PNS1～PNS8 输入的信号)。通过选择新的程序来改写 SNO1～SNO8
UO19	PNS 接受确认信号(SNACK),在 PNS 功能有效时进行组合使用。接收到 PNS 输入时,作为确认输出脉冲信号。可以指定脉冲宽
UO20	—

5.2.2 / 外围设备 I/O 的配置

UI/UO 的配置方式与其他 I/O 的配置方式类似，详细可参阅第 3 章相关内容。

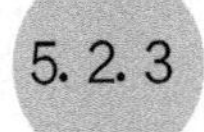

5.2.3 / 任务程序流程

(1) 外围设备 I/O 配置

本节中，使用到了外部按钮及警示灯等设备，根据机器人设备特性，可以作出分配 I/O 分配表，见表 5-2-3。

表 5-2-3　I/O 分配表

名称	地址	功　能
SB1	DI[101]	装配开始信号
SB2	UI[2]	装配停止信号
EL1	UO[10]	使用处理中信号(Busy)，显示机器人状态

输入端外部按钮接线如图 5-2-5 所示。配置如图 5-2-6、图 5-2-7 所示。

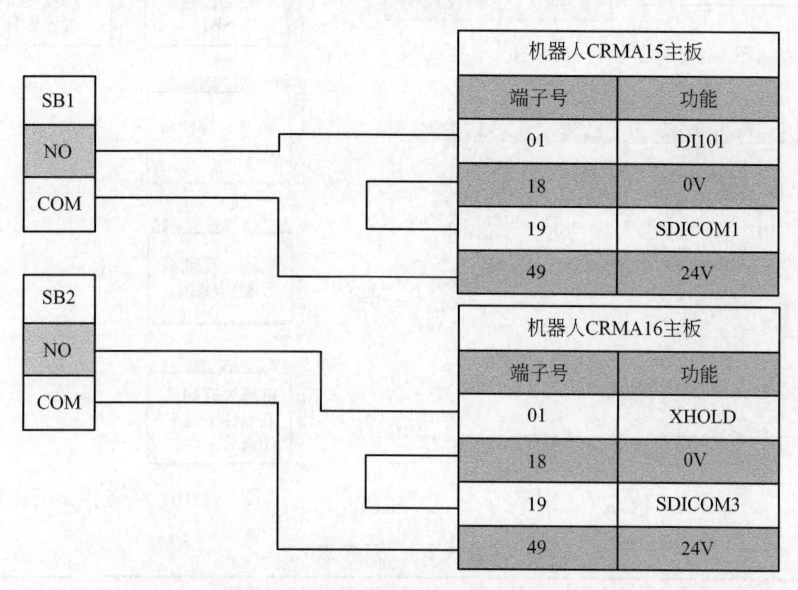

图 5-2-5　外部按钮与机器人接线图

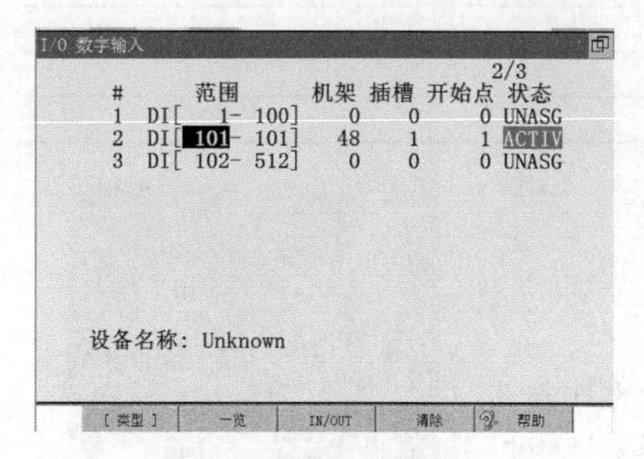

图 5-2-6　DI[101] 配置

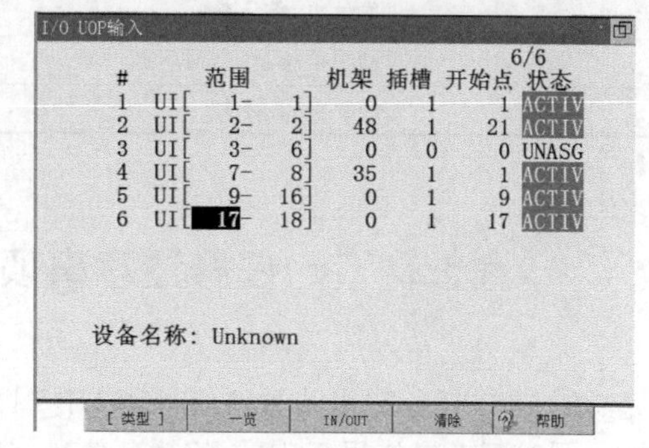

图 5-2-7　UI[2] 配置

输出端警示灯接线如图 5-2-8 所示。配置如图 5-2-9 所示。

(2) 任务流程图

根据任务要求，可以得到任务控制的流程图如图 5-2-10 所示。

根据任务要求，程序需要用到的示教点见表 5-2-4，示意图如图 5-2-11 所示。

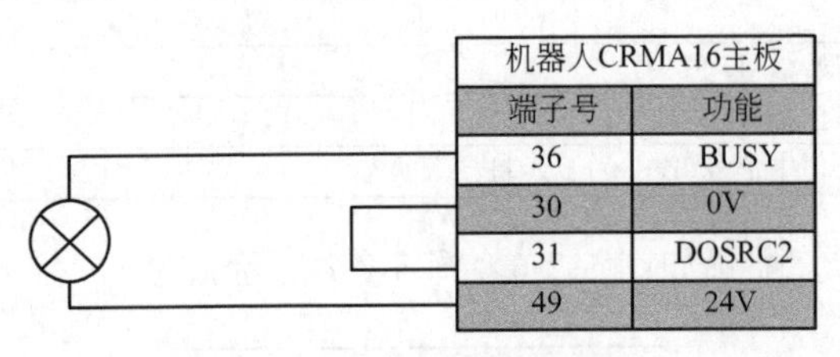

图 5-2-8　警示灯接线图

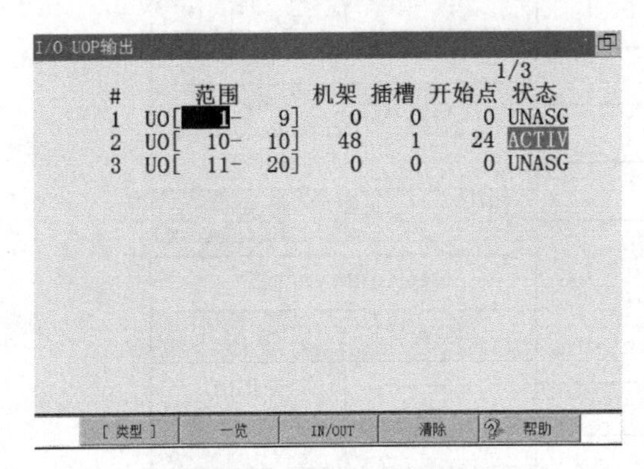

图 5-2-9　UO[10] 配置

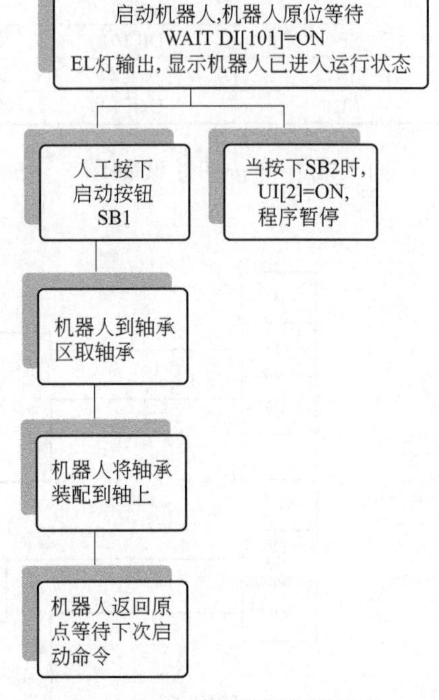

图 5-2-10　任务控制的流程图

表 5-2-4　示教点

PR[1]	机器人原点(0,0,0,0,−90,0),关节坐标模式,需设定
P[1]	取件位接近点,需示教
P[2]	取件点,需示教
P[3]	加工位接近点,需示教
P[4]	加工位,需示教

5.2.4 / 任务注意事项

① 本次任务使用的暂停信号为 UI[2] 的 Hold 信号，同时可考虑使用 UI[4] 的循环停止（Cycle stop）信号，但必须注意，使用 UI[4] 的时候还必须进系统配置，将“用 CSTOPI 信号强制中止程序”设定为“启用”。

② 因为使用的是操作面板控制模式，当程序被暂停后，需要重新按下操作面板上的启动按钮程序才能继续运行。不能通过 UI[6]（Start）信号重新启动程

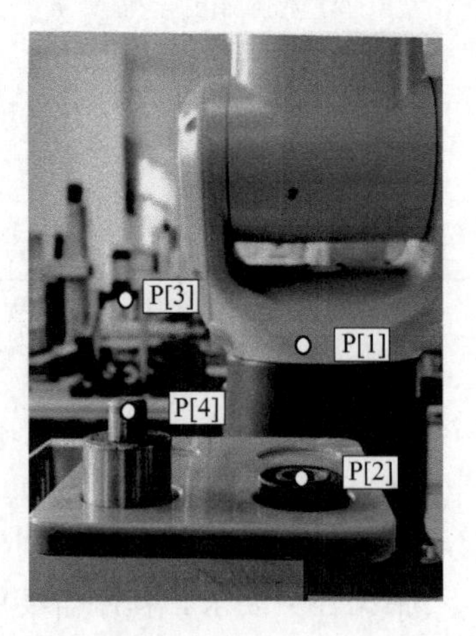

图 5-2-11　示教点位示意图

序（因为 UI[6] 信号只在遥控模式下有效）。

③ I/O 口的相关配置完成后，必须将机器人重启后，才能生效。

④ 程序编写中，将轴承套入轴上的步骤应使用较低的速率进行，以保证位置的准确性。

5.2.5 任务程序的编写与解释

根据流程图，创建并编写以下程序：

```
1：LBL[1]
2：J  PR[1]  100%  FINE                //回原点等待
3：RO[2]=ON                            //松开夹爪
4：WAIT  DI[101]=ON                    //等待放件信号
5：WAIT 5.00(sec)                      //等待 5s,保证放件安全
6：J  P[1]  100%  FINE                 //移动到取件接近点
7：L  P[2]  100mm/sec  FINE            //移动到取件点
8：WAIT  0.5(sec)                      //等待 0.5s,确保夹爪位置稳定
9：RO[1]=ON                            //夹爪夹紧
10：WAIT  0.5(sec)                     //等待 0.5s,确保工件被夹紧
11：J  P[1]  100%  FINE                //先返回取件接近点
12：J  P[3]  100%  FINE                //移动到加工位接近点
13：L  P[4]  50mm/sec  FINE            //速率降低,移动到加工位
14：WAIT  0.5(sec)
15：RO[2]=ON                           //夹爪松开,进行放件
16：WAIT  0.5(sec)
17：J  P[3]  100%  FINE                //返回加工位接近点
18：JMP LBL[1]                         //搬运完成,跳转回原点等待信号
[End]
```

5.3 基于视觉检测的电子产品装配编程与示教

芯片料仓存放有 CPU、集成电路等电子产品，不同芯片具有不同颜色和形状等特征，要求机器人在电子芯片料仓拾取芯片，然后到视觉检测位置，经过欧姆龙视觉系统进行芯片的形状及颜色检测，根据检测结果，将蓝色 CPU 芯片、红色集成电路分别装配到电路板上。如图 5-3-1～图 5-3-3、表 5-3-1 所示。

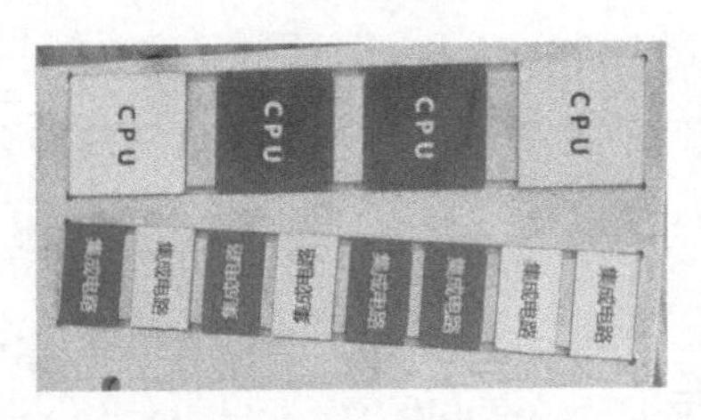

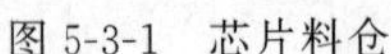
图 5-3-1　芯片料仓

图 5-3-2　视觉检测

图 5-3-3　芯片安装电路板

表 5-3-1　芯片特征与视觉检测反馈

电子产品	颜色	颜色检测反馈	形状	形状检测反馈
CPU	蓝色	OK	正方形	OK
	白色	NG		
集成电路	红色	OK	长方形	NG
	白色	NG		

5.3.1　视觉系统的认识

机器人视觉系统是一种非接触式的光学传感器系统。它同时集成软硬件，综合现代计算机、光学、电子技术，能够自动地从所采集到的图像中获取信息或者产生控制动作。机器人视觉系统的具体应用需求千差万别，其本身也可能有多种形式，但其工作原理都包括三个步骤。首先，利用光源照射被测物体，通过光学成像系统采集视频图像，相机和图像采集卡将光学图像转换为数字图像；然后，计算机通过图像处理软件对图像进行处理，分析获取其中的有用信息，此步骤是整个机器人视觉系统的核心；最后，图像处理获得的信息最终用于对对象（被测物体、环境）的判断，并形成相应的控制指令，发送给相应的机构。

整个过程中，被测对象的信息反映为图像信息，经过分析，从中得到特征描述信息，最后根据获得的特征进行判断和动作。最典型的机器人视觉系统包括光源、光学成像系统、相机、图像采集卡、图像处理硬件平台、图像和视觉信息处理软件及通信模块，如图 5-3-4 所示。

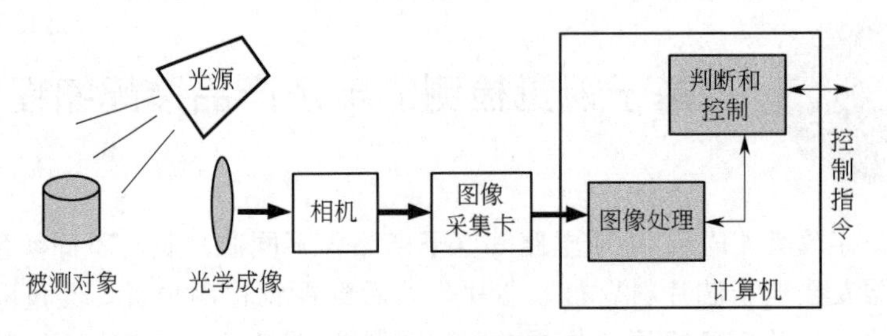

图 5-3-4　视觉系统

5.3.2　工业机器人的外部连接方式

(1) 串行接口 RS232C

RS232C 传输距离一般不超过 20m，并且只允许一对一通信，适合本地设备之间的通信。R-200iD 控制系统采用的就是 RS232C 接口，位置在主板上，如图 5-3-5 所示的 JD17，连接器端子定义图如图 5-3-6 所示。

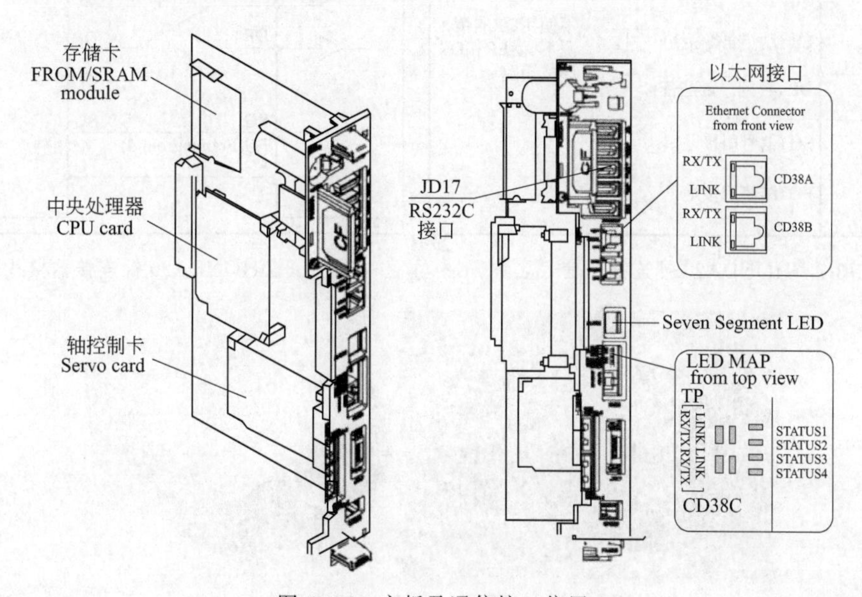

图 5-3-5　主板及通信接口位置

JD17

1	RD	11	SD
2	SG	12	SG
3	DR	13	ER
4	SG	14	SG
5	CS	15	RS
6	SG	16	SG
7		17	
8		18	
9		19	+24V
10	+24V	20	

图 5-3-6　连接器端子定义图

R-200iD 控制系统 RS232C 接口规格为 HONDA20 针连接器 PCR-E20FS。如图 5-3-7～图 5-3-9 所示。

(2) 以太网接口及连接

R-200iD 控制系统提供 2 个通用的以太网（Ethernet）100BASE-TX 接口，接口在主板上，位置代号是 CD38A 和 CD38B。如图 5-3-10 所示。

100BASE-TX 接口中，TX＋代表发送＋；TX－代表发送-；RX＋代表接收＋；RX－代表接收－。如图 5-3-11 所示。

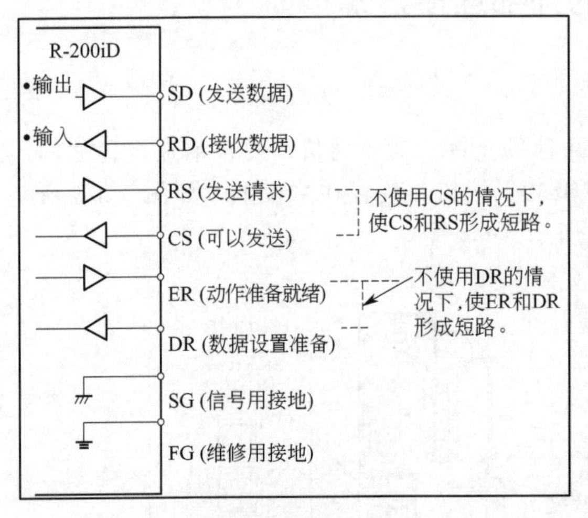

图 5-3-7 HONDA20 针连接器信号名称

图 5-3-8 HONDA20 针连接器接线图

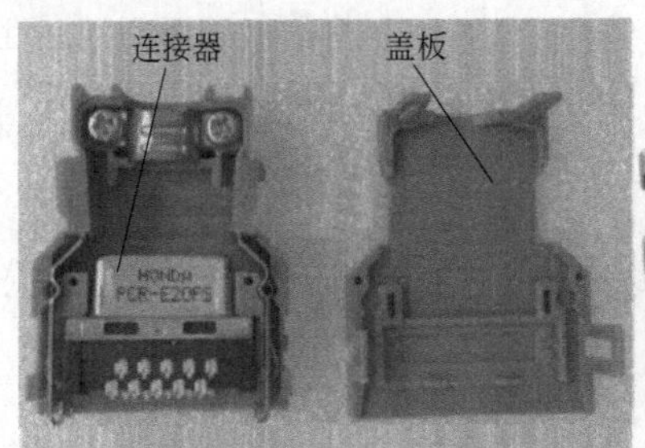

图 5-3-9 HONDA20 针连接器及盖板

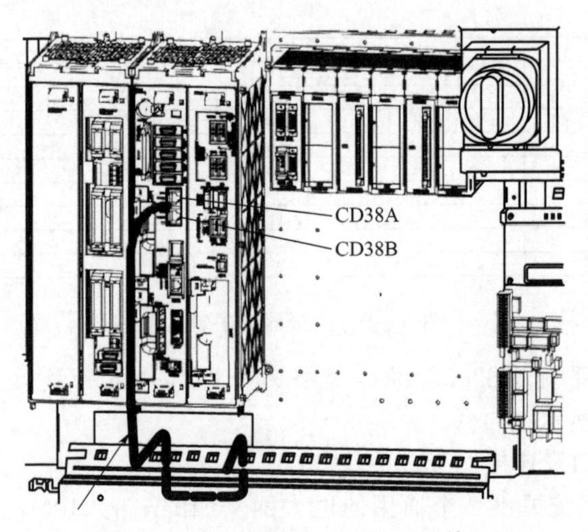

图 5-3-10 以太网 100BASE-TX 接口

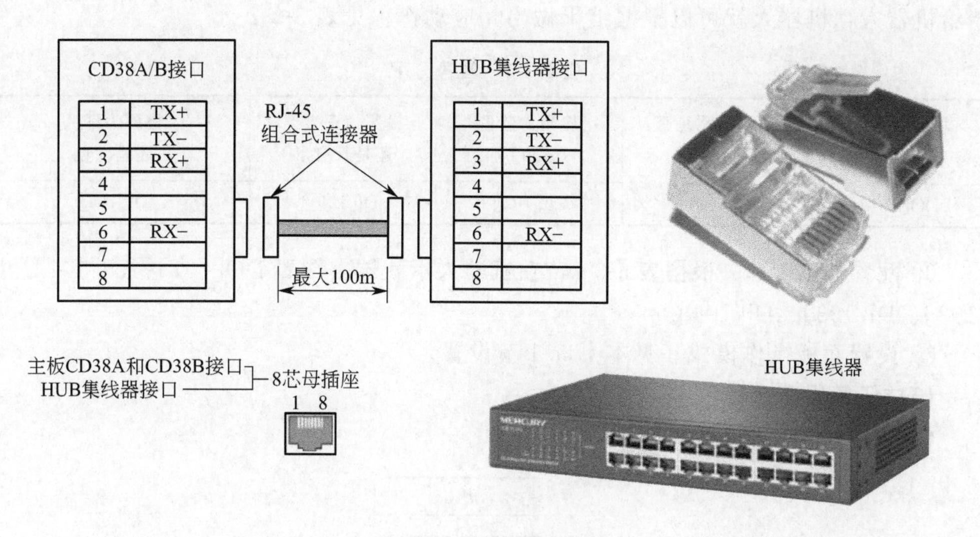

图 5-3-11 以太网接线

5.3.3 任务程序流程

(1) 机器人与欧姆龙视觉系统的 I/O 分析及接线

机器人视觉系统接线如图 5-3-12 所示。

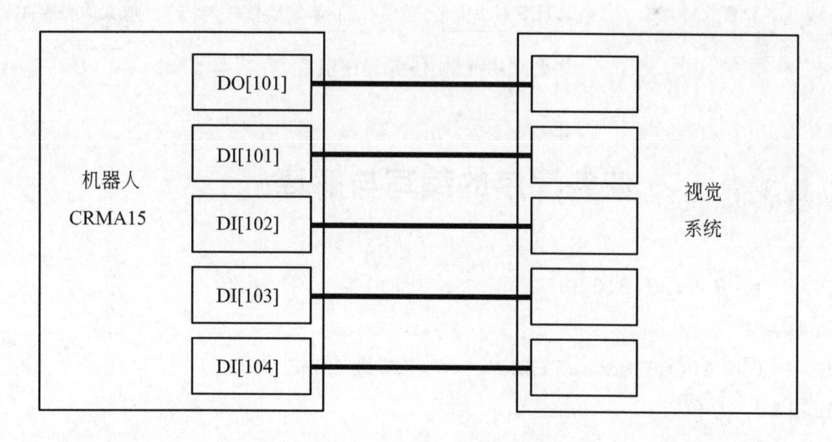

图 5-3-12 机器人视觉系统接线

(2) 视觉信号的使用

① 机器人到达视觉检测位置后利用 DO[101] “告诉”视觉系统可以检测。视觉系统检测之后，反馈检测结果给机器人，机器人用 DI[101] 来接收检测是否完成，DI[102]～DI[104] 分别代表形状、正方形的颜色和长方形的颜色，并将相应的结果反

馈给机器人，机器人就可以根据结果做出相应动作。见表 5-3-2。

表 5-3-2 信号分配

机器人是否达到检测点	视觉检测是否完成	检测为蓝色还是白色	检测为正方形还是长方形	检测为红色还是白色
DO[101]	DI[101]	DI[102]	DI[103]	DI[104]

② 配置外围 I/O。根据表 5-3-2，在机器人示教器上配置 DO[101]、DI[101]、DI[102]、DI[103]、DI[104]。

③ 设置面板操作模式。见本书 5.1 节设置。

(3) 任务程序流程

任务程序流程如图 5-3-13 所示。

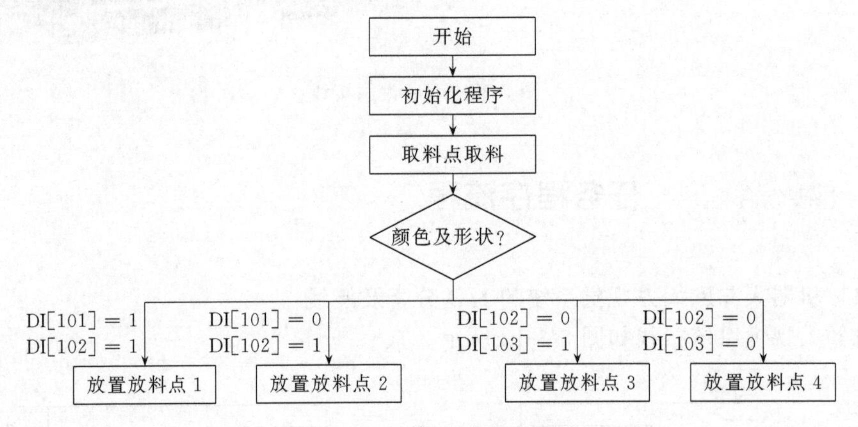

图 5-3-13 任务程序流程

5.3.4 任务程序的编写与解释

```
1：PR[3] = [0,0,30,0,0,0]
2：R[1] = 1
3：L  P[1]  100mm/sec  FINE        //回到 HOME 点
4：LBL[1]
5：L  P[2]  100mm/sec  FINE
6：Offset,PR[3]                     //取料点上方
7：L  P[2]  100mm/sec  FINE        //取料点
8：R[3] = ON                        //取料
9：L  P[2]  100mm/sec  FINE
10：Offset,PR[3]                    //取料点上方
```

```
11：L  P[3]  100mm/sec  FINE      //视觉检测点
12：IF  (DI[103]=1),THEN          //如果为正方形
13：IF  (DI[102]=1),THEN          //如果为蓝色
14：PR[1]=P[4]
15：ELSE                          //否则就是白色
16：PR[1]=P[5]
17：ENDIF
18：ELSE                          //否则就是长方形
19：IF  (DI[104]=1),THEN          //如果为长方形红色
20：PR[1]=P[6]
21：ELSE                          //否则就是长方形白色
22：PR[1]=P[7]
23：ENDIF
24：ENDIF
25：L  PR[1]  100mm/sec  FINE
26：Offset,PR[3]                  //放料点上方
27：L  PR[1]  100mm/sec  FINE     //放料点
28：R[3]=OFF                      //放料
29：L  PR[1]  100mm/sec  FINE
30：Offset,PR[3]                  //放料点上方
31：IF R[1]<4 JMP  LBL[1]
32：L  P[1]  100mm/sec  FINE      //回到 HOME 点
[End]
```

5.4 基于自动运行方式的汽车玻璃装配编程与示教

如图 5-4-1，本节通过机器人拾取汽车前后挡风玻璃进行涂胶和装配的模拟案例学习 FANUC 机器人的应用编程及自动运行方式。要求由外围按钮控制机器人启动自动运行：

① 按下按钮 SB1，机器人启动运行 RSR0001 程序，机器人初始化回到 HOME 点，然后按顺序取左列汽车前窗玻璃到涂胶工位进行涂胶，最后在汽车的前挡风窗位置装配玻璃，回到 HOME 点等待。

② 按下按钮 SB2，机器人启动运行 PNS0002 程序，机器人初始化回到 HOME 点，然后按顺序取右列汽车后窗玻璃到涂胶工位进行涂胶，最后放置在汽车的后窗位置，回到 HOME 点等待。

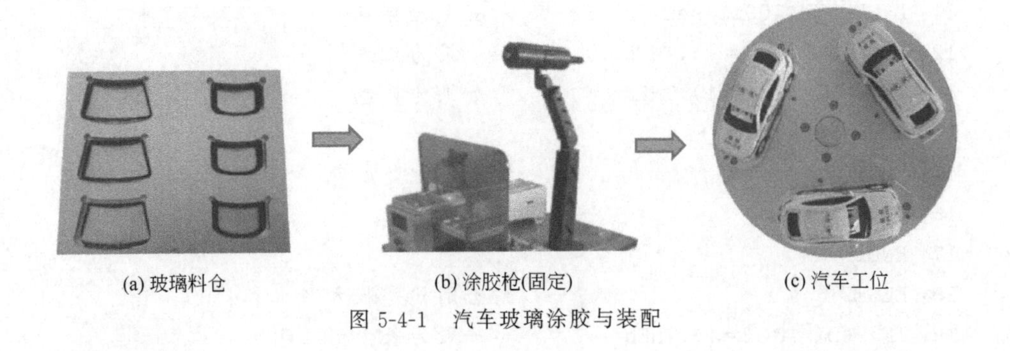
(a) 玻璃料仓　(b) 涂胶枪(固定)　(c) 汽车工位
图 5-4-1　汽车玻璃涂胶与装配

5.4.1 FANUC 机器人的自动运行方式

FANUC 机器人常用的自动运行方式有两种——RSR 和 PNS，其涉及的信号如表 5-4-1 所示。

表 5-4-1　自动运行涉及的信号

常用的自动运行方式	涉及的信号	
	UI	UO
RSR	UI[9]～UI[16]	UO[11]～UO[18]
PNS	UI[9]～UI[18]	UO[11]～UO[19]

RSR 自动运行方式：通过机器人启动请求信号（RSR1～RSR8）选择和开始程序。其特点是：

① 当一个程序正在执行或中断时，被选择的程序处于等待状态，一旦原先的程序停止，就开始运行被选择的程序；

② 只能选择 8 个程序。

PNS 自动运行方式：程序号码选择信号（PNS1～PNS8 和 PNSTROBE）选择一个程序。其特点是：

① 一个程序被中断或执行时，这些信号被忽略；

② 自动开始操作信号（PROD_START）从第一行开始执行被选中的程序，当一个程序被中断或执行时，这个信号不被接收；

③ 最多可以选择 255 个程序。

5.4.2 自动运行的执行条件

FANUC 机器人在执行自动运行前必须满足相关的条件：

① 示教器开关置于 OFF（一般最后执行）。

② 非单步执行状态。

③ 模式开关打到 AUTO 挡。

④ 自动模式为 REMOTE（外部控制）。

⑤ UI[8] 信号有效：TRUE（有效）。

第④⑤项条件的设置步骤：【MENU】（菜单）→“NEXT”（下一页）→“System”（系统设定）→【F1】（类型）→配置：

a. 将外专用信号设为启用，如图 5-4-2 所示。

b. 将远程/本地设置设为远程，如图 5-4-3 所示。

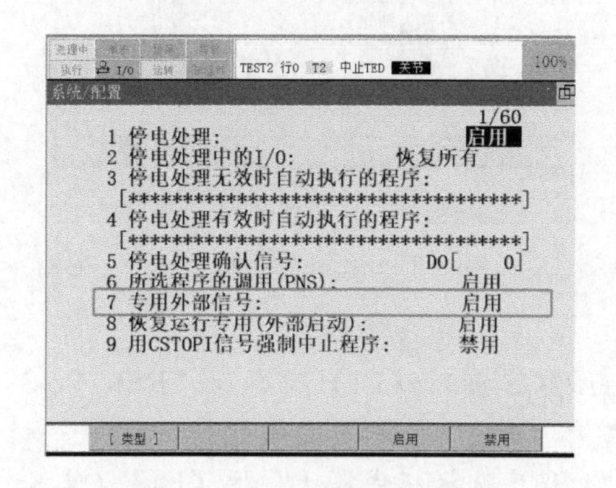

图 5-4-2　专用外部信号启用

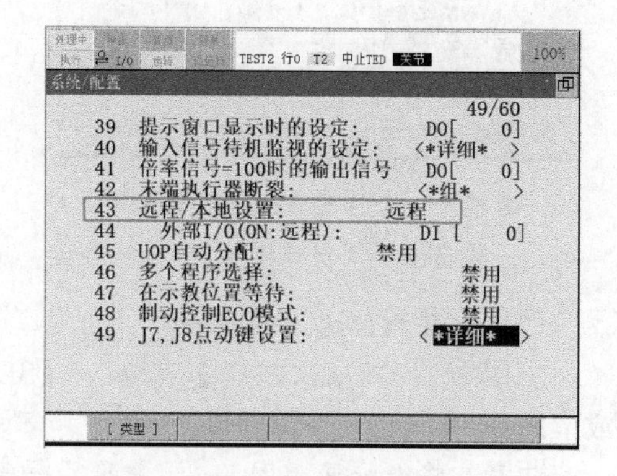

图 5-4-3　远程设置

⑥ UI[1]～UI[3] 为 ON。

⑦ UI[8] * ENBL 为 ON。

⑧ 系统变量 $RMT_MASTER 为 0（默认值是 0）。

第⑧项的设置步骤：【MENU】（菜单）→“NEXT”（下一页）→“System”（系统设定）→【F1】（类型）→“Variables”（系统变量）→“$RMT_MASTER”。如图 5-4-4 所示。

注意：系统变量 $RMT_MASTER 定义下列远端设备：0—外围设备；1—显示器/键盘；2—主控计算机；3—无外围设备。

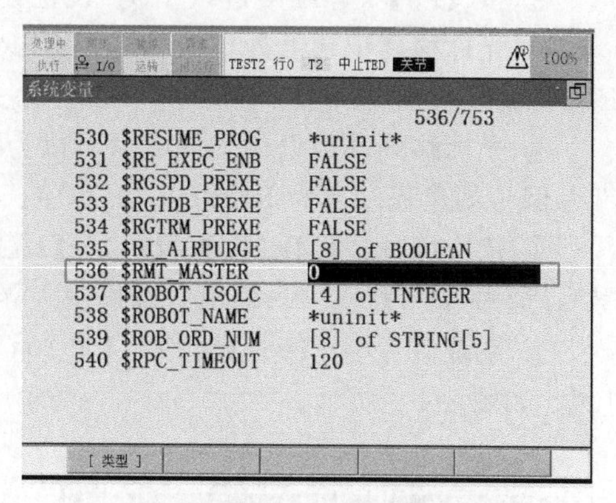

图 5-4-4　系统变量选择外部设备

5.4.3　RSR 的程序名设置

(1) RSR 程序名设置要求

① 程序名必须为 7 位；

② 由 RSR＋4 位程序号组成；

③ 程序号＝RSR 记录号＋基数（不足以零补齐），如图 5-4-5 所示。

例如程序名 RSR0112。

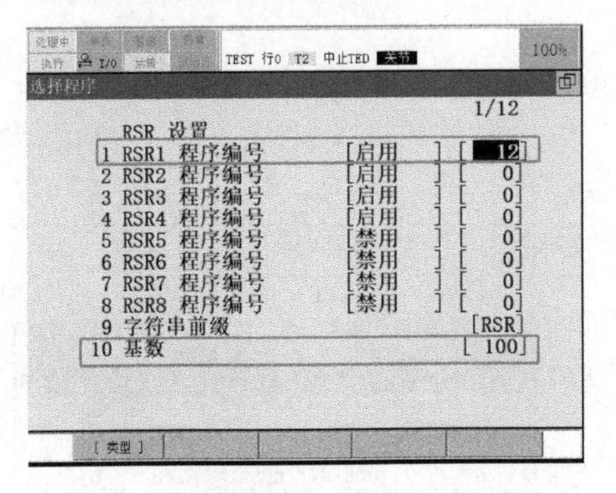

图 5-4-5　程序号＝RSR 记录号＋基数（不足以零补齐）

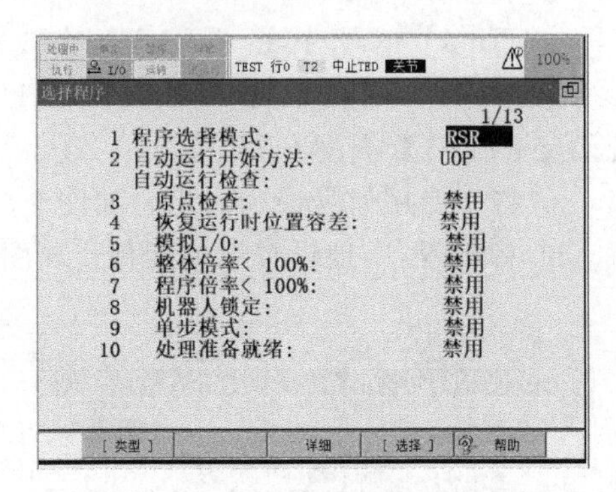

图 5-4-6　RSR 设置步骤-选择程序

(2) RSR 程序名设置步骤

① 依次操作：【MENU】(菜单)→【SETUP】(设置)→【F1】(类型)→“RSR/PNS”或“Prog Select”(选择程序)。

注意： 将光标置于图 5-4-6 中的第一项“1 程序选择模式”上，按【F4】（选择）选择“RSR”，并根据提示信息重启机器人。

② 按【F3】（详细）进入 RSR 设置界面，如图 5-4-7 所示。

③ 光标移到记录号处，对相应的 RSR 输入记录号，并将 DISABLE（禁用）改成 ENABLE（启用）。

④ 光标移到基数处输入基数（可以为 0）。

例： 创建程序名为 RSR0121 的程序。

① 依次操作：【MENU】(菜单)→【I/O】(信号)→【F1】(类型)→“UOP”（控制信号），通过【F3】（输入/输出）选择输入界面。如图 5-4-8 所示。

② 系统信号 UI[10] 置 ON，UI[10] 对应 RSR2，RSR2 的记录号为 21，基数为 100。如图 5-4-9 所示。

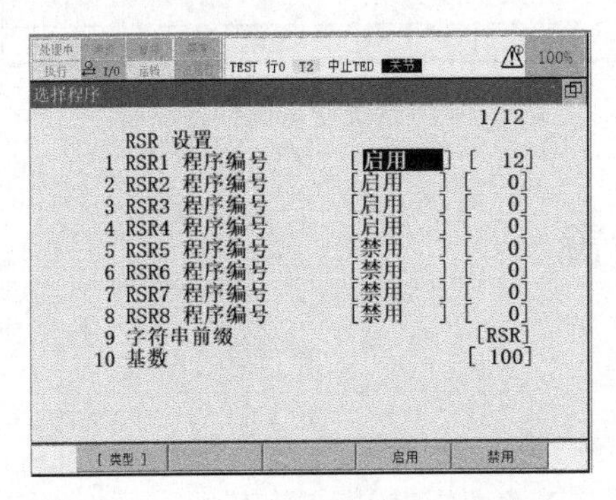

图 5-4-7　RSR 程序设置的细节

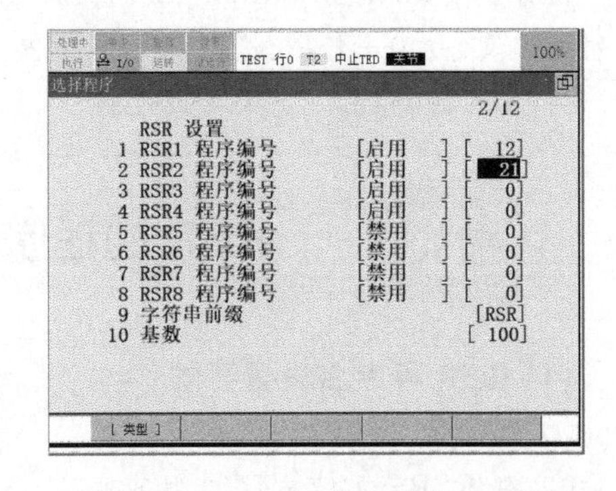

图 5-4-8　RSR0121 命名详细窗口设置

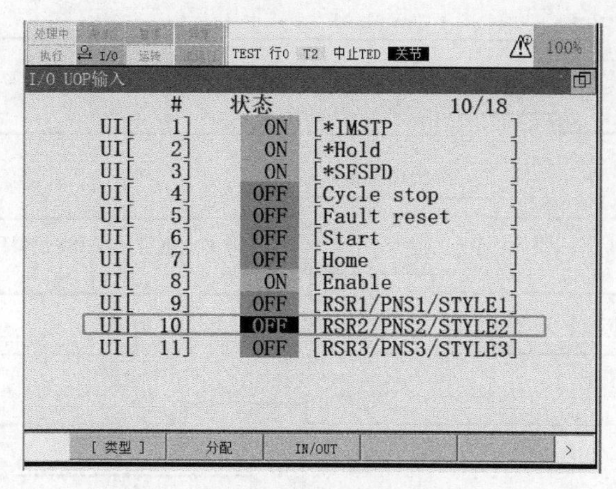

图 5-4-9　RSR0121 对应的 UI 10 ［ ］

③ 按照 RSR 程序命名要求，选择的程序为 RSR0121。

条件：基数＝1000

	RSR 记录号		程序号		RSR 程序名
RSR 1	RSR 1　12				
RSR 2 ON	→ RSR 2　21	→	0121	→	RSR0121
RSR 3	RSR 3　33				
RSR 4	RSR 4　48				

(3) RSR 运行时序图

时序图如图 5-4-10 所示。

5.4.4 ／ PNS 的程序名设置

(1) PNS 程序名设置要求

① 程序名必须为 7 位。

② 由 PNS＋4 位程序号组成。

③ 程序号＝PNS 记录号＋基数（不足以零补齐）。

(2) PNS 程序名设置步骤

① 依次操作：【MENU】(菜单)→【SETUP】(设定)→【F1】(类型)→“RSR/PNS”或“Prog　Select”（选择程序）。

注意：将光标置于图 5-4-11 中的第一项“1 程序选择模式”上，按【F4】（选择）选择“PNS”，并根据提示信息重启机器人。

② 按【F3】（详细）进入 PNS 设置界面，如图 5-4-12 所示。

③ 光标移到基数处，输入基数（可以为 0）。

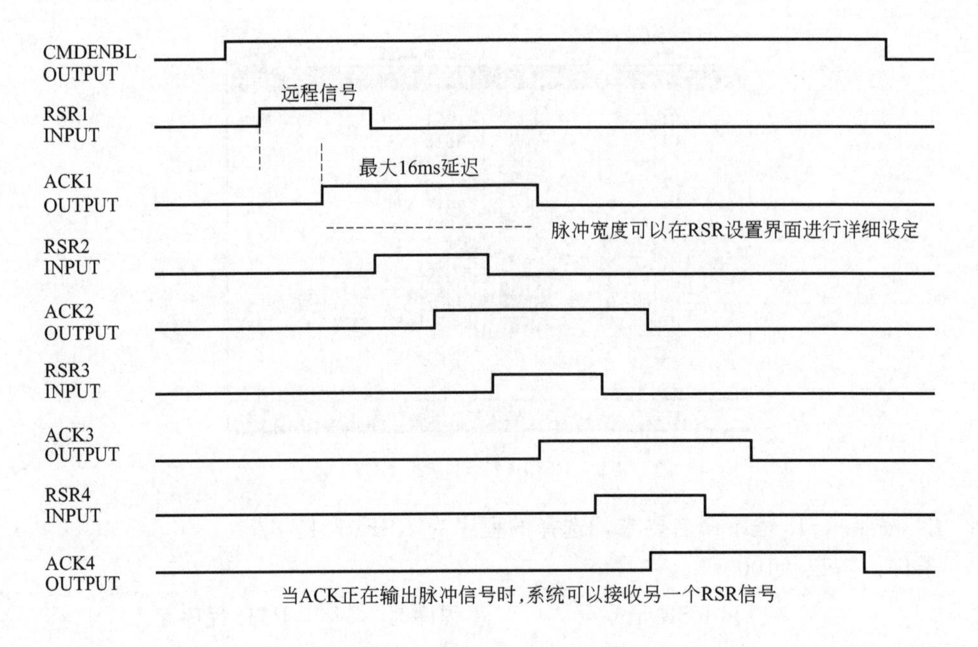

图 5-4-10　RSR 程序运行的时序图

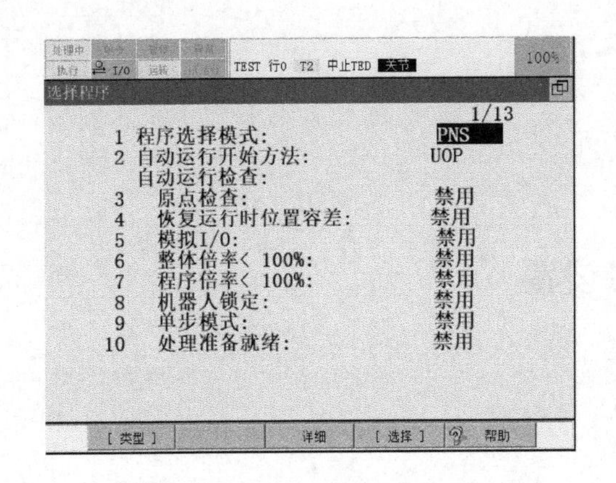

图 5-4-11　PNS 设置步骤选择程序

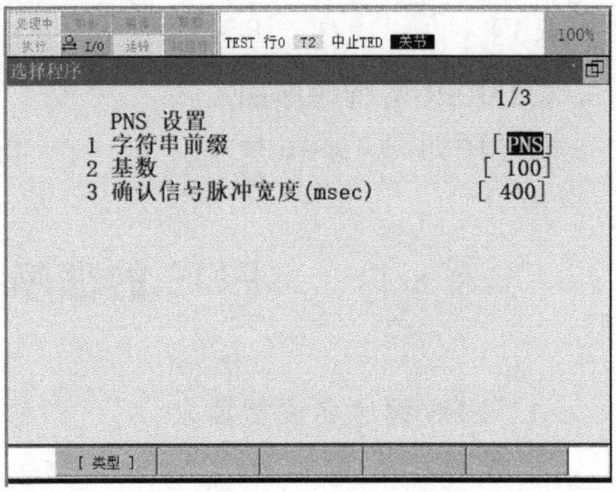

TEST 行0 T2 中止TED 关节 100%
选择程序
1/3
PNS 设置
1 字符串前缀 [PNS]
2 基数 [100]
3 确认信号脉冲宽度(msec) [400]
[类型]

图 5-4-12　PNS 设置界面

例：创建程序名为 PNS2003 的程序。

① 依次操作：【MENU】(菜单)→【I/O】(信号)→【F1】(类型)→“UOP”(控制信号)，并通过【F3】(输入/输出)，选择输入界面。

② 系统信号 UI[9] 置 ON、UI[10] 置 ON，分别对 PNS1 应 PNS2（二进制 11)，基数为 2000。

③ 按照 PNS 程序命名要求，选择的程序为 PNS2003。

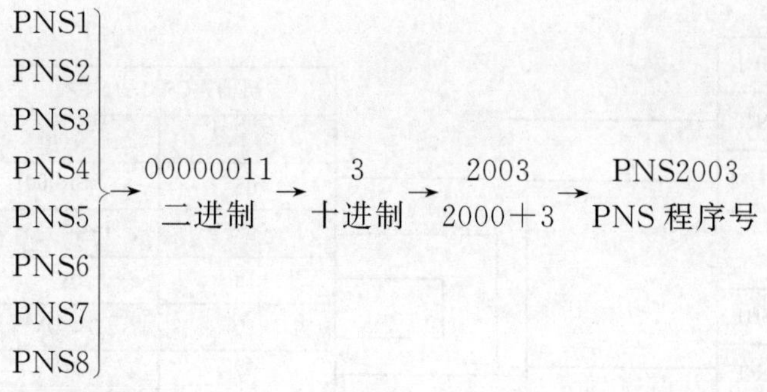

(3) PNS 运行时序图

时序图如图 5-4-13 所示。

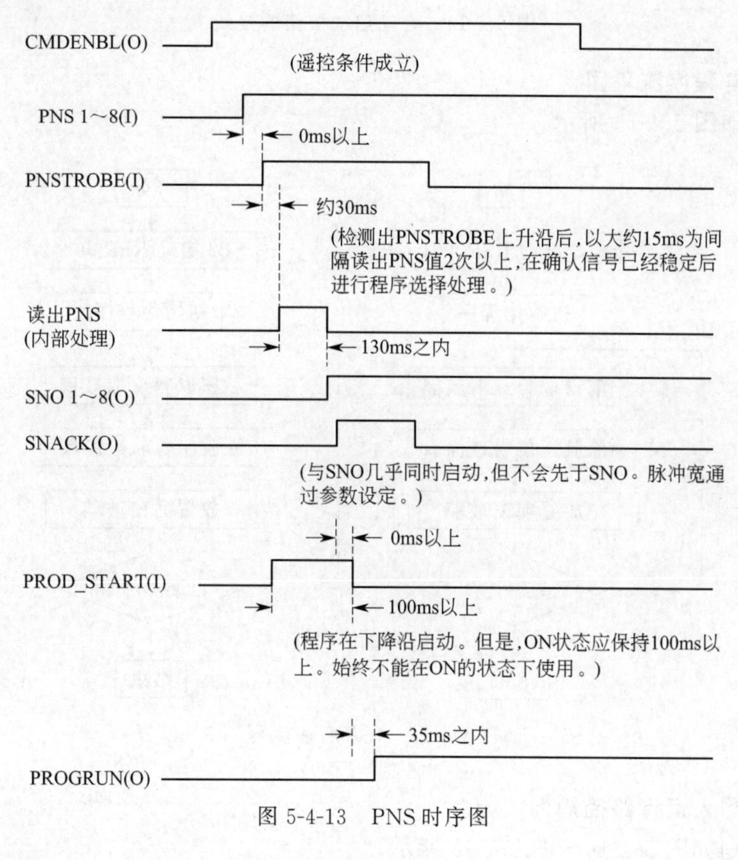

图 5-4-13　PNS 时序图

5.4.5　任务程序流程

(1) 自动启动按钮的接线

接线如图 5-4-14 所示。

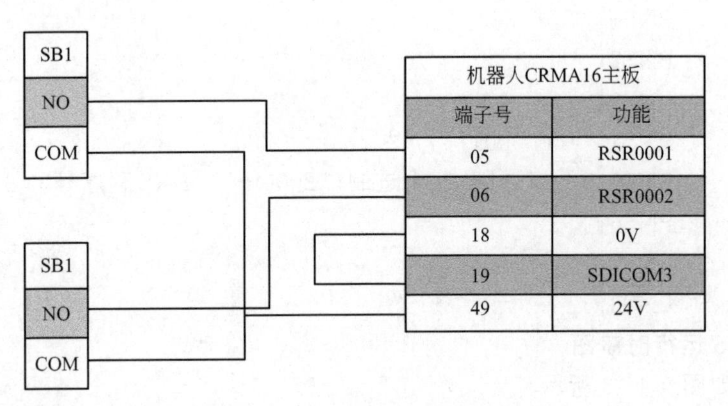

图 5-4-14　自动启动按钮的接线

(2) 任务程序流程图

流程图如图 5-4-15 所示。

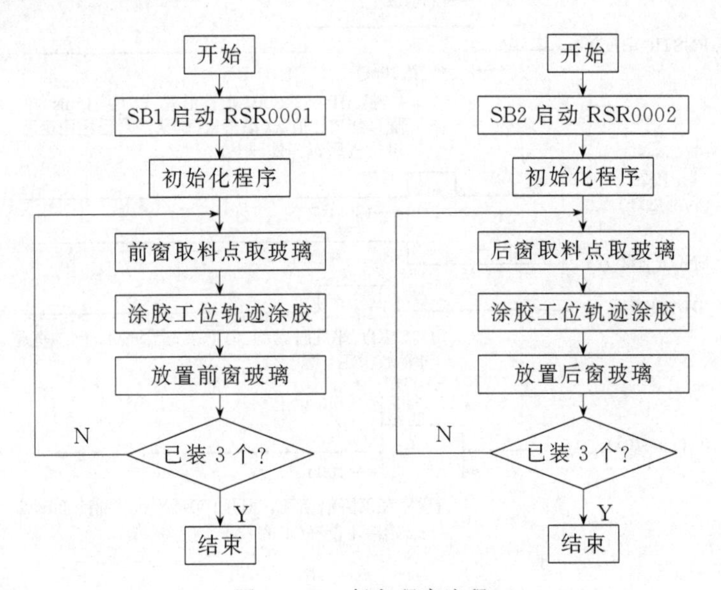

图 5-4-15　任务程序流程

(3) 机器人运行路径规划

路径规划如图 5-4-16～图 5-4-18 所示。

5.4.6　任务程序的编写与解释

RSR0001 程序：

```
1:CALL CSHCX                          //调用初始化程序
```

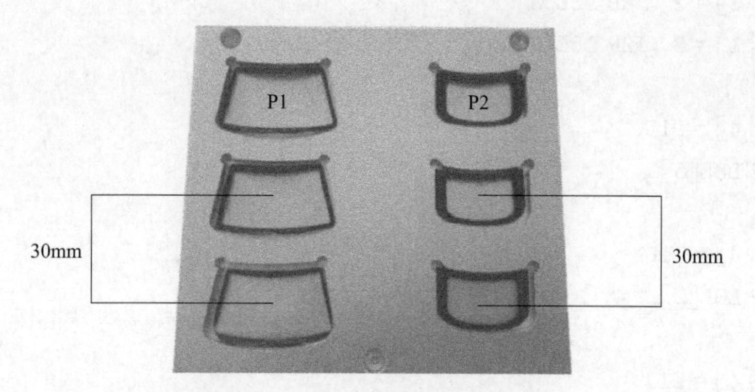

图 5-4-16　玻璃取料路径规划

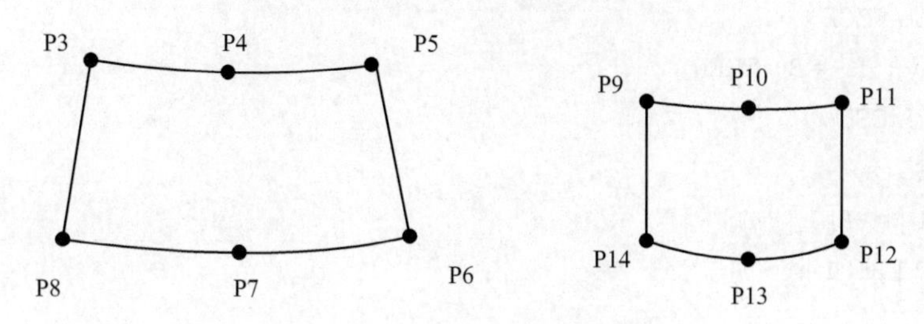

图 5-4-17　玻璃涂胶路径规划

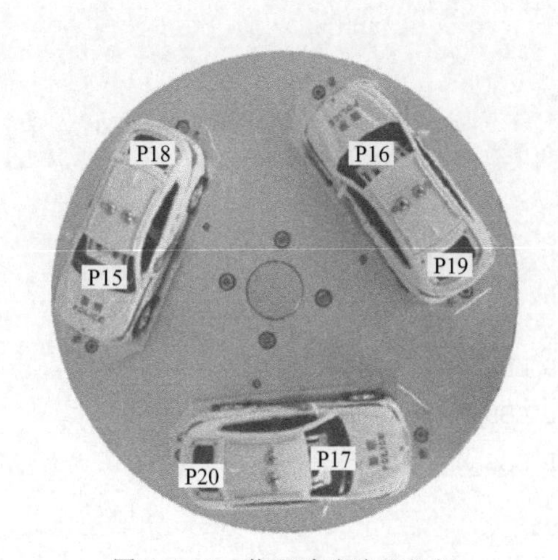

图 5-4-18　装配玻璃路径规划

```
2:PR[1] = P1                        //第一个点
3：LBL[1]
4：CALL QBLCX
5：CALL QCTJCX
6：IF R[1] = 1 ,JMP LBL[2]
```

```
7: IF R[1] = 2 ,JMP LBL[3]
8: IF R[1] = 3 ,JMP LBL[4]
9: LBL[2]
10: PR [4] = P15
11: JMP LBL[5]
12: LBL[3]
13: PR [4] = P16
14: JMP LBL[5]
15: LBL[4]
16: PR [4] = P17
17: JMP LBL[5]
18: CALL FZCX
19: IF (R[1] = 3) THEN
20: CALL CSH
21: ELSE
22: R[1] =  R[1] + 1A
23: JMP LBL[1]
24: ENDIF
[End]
```

RSR0002 程序：

```
1: CALL CSHCX                         //调用初始化程序
2: PR[1] = P2                         //第一个点
3: LBL[1]
4: CALL QBLCX
5: CALL QCTJCX
6: IF R[2] = 1 ,JMP LBL[2]
7: IF R[2] = 2 ,JMP LBL[3]
8: IF R[2] = 3 ,JMP LBL[4]
9: LBL[2]
10: PR [4] = P18
11: JMP LBL[5]
12: LBL[3]
13: PR [4] = P19
14: JMP LBL[5]
15: LBL[4]
16: PR [4] = P20
```

```
17：JMP LBL[5]
18：CALL FZCX
19：IF (R[2] = 3) THEN
20：CALL CSH
21：ELSE
22：R[2] = R[2] + 1
23：JMP LBL[1]
24：ENDIF
[End]
```

初始化程序：

```
CSHCX
1：L  P[6]  100mm/sec  FINE                //回到 HOME 点
2：R[1] = 1
3：R[2] = 1
4：PR[3] = [0,30,0,0,0,0]
5：PR[3] = [0,0,30,0,0,0]
[End]
```

取玻璃程序：

```
QBLCX：
1：L  PR[1]  100mm/sec  FINE, PR[3]
2：Offset,PR[3]                             //取料点上方
3：L  PR[1]  100mm/sec  FINE                //取料点
4：RO[1] = ON                               //取玻璃
5：L  PR[1]  100mm/sec  FINE, PR[3]
6：Offset,PR[3]                             //取料点上方
[End]
```

前窗涂胶程序：

```
QCTJCX
1：L  P[3]  100mm/sec  FINE, PR[3]
2：Offset,PR[2]                             //P3 右方 30mm
3：L  P[3]  100mm/sec  FINE
4：C  P[4]
5：    P[5]  100mm/sec  FINE
6：L  P[6]  100mm/sec  FINE
```

```
7：C  P[7]
8：    P[8]  100mm/sec  FINE
9：L  P[3]  100mm/sec  FINE
10：L  P[3]  100mm/sec  FINE，PR[3]
11：Offset,PR[2]
[End]
```

后窗涂胶程序：

```
HCTJCX：
1：L P[9]  100mm/sec  FINE，PR[3]  Offset,PR[2]  //P3右方30mm
2：L  P[9]  100mm/sec  FINE
3：C  P[10]
4：    P[11]  100mm/sec  FINE
5：L  P[12]  100mm/sec  FINE
6：C  P[13]
7：    P[14]  100mm/sec  FINE
8：L  P[9]  100mm/sec  FINE
9：L  P[9]  100mm/sec  FINE，PR[3] Offset,PR[2]
[End]
```

放置程序：

```
FZCX
1：L  PR[4]  100mm/sec  FINE，PR[3]
2：Offset,PR[3]                          //放料点上方
3：L  PR[4]  100mm/sec  FINE             //放料点
4：RO[1]=OFF                             //放置玻璃
5：L  PR[4]  100mm/sec  FINE，PR[3]
6：Offset,PR[3]                          //放料点上方
[End]
```

智能物料分拣装配生产线的应用与维护

6.1 上料模块的组装、编程与调试

上料模块是智能物料分拣装配生产线中的起始单元，向生产线的其他单元模块提供原料，相当于实际生产线中的自动上料系统。具体功能是根据生产要求将放置在储料仓内的待加工分选的工件自动推到传送带上，输送到其他单元。

6.1.1 上料模块的组成及工作过程

上料模块由双联气缸、储料仓、物料检测光纤传感器、气缸位置检测磁性开关组成，如图 6-1-1 所示。

模块的工作原理：储料仓用于堆放圆形工件，当物料检测光纤传感器检测到储料仓有工件时，双轴气缸根据控制程序指令将储料仓的圆形工件推送至传送带上。

6.1.2 检测传感器的认识

(1) 光纤传感器的使用

光纤传感器由光纤检测头、光纤放大器两部分组成，放大器和光纤检测头是分离的两个部分，光纤检测头的尾端部分分成两条光纤，使用时分别插入放大器的两个光纤孔。光纤传感器如图 6-1-2 所示。图 6-1-3 是光纤传感器外形和放大器的安装示意图。

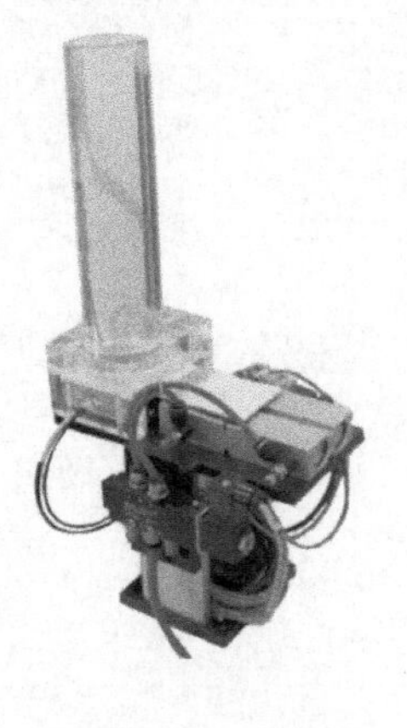

图 6-1-1　上料装置

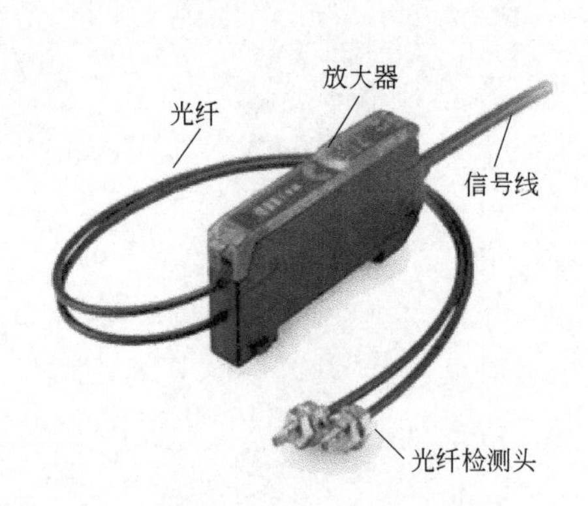

图 6-1-2　光纤传感器

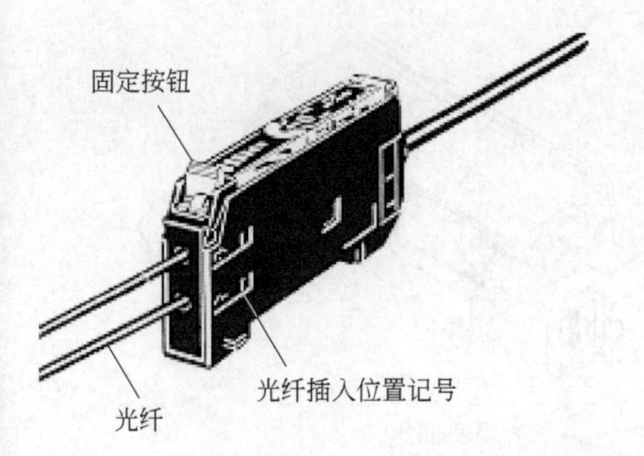

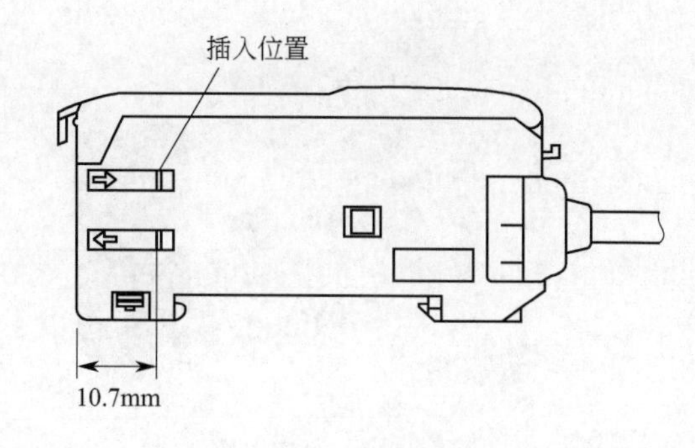

图 6-1-3　光纤传感器外形及放大器的安装示意

(2) 磁性开关的使用

上料机构使用的气缸是带磁环的气缸，如图 6-1-4 所示。这些气缸的缸筒采用导磁性弱、隔磁性强的材料，如硬铝、不锈钢等。在非磁性体的活塞上安装一个永久磁铁的磁环，这样就提供了一个反映气缸活塞位置的磁场，而安装在气缸外侧的磁性开关则是用来检测气缸活塞的位置，即检测活塞的运动行程。

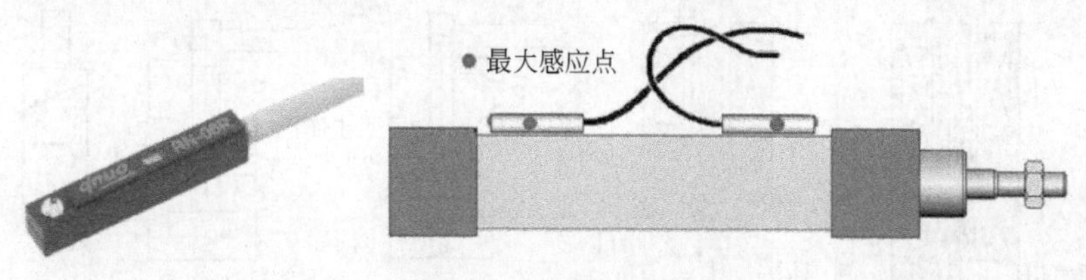

图 6-1-4　磁性开关

在磁性开关上设置的 LED 显示用于显示其信号状态，供调试时使用。磁性开关动作时，输出信号“1”，LED 亮；磁性开关不动作时，输出信号“0”，LED 不亮。

6.1.3 / 气动元件的认识

(1) 标准双作用气缸

双作用气缸是指活塞的往复运动均由压缩空气来推动。图 6-1-5 是标准双作用直线气缸的实物图和半剖面图。图中，气缸的两个端盖上都设有进排气通口，从无杆侧端盖气口进气时，推动活塞向前运动；反之，从杆侧端盖气口进气时，推动活塞向后运动。

(2) 电磁换向阀

气缸的活塞运动是依靠从气缸一端进气，并从另一端排气，再反过来，从另一端进气，一端排气来实现的。气体流动方向的改变则由能改变气体流动方向或通断的控制阀即方向控制阀加以控制。在自动控制中，方向控制阀常采用电磁控制方式实现方

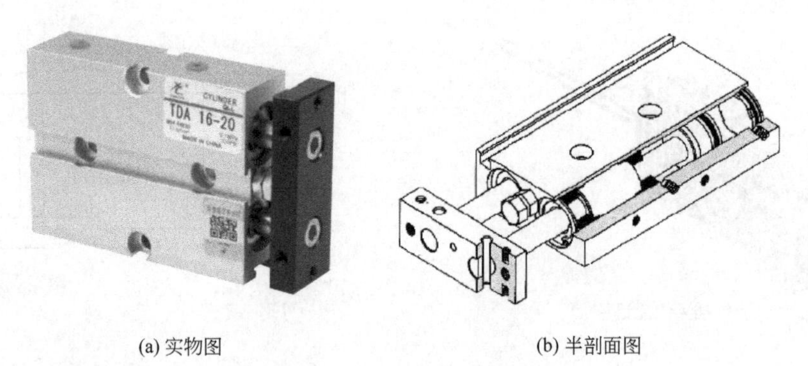

(a) 实物图　　(b) 半剖面图

图 6-1-5　双作用气缸工作示意

向控制，称为电磁换向阀。

电磁换向阀是利用其电磁线圈通电时，静铁芯对动铁芯产生电磁吸力使阀芯切换，达到改变气流方向的目的。图 6-1-6 所示是一个单电控二位三通电磁换向阀的工作原理示意。

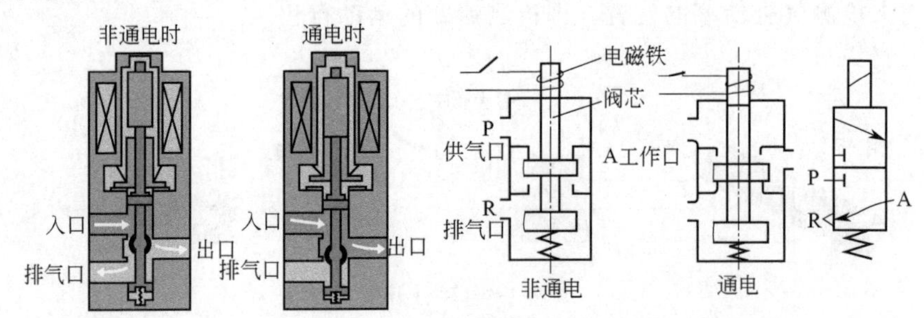

图 6-1-6　单电控二位三通电磁换向阀的工作原理

6.1.4　气动回路连接与调试

(1) 气动控制回路

由气源、气管、控制元件、执行元件和辅助元件等气动元件构成，完成规定动作的通路称为气动控制回路。

上料装置气动控制回路工作原理图如图 6-1-7 所示。图中只有一个双作用双杆气缸，气缸两端分别有缩回限位和伸出限位两个极限位置。1B1 和 1B2 为安装在送料缸上的两个极限工作位置的磁性开关。1Y1 为控制双作用双杆气缸的一个二位五通单向电磁阀。在上料装置中，气缸的初始状态为缩回状态。

(2) 气动控制的连接和调试

气路连接步骤：从气源出口开始，按图 6-1-7 所示的上料装置气动控制回路工作原理图连接电磁阀、单向节流阀、气缸。连接时注意气管走向应按序排布、均匀美观，不能交叉、打折；气管要在快速接头中插紧，不得有漏气现象。连接实物如图 6-1-8 所示。

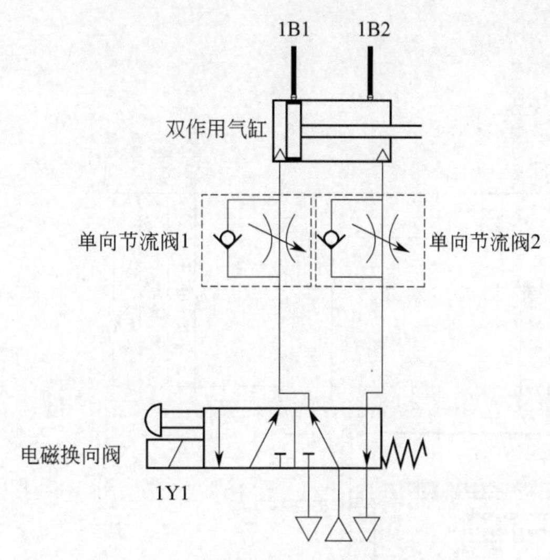

图 6-1-7　气动控制回路工作原理

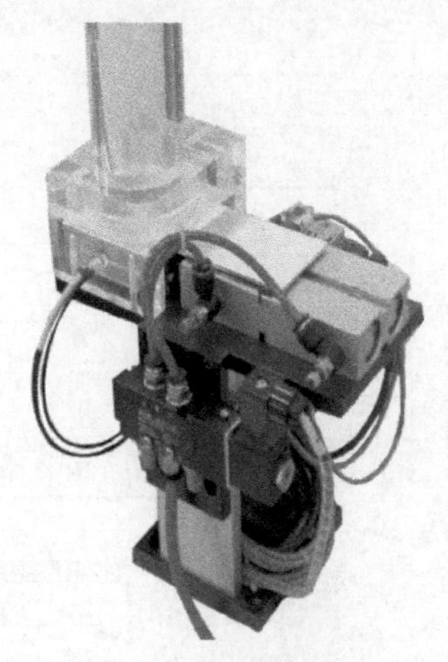

图 6-1-8　气管连接

6.1.5 电气控制图

(1) I/O 分配表

上料装置的电气接线应包括：在工作单元装置侧完成各传感器、电磁阀、电源端子等引线到装置侧接线端子之间的接线；在 PLC 侧进行电源连接、I/O 硬件接线等。

根据上料装置的 I/O 信号分配和工作任务的要求，PLC 的 I/O 分配见表 6-1-1 所示。

表 6-1-1　上料装置模块 PLC 的 I/O 分配表

输入信号			输出信号		
序号	PLC 输入点	信号名称	序号	PLC 输出点	信号名称
1	X27	单列送料机构前限位	1	Y10	送料气缸
2	X31	单列光纤传感器物料检测	2	Y34	运行指示灯
3	X44	急停按钮	3	Y37	停止指示灯
4	X45	复位按钮			
5	X46	启动按钮			
6	X47	停止按钮			

(2) PLC 接线原理图

上料装置的 I/O 接线图如图 6-1-9 所示，图中各传感器用电源由外部直流 24V 电源提供，且在图中的 24V 电源所有的“+”端均连接在一起，所有的“−”端也连接在一起。在本设备中，所有的传感器均选用 NPN 型，故在 PLC 的输入端口中的公共端 S/S 应接高电平 24V。

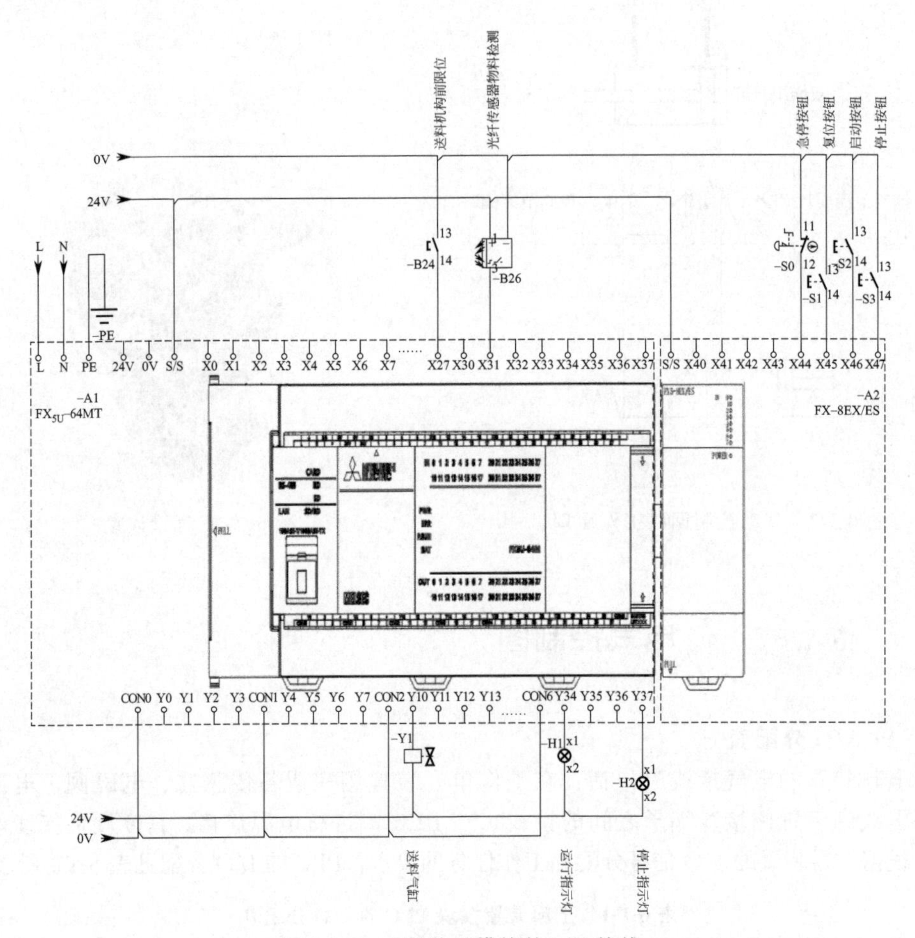

图 6-1-9　上料装置模块的 I/O 接线

6.1.6　程序控制流程

(1) 控制要求

本任务完成上料装置将储料仓的工件送至传送带上。具体控制要求为：

① 设备上电和气源接通后，若送料气缸处于缩回位置，且光纤传感器检测到料仓有工件，则运行指示灯 HL1 以 1Hz 频率闪烁，表示设备已就绪，否则停止指示灯 HL2 以 1Hz 频率闪烁，表示设备未就绪。

② 若设备就绪，按下启动按钮，工作单元启动，运行指示灯 HL1 常亮。启动后，送料气缸将工件推出到传送带上，然后送料缸返回。若没有停止信号，则延时 5s 后

进行下一次推出工件操作。

③ 若在运行中按下停止按钮，则在完成本工作周期任务后，上料装置停止工作，HL1指示灯熄灭，重新进入控制要求①的步骤。

④ 若在运行中储料仓内没有工件，工作站在完成本周期任务后停止。除非向储料仓补充足够的工件，工作站不能再启动。

(2) 程序流程设计

程序流程如图6-1-10所示。

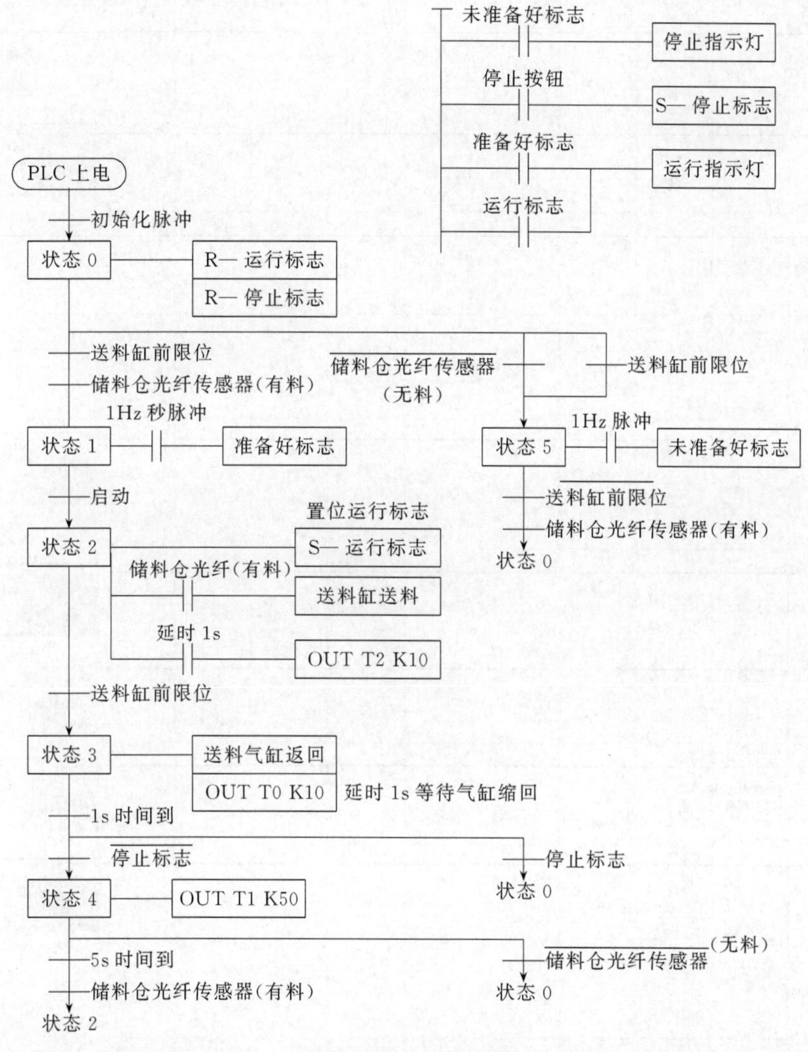

图6-1-10　程序流程

(3) PLC梯形图程序

梯形图程序如图6-1-11所示。

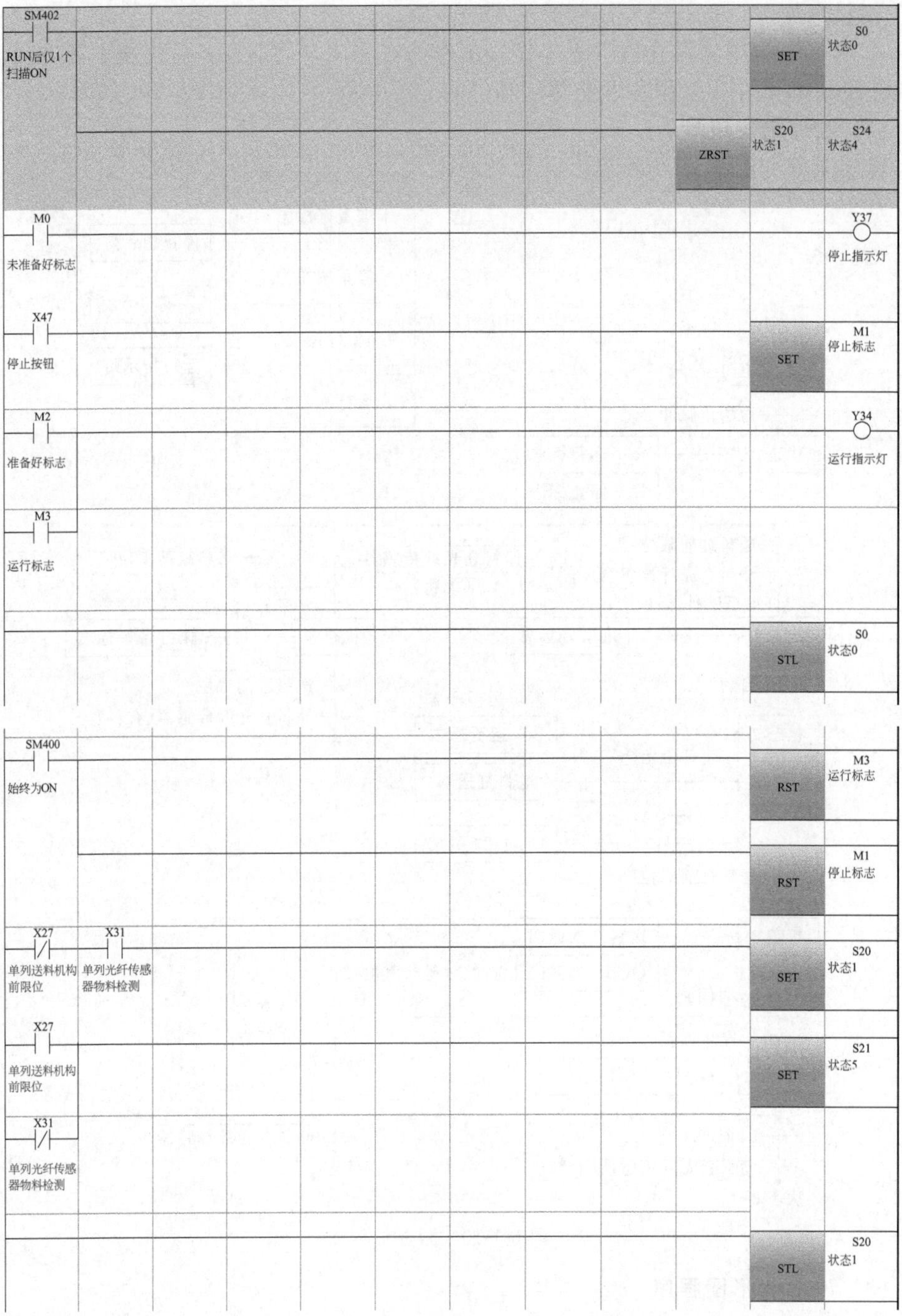

SM402
RUN后仅1个扫描ON
SET S0 状态0
ZRST S20 状态1 S24 状态4

M0
末准备好标志
Y37
停止指示灯

X47
停止按钮
SET M1 停止标志

M2
准备好标志
M3
运行标志
Y34
运行指示灯

STL S0 状态0

SM400
始终为ON
RST M3 运行标志
RST M1 停止标志

X27 单列送料机构前限位
X31 单列光纤传感器物料检测
SET S20 状态1

X27
单列送料机构前限位
X31
单列光纤传感器物料检测
SET S21 状态5

STL S20 状态1

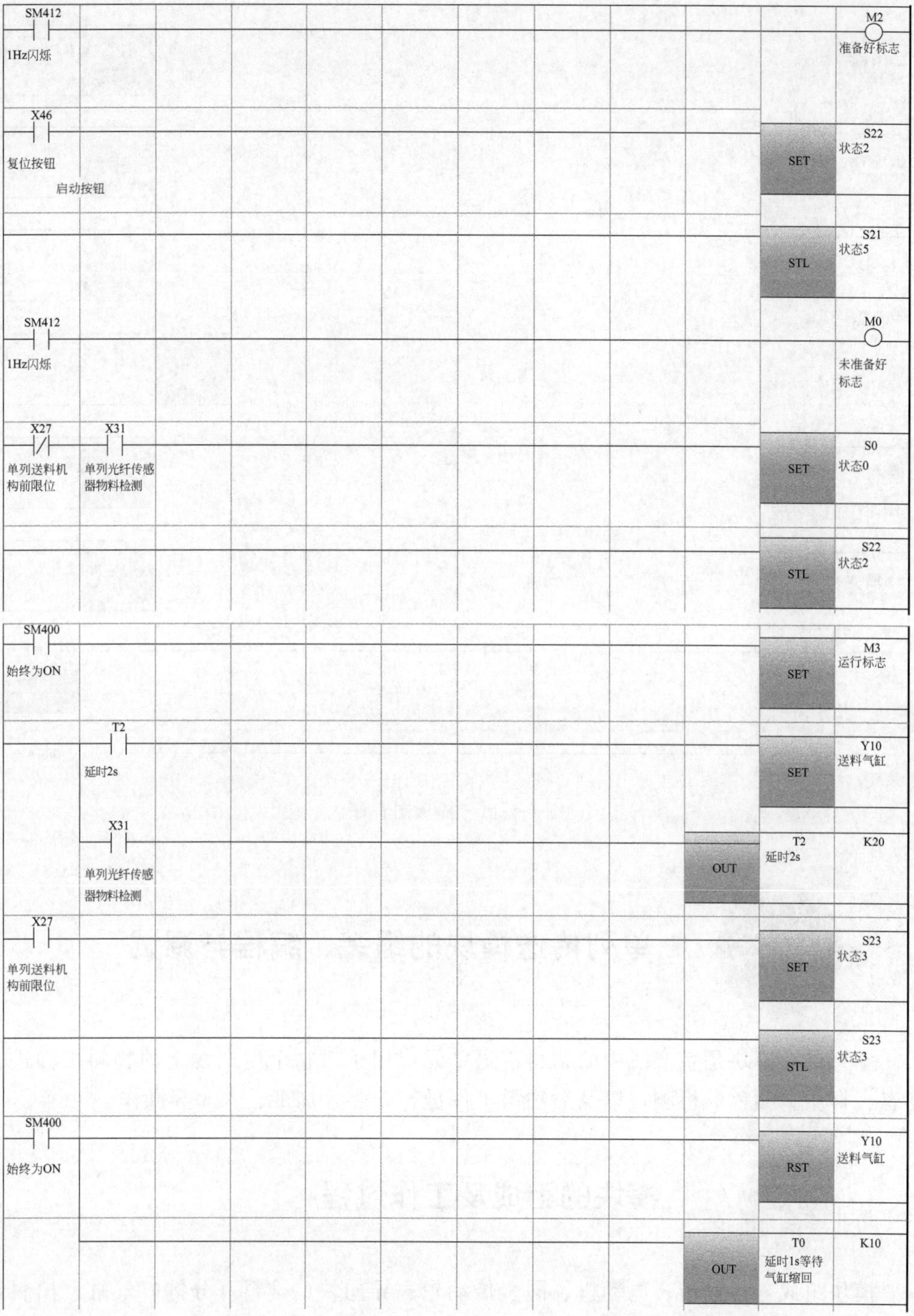

SM412 1Hz闪烁 —— M2 准备好标志

X46 复位按钮 —— SET S22 状态2

启动按钮

STL S21 状态5

SM412 1Hz闪烁 —— M0 未准备好标志

X27 单列送料机构前限位　X31 单列光纤传感器物料检测 —— SET S0 状态0

STL S22 状态2

SM400 始终为ON —— SET M3 运行标志

T2 延时2s —— SET Y10 送料气缸

X31 单列光纤传感器物料检测 —— OUT T2 延时2s K20

X27 单列送料机构前限位 —— SET S23 状态3

STL S23 状态3

SM400 始终为ON —— RST Y10 送料气缸

OUT T0 延时1s等待气缸缩回 K10

图 6-1-11

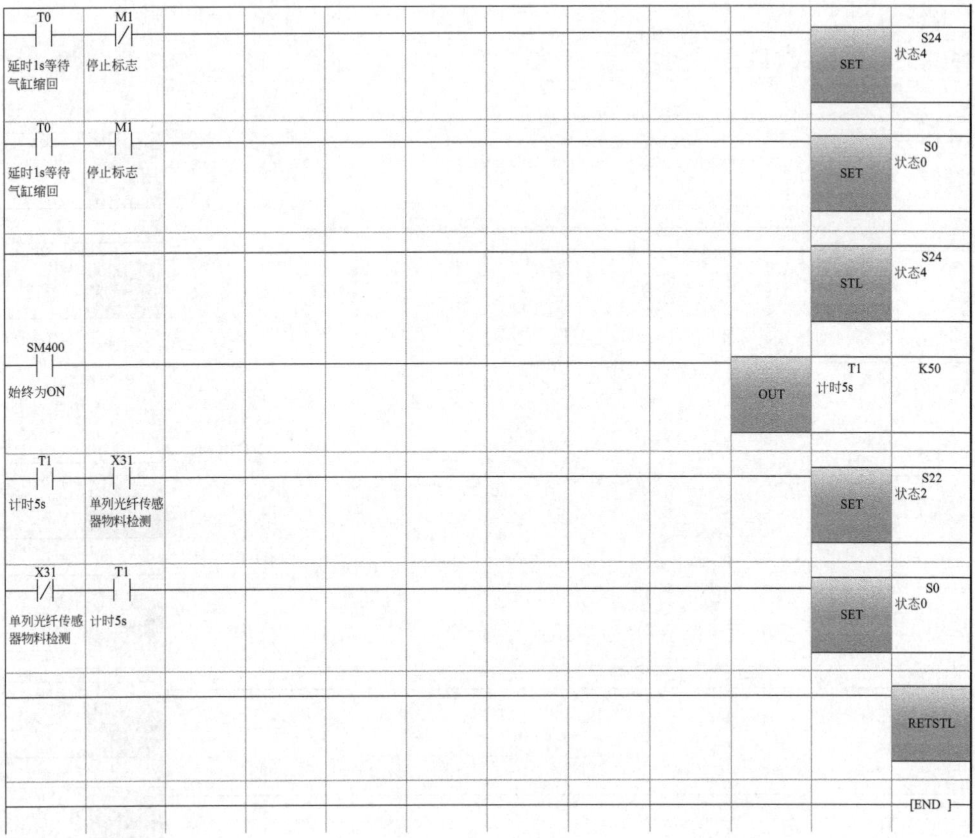

T0 延时1s等待气缸缩回	M1 停止标志（常闭）										SET	S24 状态4
T0 延时1s等待气缸缩回	M1 停止标志										SET	S0 状态0
											STL	S24 状态4
SM400 始终为ON										OUT	T1 计时5s	K50
T1 计时5s	X31 单列光纤传感器物料检测										SET	S22 状态2
X31 单列光纤传感器物料检测（常闭）	T1 计时5s										SET	S0 状态0
												RETSTL
												[END]

图 6-1-11　梯形图程序

6.2 单列传送模块的组装、编程与调试

单列传送模块是生产线中的物料传送单元，用于对整个生产线上的物料工件进行姿态、材质、颜色的检测，以及对物料工件进行分类、加工、入库等操作。

6.2.1 模块的组成及工作过程

模块组成：传送带、电动机、同步传动轮、导向块、推料（分拣）气缸、出料滑槽、电容传感器、电感传感器、光电传感器组成，如图 6-2-1 所示。

工作原理：上料装置将物料工件送到传送带上，电动机运转驱动传送带工作，把物料工件传送到传感单元检测区域，检测单元的电容、电感、光电传感器对物料工件分别进行姿态、材质及颜色的识别，若检测到物料工件姿态开口向上，推料（分拣）气缸将该物料工件推至出料滑槽内。姿态开口向下的物料工件，由传送带移到下一工序加工。

6.2.2 认识传感器

(1) 认识电感传感器

检测区域中，为了检测物料工件是否为金属材料，在传送带侧面安装了一个电感传感器，如图 6-2-2 所示。

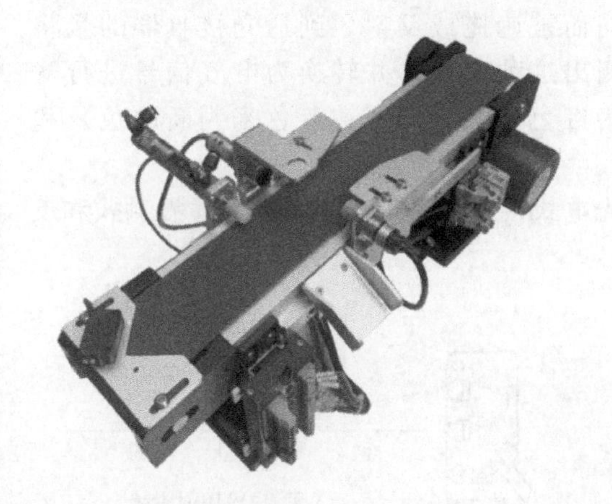

图 6-2-1　单列传送模块

图 6-2-2　供料单元上的电感传感器

在接近开关的选用和安装中，必须认真考虑检测距离、设定距离，保证生产线上的传感器可靠动作。安装距离注意说明如图 6-2-3 所示。

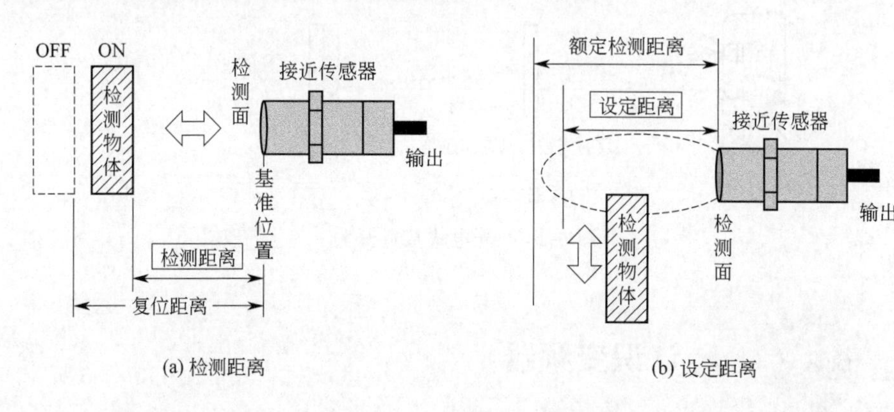

图 6-2-3　安装距离注意说明

(2) 认识电容式接近开关

电容式接近开关是一种具有开关量输出、与被检测体无机械接触而能动作的传感器。在检测非金属物体时，相应的检测距离因受检测体的电导率、介电常数、体积吸水率等参数影响和相应的检测距离有所不同，对接地的金属导体有最大的检测距离。其外形如图 6-2-4 所示。

图 6-2-4　电容式接近开关外形

(3) 认识光电传感器

光电传感器是利用光的各种性质检测物体的有无和表面状态的变化等的传感器。其中输出形式为开关量的传感器为光电式接近开关。

光电式接近开关主要由光发射器和光接收器构成。如果光发射器发射的光线因检测物体不同而被遮掩或反射，到达光接收器的量将会发生变化。光接收器的敏感元件将检测出这种变化，并转换为电气信号进行输出。光电传感器大多使用可视光（主要为红色，也用绿色、蓝色来判断颜色）和红外光。

按照光接收器接收光的方式的不同，光电式接近开关可分为对射式、漫射式和反射式三种，如图 6-2-5 所示。

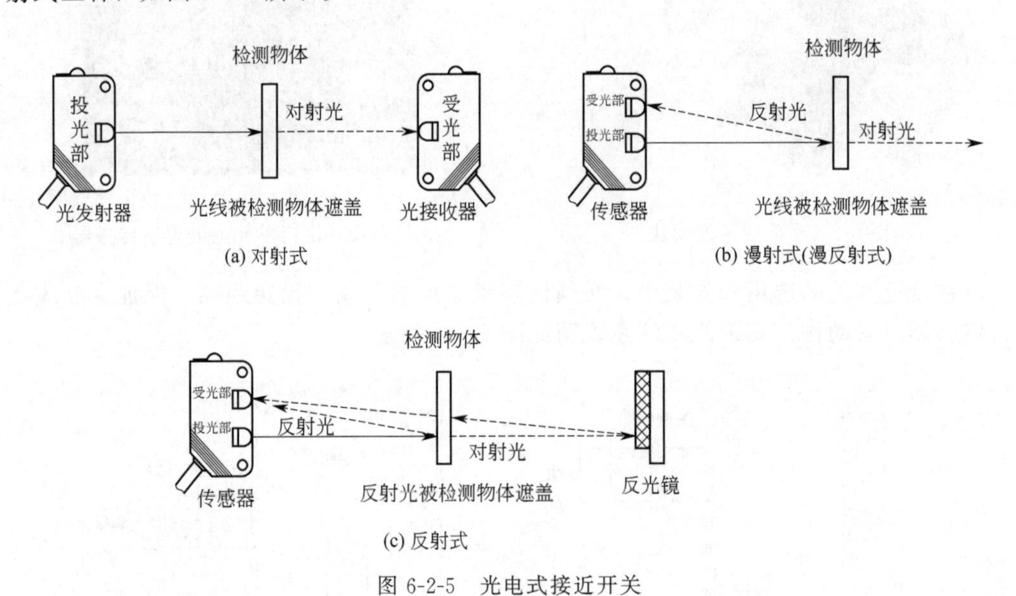

图 6-2-5　光电式接近开关

6.2.3 认识变频器

变频器是可调速驱动设备的一种，是应用变频驱动技术改变交流电动机工作电压的频率和幅度来平滑控制交流电动机的速度及转矩，最常见的是输入及输出都是交流电的交流/交流转换器。单列传送单元应用了一套变频控制系统，其变频电机和变频器的型号分别为3IK-15K、FR-D720S-0.4K-CHT。该型号为单相220V级别，电源接线如图6-2-6所示。

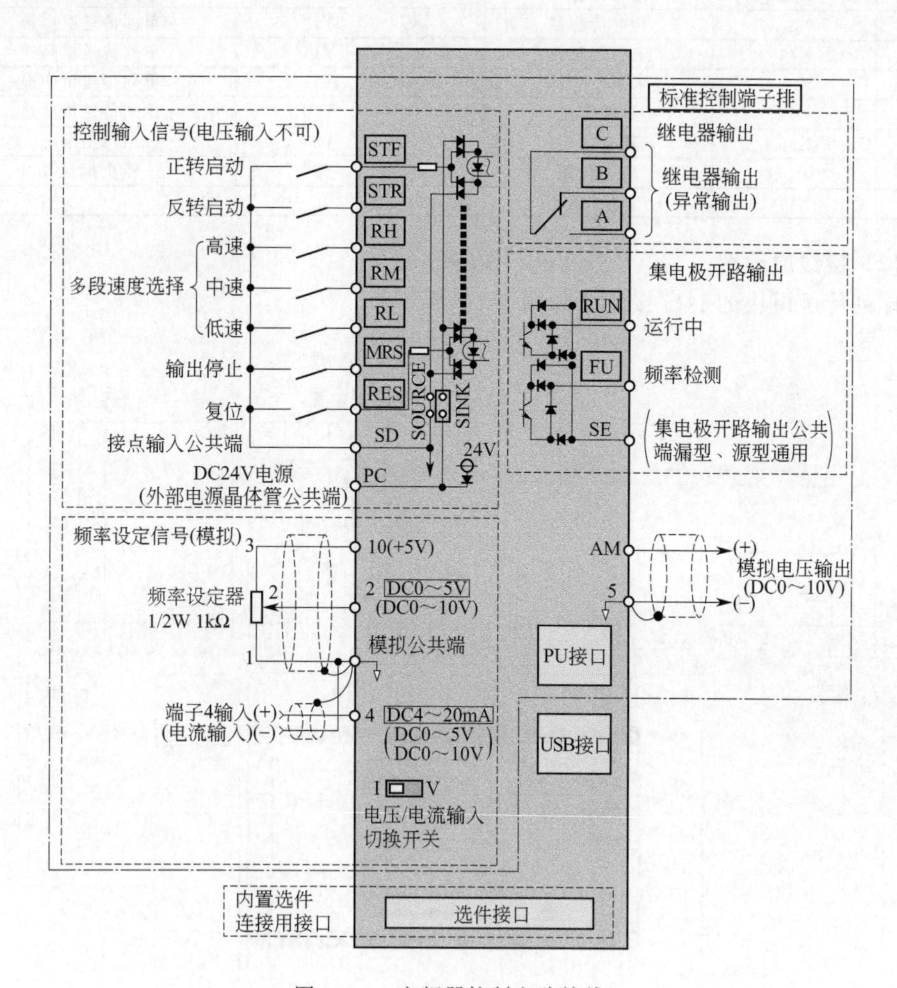

图6-2-6　变频器控制电路接线

6.2.4 电气控制图

(1) I/O分配表

根据单列传送模块的I/O信号分配和工作任务的要求，PLC的I/O分配如表6-2-1所示。

表 6-2-1 单列传送模块 PLC 的 I/O 分配表

输入信号			输出信号		
序号	PLC 输入点	信号名称	序号	PLC 输出点	信号名称
1	X30	推料前限位	1	Y11	推料气缸
2	X32	电感传感器	2	Y12	单列传送机正传
3	X33	光电传感器	3	Y13	单列传送机反转
4	X34	电容传感器	4	Y14	单列传送机高速
5	X35	末端传感器	5	Y15	单列传送机中速
6	X44	急停按钮	6	Y16	单列传送机低速
7	X45	复位按钮	7	Y34	运行指示灯
8	X46	启动按钮	8	Y37	停止指示灯
9	X47	停止按钮	9		

(2) 接线原理图

单列传送模块的 I/O 接线图如图 6-2-7 所示。

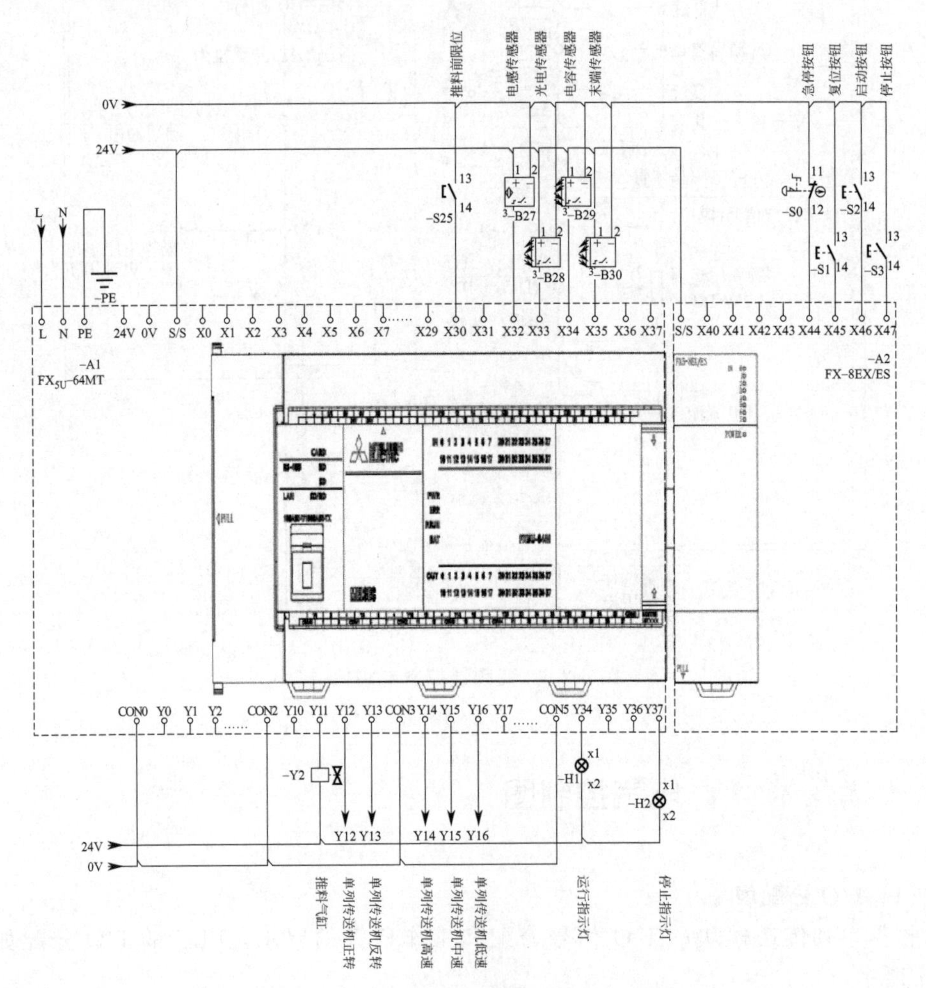

图 6-2-7 主站单列传送模块的 I/O 接线

(3) 变频器的参数设置

本任务需设置变频器的参数，见表 6-2-2。

表 6-2-2　变频器的参数

参数	名称	初始值	设定值	参数	名称	初始值	设定值
Pr. 1	上限频率	1200	50	Pr. 6	多段速设定(低速)	10	25
Pr. 2	下限频率	0	10	Pr. 7	加速时间	5	1
Pr. 4	多段速设定(高速)	50	45	Pr. 8	减速时间	5	1
Pr. 5	多段速设定(中速)	30	35	Pr. 79	运行模式选择	0	03

6.2.5 ／ 程序控制流程

(1) 控制要求

本任务完成上料装置将储料仓的物料工件送至传送带上。具体控制要求为：

① 设备上电和气源接通后，系统自动复位将推料气缸缩回。

② 人为在传送带开始位置随机放入一个物料工件，按下启动按钮，传送带开始以“中速 35Hz” 正转运行。

③ 物料工件经过姿势、材质和颜色检测传感器进行检测。

④ 假设检测到物料姿势错误（物料凹口朝下），传送带马上减速到“低速 25Hz”正转，物料工件移动一定距离（延时一段时间）到达推料气缸处，传送带停止，推料气缸伸出将错误的物料推离传送带后缩回，系统等待下一次启动指令。

⑤ 假设检测到物料工件姿势正确（物料凹口朝上），传送带切换到“高速 45Hz”运行，当物料工件移动到传送带末端时（末端感应器动作），传送带停止。

⑥ 如果物料是白色金属则绿色指示灯常亮，物料是黑色金属则绿色指示灯闪亮。

⑦ 如果物料是白色塑料则红色指示灯常亮，物料是黑色塑料则红色指示灯闪亮。

⑧ 人为拿走物料后，红色和绿色指示熄灭，系统等待下一次启动指令。

(2) 程序流程设计

程序流程如图 6-2-8 所示。

(3) PLC 梯形图程序

梯形图程序如图 6-2-9 所示。

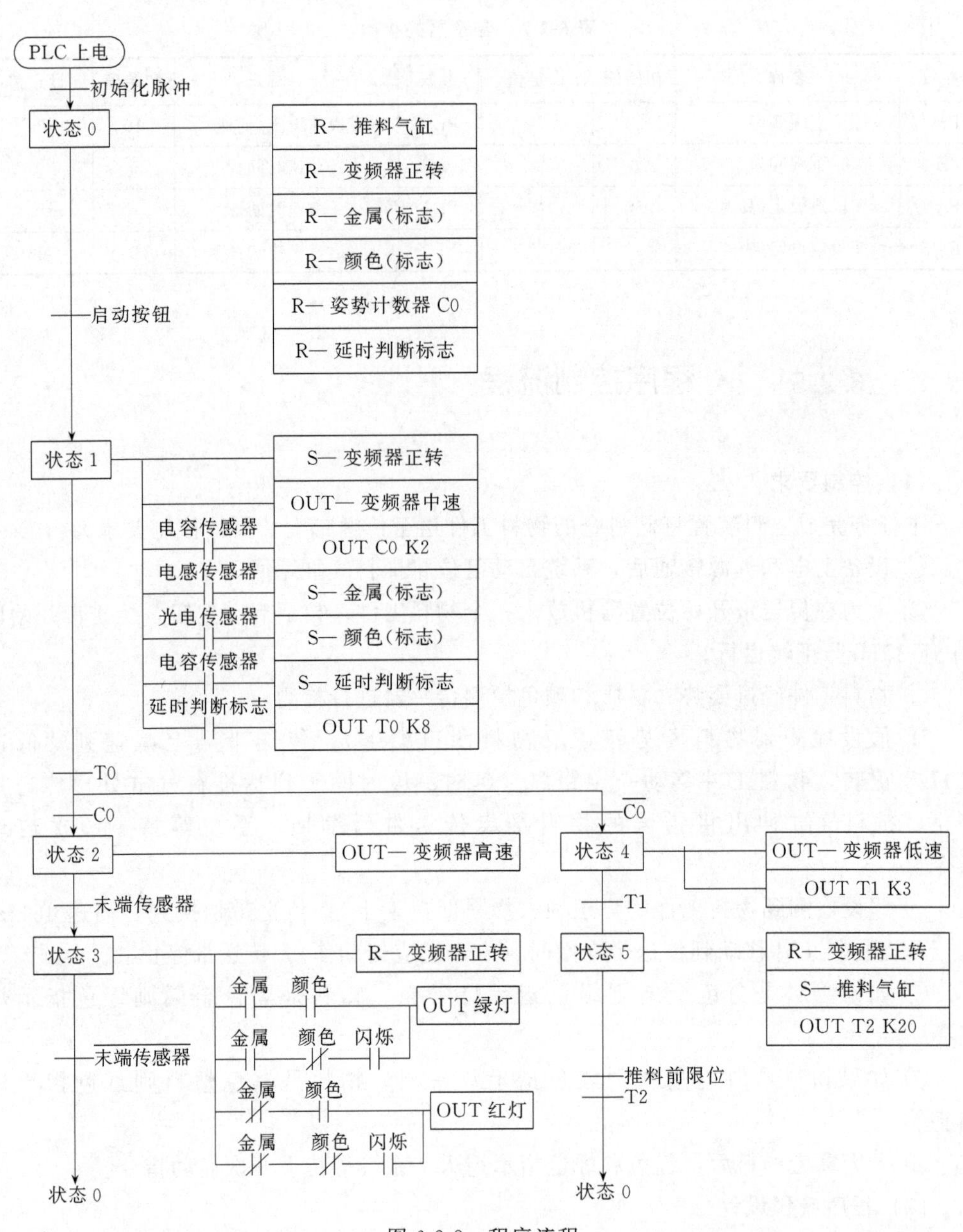
PLC 上电
初始化脉冲
状态 0
R— 推料气缸
R— 变频器正转
R— 金属(标志)
R— 颜色(标志)
R— 姿势计数器 C0
R— 延时判断标志
启动按钮
状态 1
S— 变频器正转
OUT— 变频器中速
电容传感器
OUT C0 K2
电感传感器
S— 金属(标志)
光电传感器
S— 颜色(标志)
电容传感器
S— 延时判断标志
延时判断标志
OUT T0 K8
T0
C0
C0
状态 2
OUT— 变频器高速
末端传感器
状态 3
R— 变频器正转
金属
颜色
OUT 绿灯
金属
颜色
闪烁
末端传感器
金属
颜色
OUT 红灯
金属
颜色
闪烁
状态 0
状态 4
OUT— 变频器低速
OUT T1 K3
T1
状态 5
R— 变频器正转
S— 推料气缸
OUT T2 K20
推料前限位
T2
状态 0

图 6-2-8　程序流程

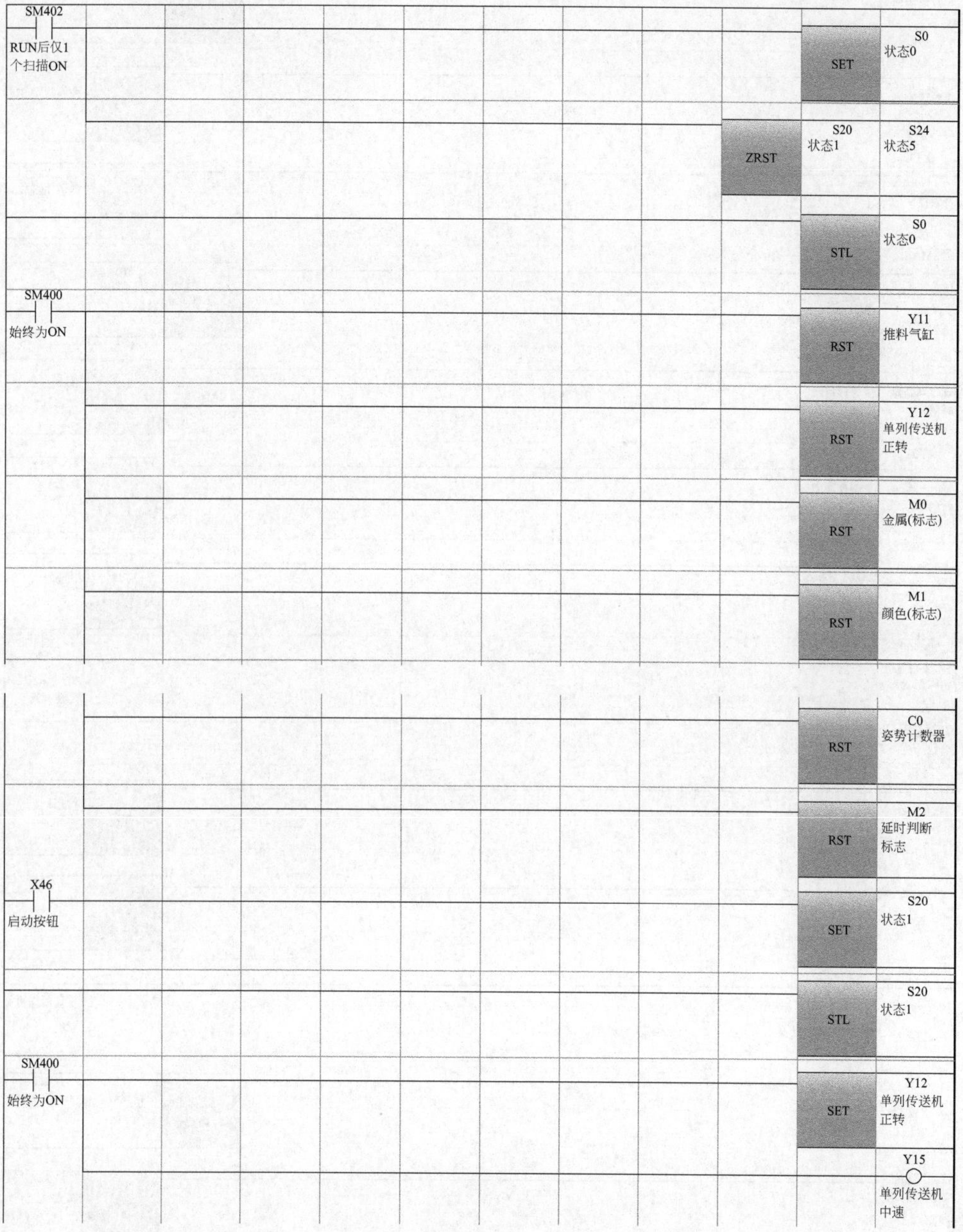

SM402 RUN后仅1个扫描ON —— SET S0 状态0

ZRST S20 状态1 S24 状态5

STL S0 状态0

SM400 始终为ON —— RST Y11 推料气缸

RST Y12 单列传送机正转

RST M0 金属(标志)

RST M1 颜色(标志)

RST C0 姿势计数器

RST M2 延时判断标志

X46 启动按钮 —— SET S20 状态1

STL S20 状态1

SM400 始终为ON —— SET Y12 单列传送机正转

Y15 单列传送机中速

图 6-2-9

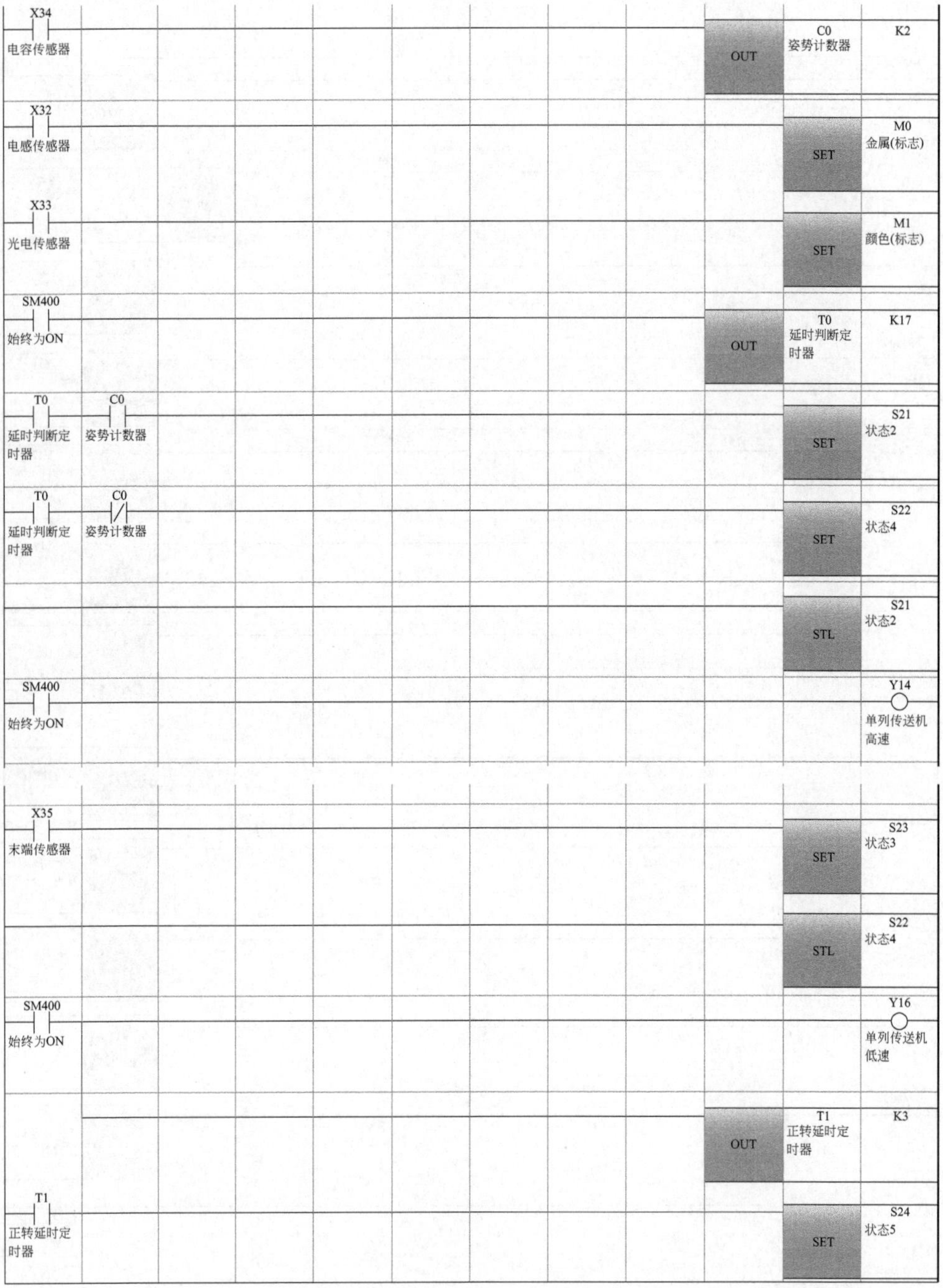

X34 电容传感器 — OUT C0 姿势计数器 K2

X32 电感传感器 — SET M0 金属(标志)

X33 光电传感器 — SET M1 颜色(标志)

SM400 始终为ON — OUT T0 延时判断定时器 K17

T0 延时判断定时器 — C0 姿势计数器 — SET S21 状态2

T0 延时判断定时器 — C0 姿势计数器 (常闭) — SET S22 状态4

STL S21 状态2

SM400 始终为ON — Y14 单列传送机高速

X35 末端传感器 — SET S23 状态3

STL S22 状态4

SM400 始终为ON — Y16 单列传送机低速

— OUT T1 正转延时定时器 K3

T1 正转延时定时器 — SET S24 状态5

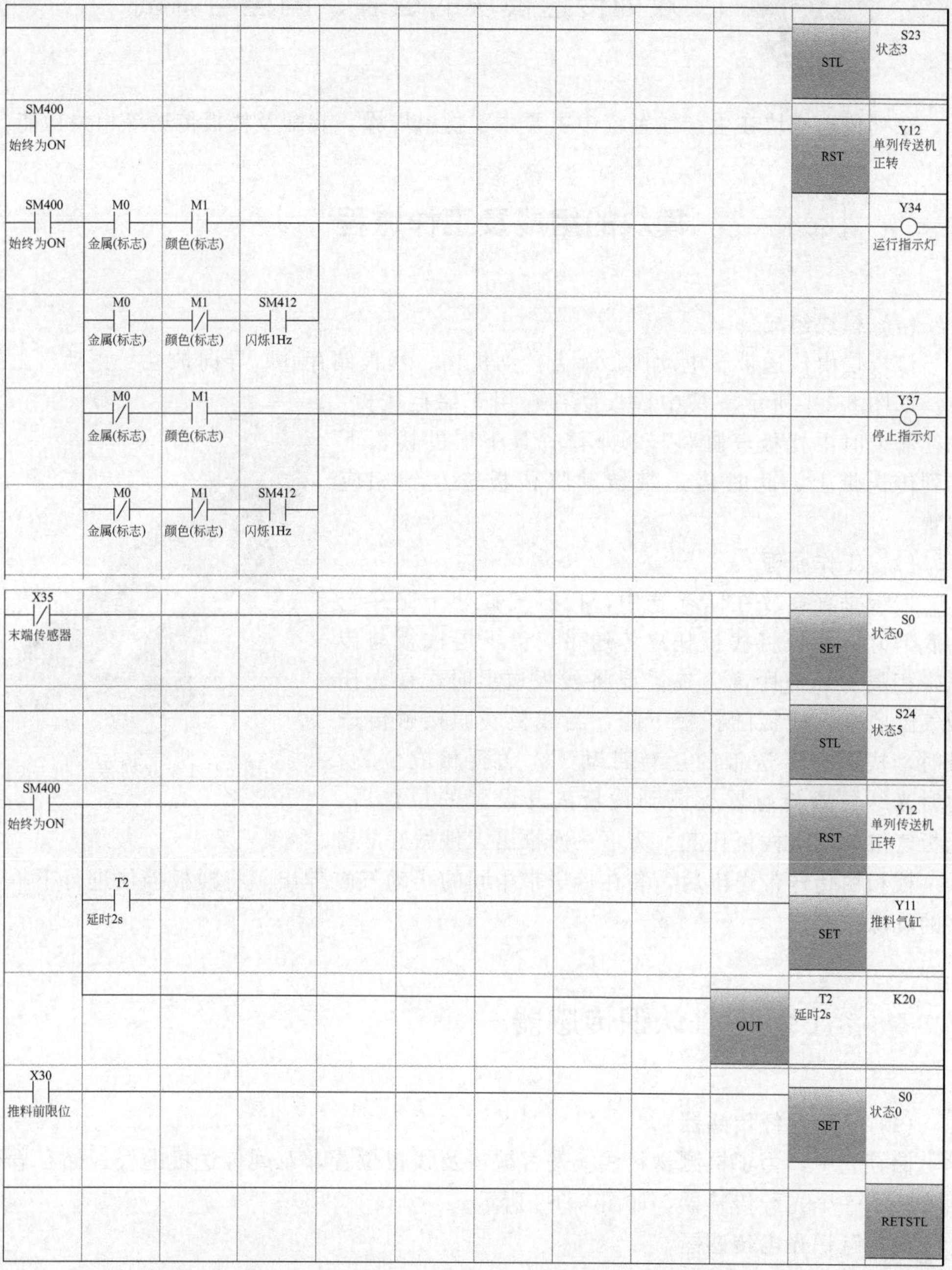

STL S23 状态3

SM400 始终为ON — RST Y12 单列传送机正转

SM400 始终为ON　M0 金属(标志)　M1 颜色(标志) — Y34 运行指示灯

M0 金属(标志)　M1 颜色(标志)　SM412 闪烁1Hz

M0 金属(标志)　M1 颜色(标志) — Y37 停止指示灯

M0 金属(标志)　M1 颜色(标志)　SM412 闪烁1Hz

X35 末端传感器 — SET S0 状态0

STL S24 状态5

SM400 始终为ON — RST Y12 单列传送机正转

T2 延时2s — SET Y11 推料气缸

OUT T2 延时2s K20

X30 推料前限位 — SET S0 状态0

RETSTL

图 6-2-9　梯形图程序

6.3 双列传送模块的组装、编程与调试

双列传送模块在生产线系统中主要用于物料堆垛、装配及栈板传送等相关功能。

6.3.1 模块的组成及工作过程

(1) 模块组成

该模块由传送带、电动机、伞齿传动机构、栈板储存仓、导向护栏、止动气缸组成，如图 6-3-1 所示。其中栈板储存仓用于储存栈板，并在需要时由托板气缸将栈板下降，最下层的栈板下降到传送带上，此时传送带转动将栈板输送到相应位置。

图 6-3-1 双列传送机

(2) 工作原理

栈板垂直叠放在储存仓中，托板气缸处于储存仓的底部并且托板将栈板托离传送带。最下层栈板与传送带相隔 12mm 距离。在需要将栈板送出时，首先托板气缸收缩，栈板随托板下降，当栈板底面接触传送带时，栈板在传送带的运转带动下，送到相应位置；此时光纤位置传感器检测到栈板离开设置的位置后，托板气缸伸出将栈板托起，为下一次推出工件做好准备。

栈板由传送带送出后，装在传送带中间的止动气缸伸出，将栈板挡住进行下一工序的堆垛或装配。

6.3.2 认识传感器

(1) 认识光纤传感器

储存仓中，为了检测物料栈板是否缺料及栈板位置，双列传送机的栈板储存仓侧面安装了一个光纤传感器，如图 6-3-2 所示。

(2) 认识光电传感器

在双列传输机的中间安装了一个光电传感器，用于检测栈板是否到达检测的位置。如图 6-3-3 所示。

用来检测栈板是否到过检测位置的光电开关是一个圆柱形漫射式光电接近开关，

图 6-3-2　栈板储存仓安装光纤传感器

工作时向上发出光线，透过小孔检测是否有工件存在。该光电开关选用 SICK 公司生产的 CDD-11N 型，其外形如图 6-3-4 所示。

图 6-3-3　栈板储存仓安装光电传感器

图 6-3-4　CDD-11N 光电开关外形

在光电传感器的选用和安装中，必须认真考虑检测距离、设定距离，保证生产线上的传感器可靠动作。

光电开关主要由光发射器和光接收器构成。如果光发射器发射的光线因检测物体不同而被遮掩或反射，到达光接收器的量将会发生变化。光接收器的敏感元件将检测出这种变化，并转换为电气信号进行输出。大多使用可见光（主要为红色，也用绿色、蓝色来判断颜色）和红外光。光电开关电路原理图如图 6-3-5 所示。

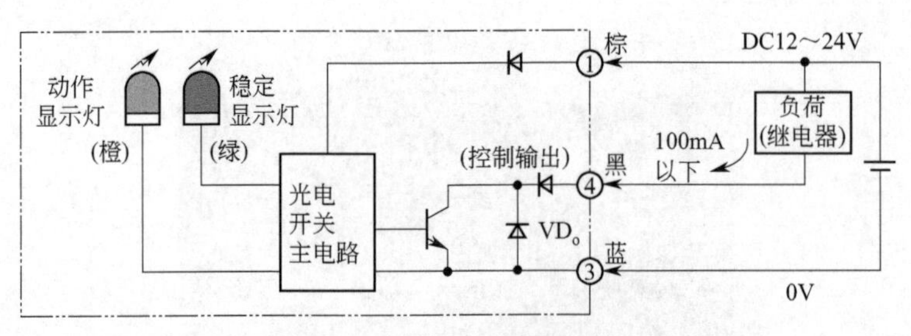

图 6-3-5 光电开关电路原理

6.3.3 变频器与电动机接线

这里电动机的作用是在变频器的驱动下旋转带动传送带工作。电动机的实物及内部原理图如图 6-3-6 所示。

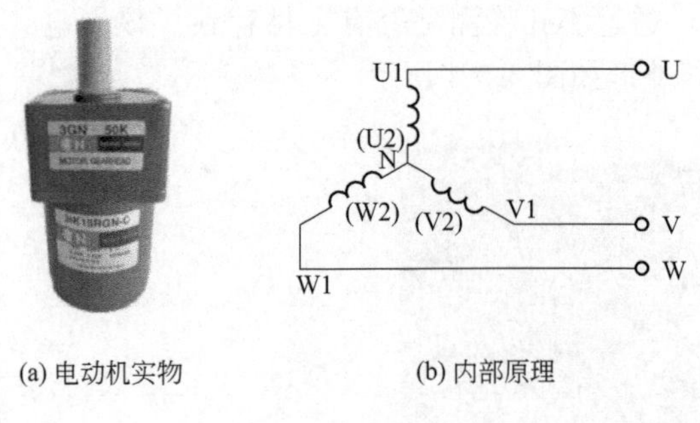

(a) 电动机实物　　(b) 内部原理

图 6-3-6 三相交流电机接线

变频器与电动机的接线如图 6-3-7 所示。

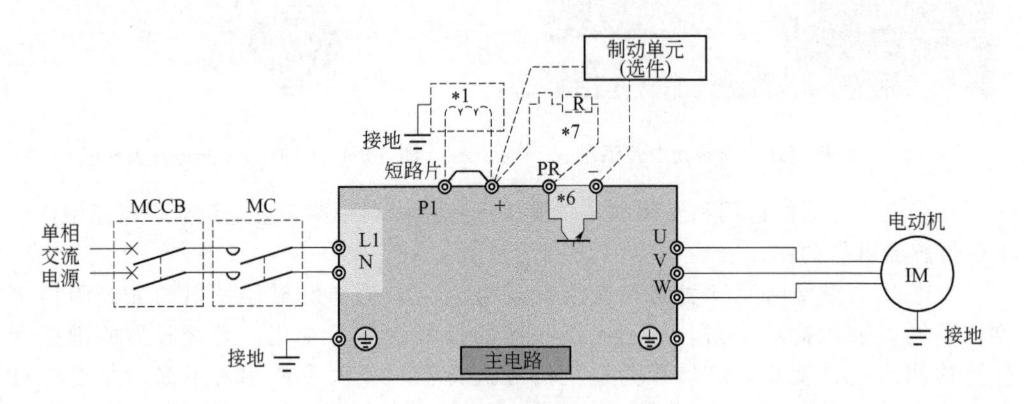

图 6-3-7 变频器与电动机接线

6.3.4 认识气动元件

(1) 薄型气缸

薄型气缸属于省空间气缸类，即气缸的轴向或径向尺寸比标准气缸有较大减小的气缸，具有结构紧凑、重量轻、占用空间小等优点。图 6-3-8 是薄型气缸。

(a) 实物

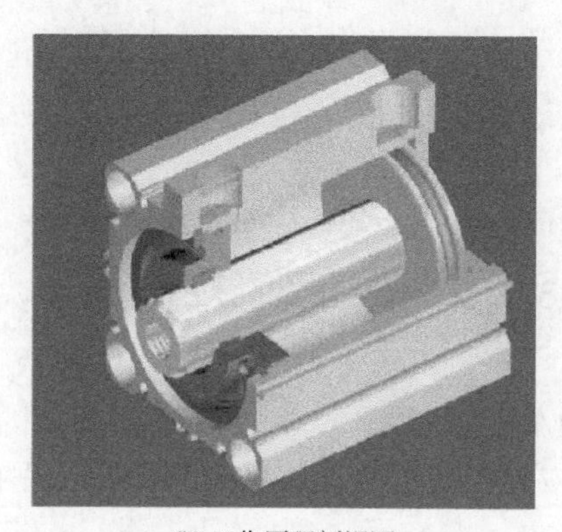

(b) 工作原理剖视图

图 6-3-8　薄型气缸

(2) 电磁阀

电磁阀为控制元件，是用电磁控制的工业元件，在控制系统中用于调整气流的方向、流量和其他的参数。电磁阀要配合不同的电路来实现预期的控制。其结构外形如图 6-3-9 所示，在本系统中，电磁阀主要用来控制气流的流动方向，并与 PLC、传感器等配合，控制气缸的伸出和缩回。

(3) 节流阀

节流阀为控制元件，它的工作原理是通过改变节流截面或节流长度以控制气体流量的阀门。其结构外形如图 6-3-10 所示，它在本系统中主要的作用是控制每个气缸的气体流量来调节气缸伸出和缩回的速度。本系统中所有气缸上的节流阀都需要调节，如果运动过快需要顺时针旋转节流阀调节旋钮，并锁紧防止松动；反之则需要逆时针旋转节流阀调节旋钮，直到达到合适的速度，再锁紧。

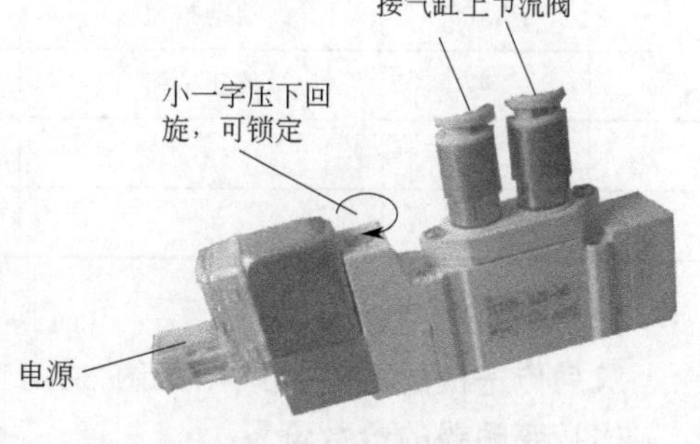

图 6-3-9　电磁阀

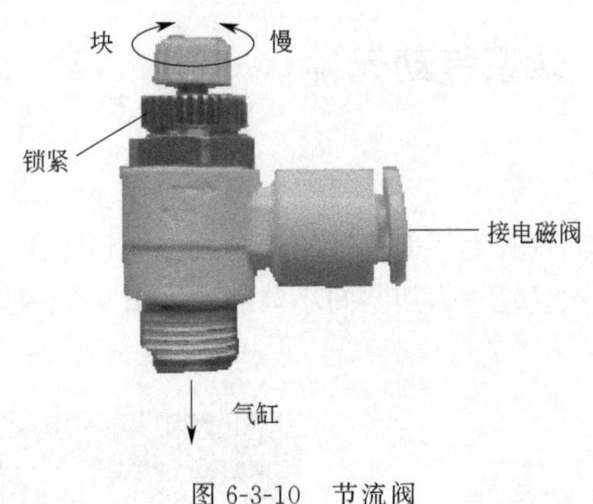

图 6-3-10　节流阀

6.3.5 电气控制图

(1) I/O 分配表

根据双列传送机的 I/O 信号分配和工作任务的要求，PLC 的 I/O 分配如表 6-3-1 所示。

表 6-3-1　双列传送机 PLC 的 I/O 分配表

输入信号			输出信号		
序号	PLC 输入点	信号名称	序号	PLC 输出点	信号名称
1	X36	双列前限位	1	Y20	双列反转
2	X37	双列中限位	2	Y21	双列正转
3	X40	双列后限位	3	Y22	双列高速
4	X44	急停按钮	4	Y23	双列中速
5	X45	复位按钮	5	Y24	双列低速
6	X46	启动按钮	6	Y26	双列顶料气缸缩回
7	X47	停止按钮	7	Y27	双列挡料气缸伸出
8			8	Y34	运行指示灯
9			9	Y37	停止指示灯

(2) PLC 接线原理图

双列传送机的 I/O 接线图如图 6-3-11 所示。

(3) 变频器的参数设置

本任务需设置变频器的参数，见表 6-3-2。

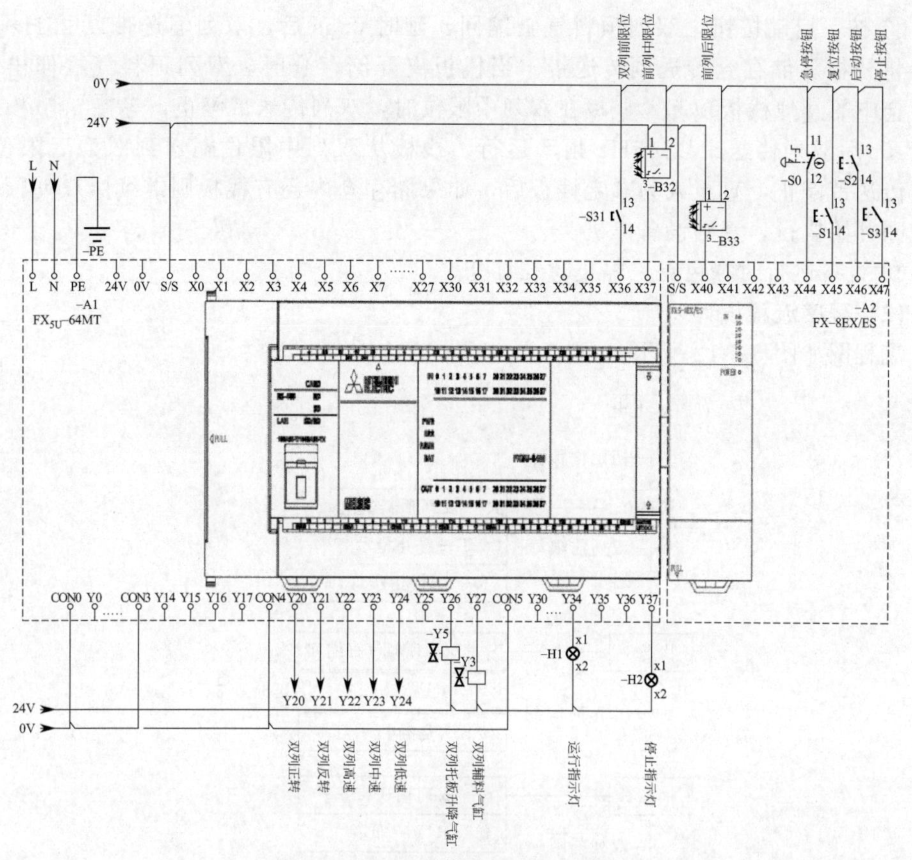

图 6-3-11　双列传送机的 I/O 接线

表 6-3-2　变频器的参数

参数	名称	初始值	设定值
Pr. 1	上限频率	1200	50
Pr. 2	下限频率	0	10
Pr. 4	多段速设定(高速)	50	45
Pr. 5	多段速设定(中速)	30	35
Pr. 6	多段速设定(低速)	10	25
Pr. 7	加速时间	5	1
Pr. 8	减速时间	5	1
Pr. 79	运行模式选择	0	03

6.3.6　程序控制流程

(1) 控制要求

本任务完成栈板从储存仓输送到双列皮带上。具体控制要求为：

① 设备上电和气源接通后，设备自动复位，双列顶料气缸处于顶起状态（OFF 状态）。

② 按下启动按钮，双列顶料气缸缩回，延时 0.5s 后，双列输送带以 25Hz 频率正转将栈板从储存仓传送到传送带。当栈板离开储存仓时，双列顶料气缸伸出，将储存仓中的其他栈板顶起。栈板在双列中限位时，双列传送带停止，等待 5s（模拟上料）。5s 后双列传送带以 45Hz 频率运行。栈板从双列中限位输送到双列后限位时，双列传送带停止，直至人为拿走栈板后，如果储存仓内还有栈板则继续由双列顶料气缸缩回开始执行，否则设备停机。

③ 设备运行时绿色亮，停止时红灯亮。

(2) 程序流程设计

流程图如图 6-3-12 所示。

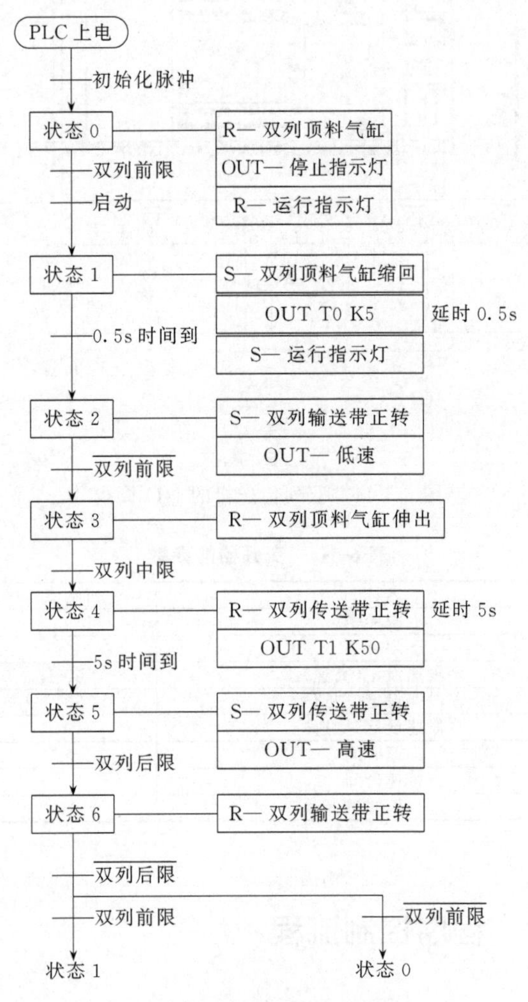

图 6-3-12 程序设计流程

(3) PLC 梯形图程序

梯形图程序如图 6-3-13 所示。

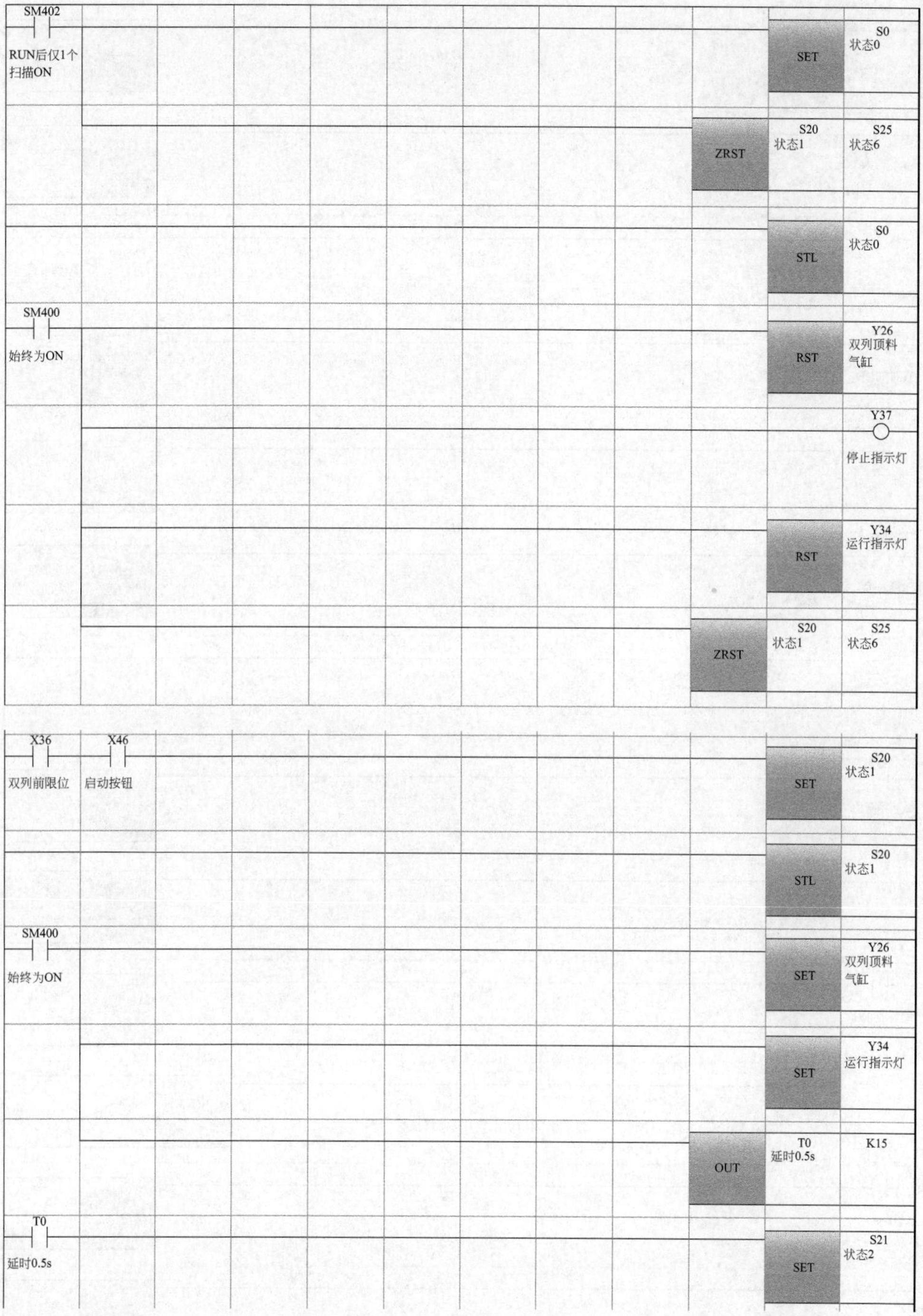

SM402
RUN后仅1个扫描ON
SET S0 状态0
ZRST S20 状态1 S25 状态6
STL S0 状态0
SM400
始终为ON
RST Y26 双列顶料气缸
Y37 停止指示灯
RST Y34 运行指示灯
ZRST S20 状态1 S25 状态6

X36 双列前限位
X46 启动按钮
SET S20 状态1
STL S20 状态1
SM400
始终为ON
SET Y26 双列顶料气缸
SET Y34 运行指示灯
OUT T0 延时0.5s K15
T0 延时0.5s
SET S21 状态2

图 6-3-13

STL S21 状态2

SM400 始终为ON — SET Y21 双列正转

Y24 双列低速

X36 双列前限位 — SET S22 状态3

STL S22 状态3

SM400 始终为ON — RST Y26 双列顶料气缸

Y24 双列低速

X37 双列中限位 — SET S23 状态4

STL S23 状态4

SM400 始终为ON — RST Y21 双列正转

OUT T1 延时5s K50

T1 延时5s — SET S24 状态5

STL S24 状态5

SM400 始终为ON —— SET Y21 双列正转
Y22 双列高速
X40 双列后限位 —— SET S25 状态6
STL S25 状态6
SM400 始终为ON —— RST Y21 双列正转
X40 双列后限位　X35 双列前限位 —— SET S20 状态1
X40 双列后限位　X36 双列前限位 —— SET S0 状态0
RETSTL
END

图 6-3-13　梯形图程序

6.4 冲压成型模块的组装、编程与调试

冲压成型模块在自动化生产线系统中主要用于物料冲压成型功能。

6.4.1 模块的组成及工作过程

(1) 模块组成

该模块由传送带、四工位旋转平台、减速箱、步进驱动系统、冲压成型机构、位置检测传感器组成，如图 6-4-1 所示。

（2）工作原理

搬运机器人将物料工件放进旋转平台的待料工位后，旋转平台由步进电机驱动开始旋转，将工件移送至冲压成型工位下。旋转平台停止，冲压气缸下降带动冲压头对物料工件进行成型加工；物料工件冲压完成后，冲压气缸上移带冲压头复位，冲压气缸上限位磁性传感器检测到位后，本次工件成型加工完成；旋转平台动作，将冲压成型的工件移送至待料工位上，由搬运机器人搬至下一个工位。

6.4.2 认识U型光电传感器

U型光电传感器（槽形开关）把一个光发射器和一个光接收器面对面地装在一个槽的两侧，发射器能发出红外光或可见光，在无阻情况下光接收器能收到光，但当被检测物体从槽中通过时，光被遮挡，光电开关便动作，输出一个开关控制信号，切断或接通负载电流，从而完成一次控制动作。槽形开关的检测距离因为受整体结构的限制一般只有几厘米，如图6-4-2所示。

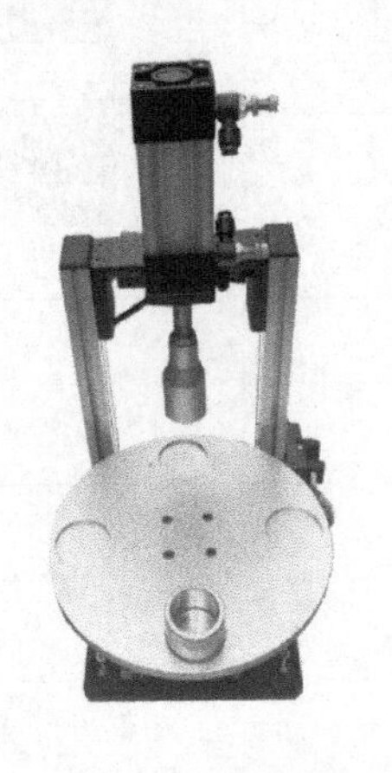

图6-4-1　冲压成型模块

图6-4-2　U型光电传感器外形

在冲压成型机构中，U型光电传感器用于旋转平台原点位置检测，如图6-4-3所示。

注意：U型光电传感器在安装调试过程中，要注意原点检测挡片与传感器的安装距离，保证机构的原点检测动作可靠。

6.4.3 认识步进系统

（1）蜗轮减速箱

蜗轮减速箱外形如图6-4-4所示。

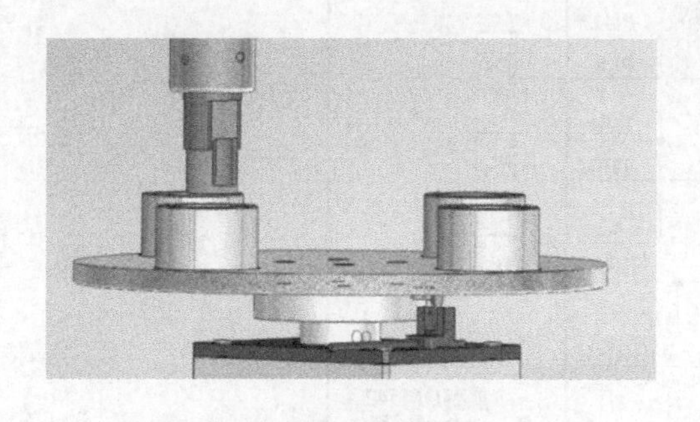

图 6-4-3　U 型光电传感器的安装位置

图 6-4-4　蜗轮减速箱

(2) 步进电机

步进电机是将电脉冲信号转变为角位移或线位移的开环控制元件。在非超载的情况下，电机的转速、停止的位置只取决于控制脉冲信号的频率和脉冲数。脉冲数越多，电机转动的角度越大；脉冲的频率越高，电机转速越快，但不能超过最高频率，否则电机的力矩迅速减小，可能会出现丢步或者不转的现象。

在冲压成型机构中，使用了雷赛公司的 57 系列三相步进电机（573S05）及 DM542 驱动器。步进电机及驱动器的外形如图 6-4-5 所示。

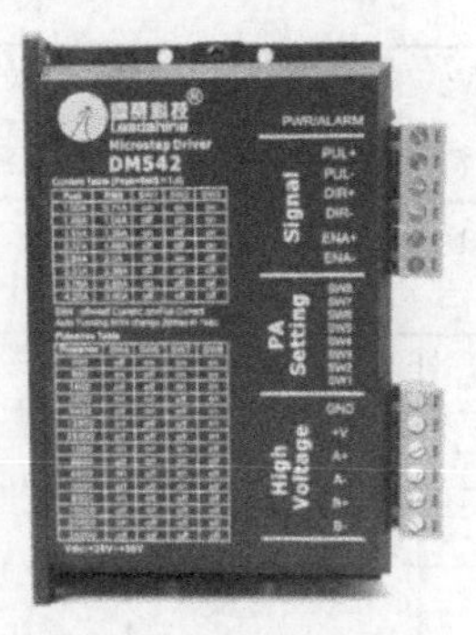

图 6-4-5　雷赛公司的 57 系列的步进电机及驱动器

步进电机、步进驱动器和 PLC 间的硬件接线如图 6-4-6 所示。

步进驱动器参数的调节及软件实现如下。

573S05 步进电机的步距角为 1.8°，为了能编写出控制程序，必须了解步进驱动器细分的功能。所谓细分，就是通过驱动器中细分驱动电路把步距角减小。如把步进驱动器设置成 5 细分，假设原来步距角 1.8°，那么设成 5 细分后，步距角就是 0.36°。也就是说原来一步可以走完的，设置成细分后需要走 5 步。步进电机细分驱动电路不但可以提高工作平台的运动平稳性，而且可以有效地提高工作平台的定位精度。所以在运动控制器输出的脉冲频率允许的情况下，尽可能将步进电机驱动器的细分数设大些。与此同时，为了能驱动步进电机带动负载工作，也必须设定合适的动态电流及驱

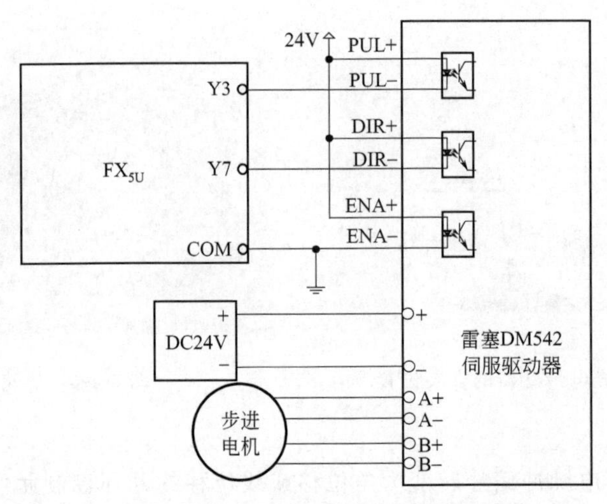

图 6-4-6　步进电机、步进驱动器和 PLC 间的硬件接线

动电流的方式。DM542 驱动器采用八位拨码开关设定细分精度、动态电流（运行中的电流值）和静态电流（停机时的电流值）。其模式设定见表 6-4-1，动态电流级别见表 6-4-2，静态电流级别见 6-4-3，细分精度级别见表 6-4-4。

表 6-4-1　模式设定

SW1	SW2	SW3	SW4	SW5	SW6	SW7	SW8
动态电流设定			静态电流设定	细分精度设定			

表 6-4-2　动态电流级别表

输出峰值电流	输出有效值电流	SW1	SW2	SW3
2.2A	1.6A	OFF	OFF	OFF
3.1A	2.2A	ON	OFF	OFF
3.9A	2.8A	OFF	ON	OFF
4.8A	3.4A	ON	ON	OFF
5.7A	4.1A	OFF	OFF	ON
6.6A	4.7A	ON	OFF	ON
7.4A	5.3A	OFF	ON	ON
8.3A	5.9A	ON	ON	ON

表 6-4-3　静态电流级别表

SW4	作用
ON	静态电流＝动态电流
OFF	静态电流设＝动态电流×50％

表 6-4-4 细分精度级别表

步/转	SW5	SW6	SW7	SW8	步/转	SW5	SW6	SW7	SW8
200	ON	ON	ON	ON	6400	ON	ON	OFF	ON
400	OFF	ON	ON	ON	12800	OFF	ON	OFF	ON
1600	ON	OFF	ON	ON	25600	ON	OFF	OFF	ON
3200	OFF	OFF	ON	ON					

首先应该估计驱动负载所需的动态电流值以及在停机时的静态电流要求，再根据定位精度选择满足条件的细分。若驱动负载需动态电流 3.0A，在停机时要求能锁定步进电机不让其移位，定位精度中等。根据题目要求计算出 PLC 须发给步进驱动器的脉冲数：

$$P=(\text{位移}/\text{螺距})\times\text{细分值}=(20/1.6)\times6400=80000$$

则可设定八位拨码开关状态，见表 6-4-5。

表 6-4-5 八位拨码开关设定

SW1	SW2	SW3	SW4	SW5	SW6	SW7	SW8
ON	ON	OFF	ON	ON	ON	OFF	ON

6.4.4 / 电气控制图

(1) I/O 分配表

根据冲压成型机构的 I/O 信号分配和工作任务的要求，PLC 的 I/O 分配见表 6-4-6。

表 6-4-6 冲压成型机构 I/O 分配表

输入信号			输出信号		
序号	PLC 输入点	信号名称	序号	PLC 输出点	信号名称
1	X3	步进电机加工站原点	1	Y3	PUL:加工站 Y 轴脉冲
2	X44	急停按钮	2	Y7	DIR:加工站 Y 轴方向
3	X45	复位按钮	3	Y25	冲压气缸
4	X46	启动按钮	4	Y34	运行指示灯
5	X47	停止按钮	5	Y37	停止指示灯

(2) PLC 接线原理图

冲压成型机构的 I/O 接线图如图 6-4-7 所示。

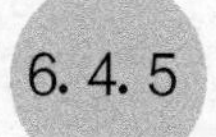

6.4.5 / 程序控制流程

(1) 控制要求

本任务完成上料装置将储料仓的物料工件送至传送带上，具体控制要求为：

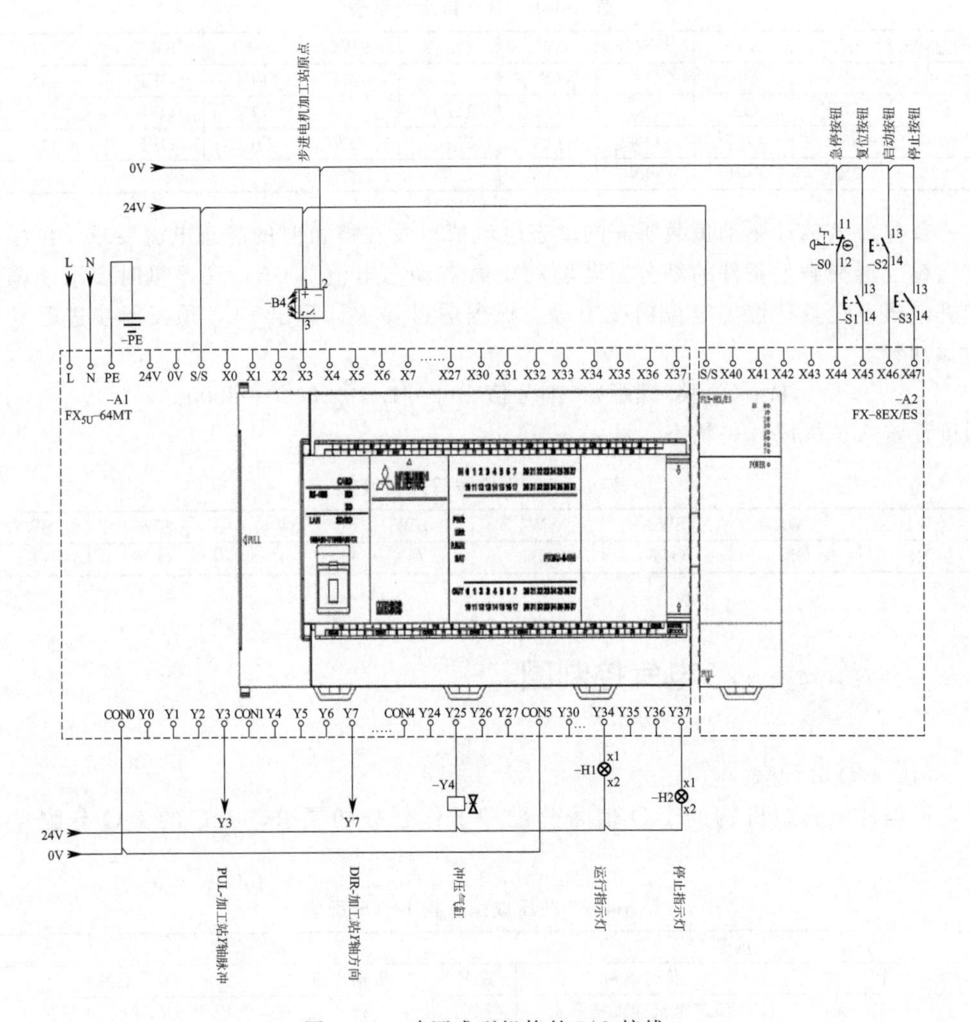

图 6-4-7　冲压成型机构的 I/O 接线

① 设备上电和气源接通后，自动复位冲压气缸，使冲压气缸处于收缩状态。

② 设备停止的状态下，按下复位按钮，无论转盘在什么位置，均能回到原点位置。

③ 转盘回零完成后，人为在冲压气缸的正前方放入一个工件，然后按下启动按钮，转盘旋转两个工位（180°），旋转到位后，冲压气缸下降，延时 1s。冲压气缸上升，延时 0.5s 后，转盘再旋转两个工位（180°），旋转到位后设备停止，人为将冲压好的工件拿走，等待下一次启动指令。

④ 如果设备上电后没有回零，则启动按钮无效。

（2）程序流程设计

流程如图 6-4-8 所示。

PLC 上电
初始化脉冲
初态 0
R— 冲压气缸
启动按钮
回原点完成
复位按钮
状态 1
相对定位 180°
状态 5
回原点指令
相对定位完成
回原点完成
状态 0
状态 2
OUT— 冲压气缸
T0
OUT T0 K10
状态 3
OUT T1 K5
T1
状态 4
相对定位 180°
相对定位完成
状态 0

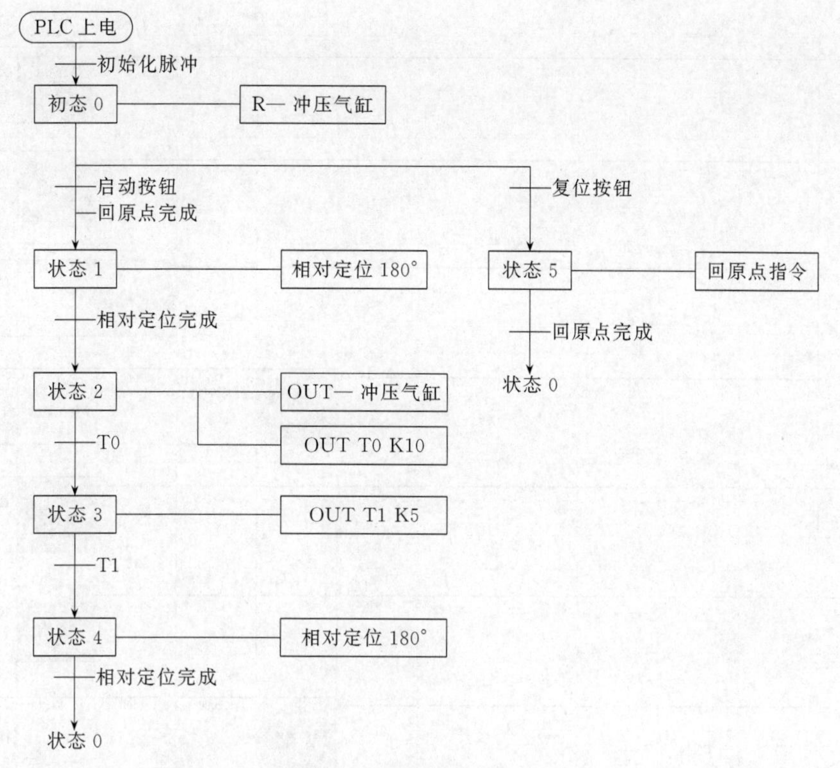

图 6-4-8　程序设计流程

(3) PLC 梯形图程序

梯形图程序如图 6-4-9 所示。

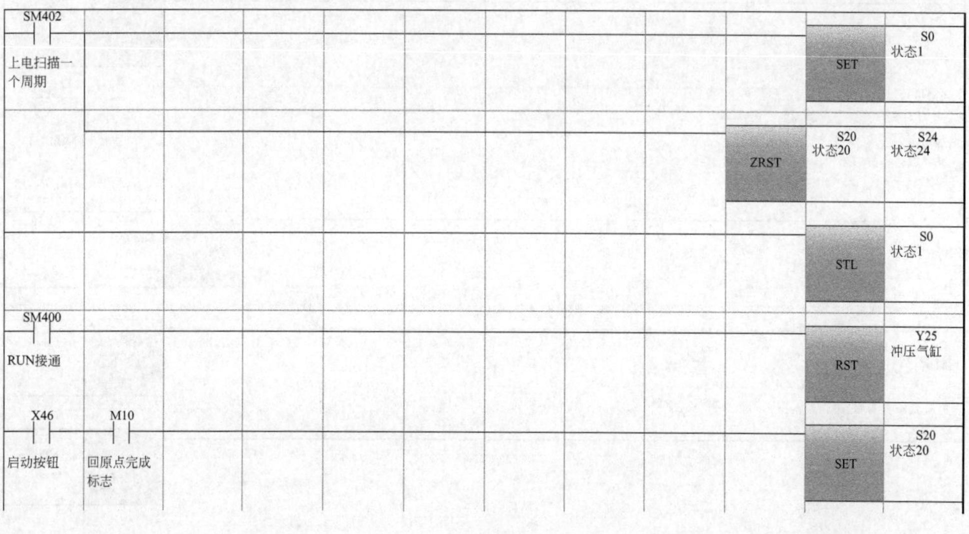

SM402
上电扫描一个周期
SET
S0
状态1
ZRST
S20
状态20
S24
状态24
STL
S0
状态1
SM400
RUN接通
RST
Y25
冲压气缸
X46
启动按钮
M10
回原点完成标志
SET
S20
状态20

图 6-4-9

触点	指令	操作数
X45 复位按钮	SET	S24 状态24
	STL	S20 状态20
SM400 RUN接通	MOVP	K8000, D0 存储脉冲数
	DRVI	D0 存储脉冲数, K2000, Y3 PUL-步进电机加工站脉冲Y轴, Y7 DIR-步进电机加工站方向Y轴
SM8029 指令执行结束标志	SET	S21 状态21
	STL	S24 状态24
SM400 RUN接通	DDSZR	K2000, K300, K4, M10 回原点完成标志
M10 回原点完成标志	SET	S0 状态1
	STL	S21 状态21
SM400 RUN接通	( )	Y25 冲压气缸
	OUT	T0 延时1s, K10
T0 延时1s	SET	S22 状态22
	STL	S22 状态22

SM400 RUN接通									OUT	T1 延时500ms	K5
T1 延时500ms										SET	S23 状态23
										STL	S23 状态23
SM400 RUN接通							DRVI	D0 存储脉冲数	K2000	Y3 PUL-步进电机加工站脉冲Y轴	Y7 DIR-步进电机加工站方向Y轴
									MOVP	K8000	D0 存储脉冲数
SM8029 指令执行结束标志										SET	S0 状态1
											RETSTL
											END

图 6-4-9　梯形图程序

6.5 一体式立体出入库模块的组装、编程与调试

一体式立体出入库模块在自动化生产线系统中主要用于成品出库或入库储存。

6.5.1 模块的组成及工作过程

(1) 模块组成

该模块由 3×3 立体仓储架、X/Y 轴机械手模块及伸缩货叉、步进驱动系统、位置检测传感器组成，如图 6-5-1 所示。

(2) 工作流程

一体式立体出入库模块，当双列传送机将装配好物料的托板传送到入库检测位置时，末端光纤检测传感器动作，双列传送机停止运行。*X*/*Y* 轴机械手模块的伸缩货叉向右伸出将装载物料工件的托板托起。货叉缩回完成取料动作。

X/*Y* 丝杠滑台将托板移送到相应的位置有序地摆放到仓储架上，从而实现工件自动仓储的目的。

图 6-5-1　一体式立体出入库模块

本模块 *X*/*Y* 轴机械手的 *X* 轴滑台做前后运动、*Y* 轴滑台做上下运动、伸缩货叉做左右运动（在 *X*/*Y* 的行程范围内）。机械手可通过丝杠位移。可以在任一点位置进行定位，从而使 *X*/*Y* 轴机械手能根据实际的需要灵活地将托板搬到相应的位置上。

6.5.2 认识 X/Y 轴机械手部件

(1) 丝杠模组

滚珠丝杠可将回转运动转化为直线运动。模组主要由滚珠丝杠、直线导轨、氧化铝型材、联轴器、步进驱动器、电机板等零部件组成，螺距 10mm、精度±0.02mm，如图 6-5-2 所示。

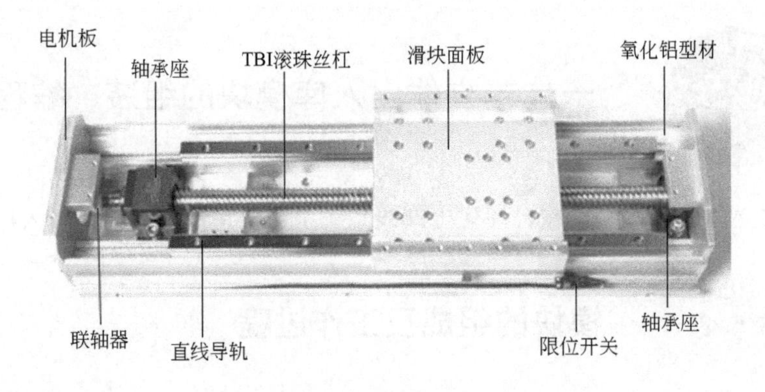

图 6-5-2　丝杠模组

(2) 步进驱动器的硬件接线

见 6.4 节。

6.5.3 认识伸缩货叉

(1) 伸缩货叉部件

伸缩货叉常用于堆垛机、AGV小车等自动化物流仓储设备中。

伸缩货叉全名堆垛机双向自动伸缩货叉，简称为伸缩货叉。从结构上可分为单深位伸缩货叉和双深位伸缩货叉。单深位伸缩货叉是由三节叉体组成，简称三级伸缩货叉。双深位伸缩货叉是由四节叉体组成的，所以称之为四级伸缩货叉。

单深位伸缩货叉的结构是由上叉体（前叉体）、中叉体、下叉体（固定叉体）三节叉体组成，再配合滚轮、齿轮齿条、导向滑块、限位开关、驱动电机等部件构成一个完整的伸缩机构。下叉体（固定叉体）安装在 X/Y 轴机械手上，中叉体在齿轮齿条的驱动下，向外移动大约自身长度的一半，上叉体（前叉体）再从中叉体的中点继续向外延伸，使上叉体（前叉体）的伸缩距离直接延伸至目标库位。

(2) 蜗轮蜗杆直流减速电机

工作电压DC24V，空载电流0.15A，额定转速7r/min。其外形如图6-5-3所示。

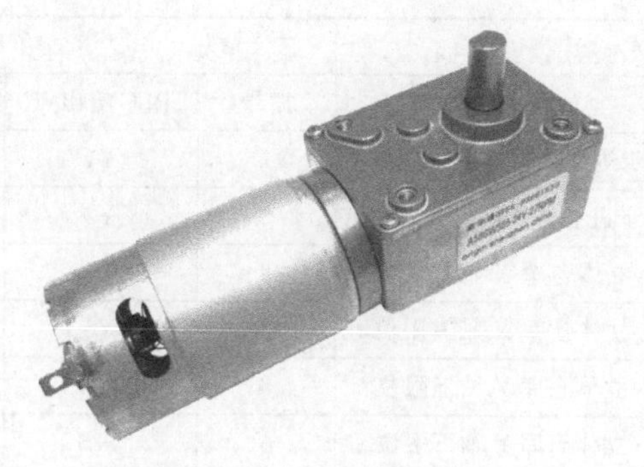

图6-5-3　直流减速电机

(3) 电感式接近传感器

电感式接近开关是利用电涡流效应制造的传感器。电涡流效应是指当金属物体处于一个交变的磁场中，在金属内部会产生交变的电涡流，该涡流又会反作用于产生它的磁场的物理效应。如果这个交变的磁场是由一个电感线圈产生的，则这个电感线圈中的电流就会发生变化，用于平衡涡流产生的磁场。

利用这一原理，以高频振荡器（*LC*振荡器）中的电感线圈作为检测元件，当被测金属物体接近电感线圈时产生了涡流效应，引起振荡器振幅或频率的变化，由传感器的信号调理电路（包括检波、放大、整形、输出等电路）将该变化转换成开关量输出，从而达到检测目的。电感式接近传感器工作原理框图如

图 6-5-4 所示。在供料单元中，为了检测待加工工件是否为金属材料，在供料管底座侧面安装了一个电感式接近传感器，如图 6-5-5 所示。

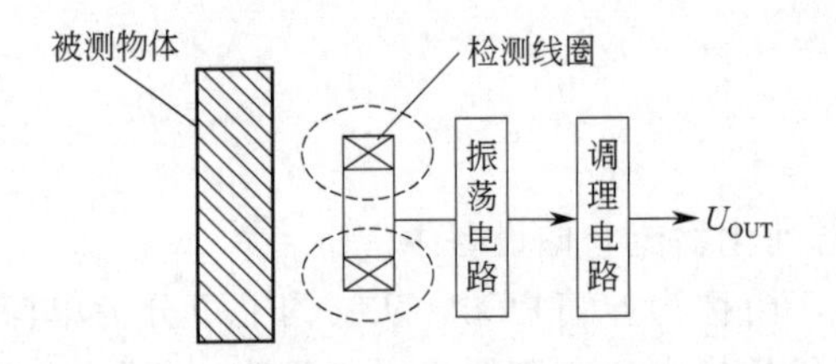

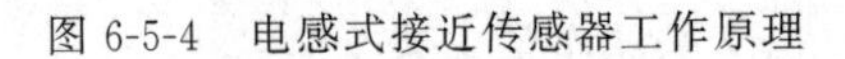
图 6-5-4　电感式接近传感器工作原理

图 6-5-5　电感式接近传感器

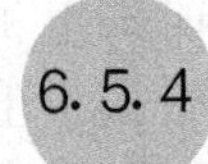

6.5.4　电气控制图

(1) I/O 分配表

根据一体式立体出入库模块的 I/O 信号分配和工作任务的要求，PLC 的 I/O 分配见表 6-5-1。

表 6-5-1　一体式立体出入库模块 PLC 的 I/O 分配

输入信号			输出信号		
序号	PLC 输入点	信号名称	序号	PLC 输出点	信号名称
1	X1	步进立体仓库 X 轴原点	1	Y1	PUL 立体仓库 X 轴脉冲
2	X2	步进立体仓库 Y 轴原点	2	Y2	PUL 立体仓库 Y 轴脉冲
3	X6	立体仓库 X 轴左限位	3	Y5	DIR 立体仓库 X 轴方向
4	X7	立体仓库 X 轴右限位	4	Y6	DIR 立体仓库 Y 轴方向
5	X10	立体仓库 Y 轴上限位	5	Y34	运行指示灯
6	X11	立体仓库 Y 轴下限位	6	Y35	立体仓库货叉正转
7	X12	货叉原点	7	Y36	立体仓库货叉反转
8	X13	货叉前限位	8	Y37	停止指示灯
9	X14	货叉后限位			
10	X15	货叉物料检测			
11	X16	立体仓库工件 1			
12	X17	立体仓库工件 2			
13	X20	立体仓库工件 3			
14	X21	立体仓库工件 4			
15	X22	立体仓库工件 5			
16	X23	立体仓库工件 6			

续表

输入信号			输出信号		
序号	PLC 输入点	信号名称	序号	PLC 输出点	信号名称
17	X24	立体仓库工件 7			
18	X25	立体仓库工件 8			
19	X26	立体仓库工件 9			
20	X44	急停按钮			
21	X45	复位按钮			
22	X46	启动按钮			
23	X47	停止按钮			

（2）接线原理图

一体式立体出入库模块的接线原理图如图 6-5-6 所示。

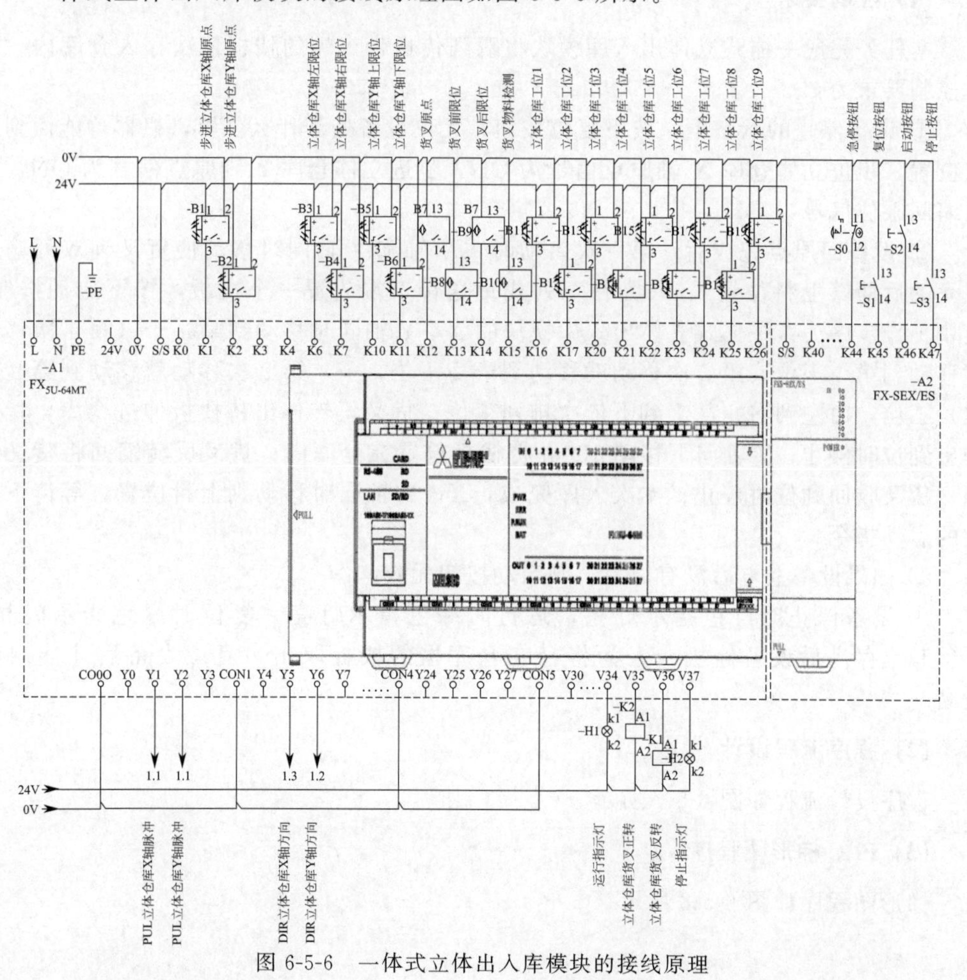

图 6-5-6　一体式立体出入库模块的接线原理

(3) 变频器的参数设置

本任务需设置步进驱动器的拨码见表 6-5-2。

表 6-5-2　步进驱动器拨码开关设置

SW1	SW2	SW3	SW4	SW5	SW6	SW7	SW8
ON	ON	OFF	ON	ON	ON	OFF	ON

6.5.5 / 程序控制

(1) 控制要求

本任务完成一体式立体出入库模块将双列传送带末端的栈板依次存入仓库内。具体控制要求为：

① 设备停止的状态下，按下复位按钮，无论设备处于什么位置，机器均能回到原点位置，步进立体仓库 X 轴原点信号为 ON，步进立体仓库 Y 轴原点信号为 ON，货叉缩回限位信号为 ON。

② 设备回原点完成后，第一次启动时，X 轴和 Y 轴同时移动使货叉到双列输送单元的后面（上料位置），人为在双列式传送带末端放置一个栈板，按下启动按钮，模块工作步序为：一体式立体出入库模块的 X、Y 轴同时移动到第 n 个（第 1 次移动就移动到第 1 工位，第 2 次移动就移动到第 2 工位，…，第 9 次移动就移动到第 9 工位）工位，由左到右、从上到下依次排列工位；货叉正转伸出将栈板伸进仓库，货叉伸出到位时停止；Y 轴向下移动 10cm 将栈板放置在仓库内；货叉反转缩回将货叉收回，货叉收回到位时停止；本次入库完成，X、Y 轴同时移动到上料位置，等待下一次的启动指令。

③ 如果设备上电后没有回零，则启动按钮无效。

④ 设备停止时红色指示灯亮，运行时绿色指示灯亮，复位时绿色指示闪亮。9 个工位存满后设备停机；人为将存在仓库里的栈板取出，复位设备后才能启动设备。

(2) 程序流程设计

程序设计流程如图 6-5-7 所示。

(3) PLC 梯形图程序

梯形图程序如图 6-5-8 所示。

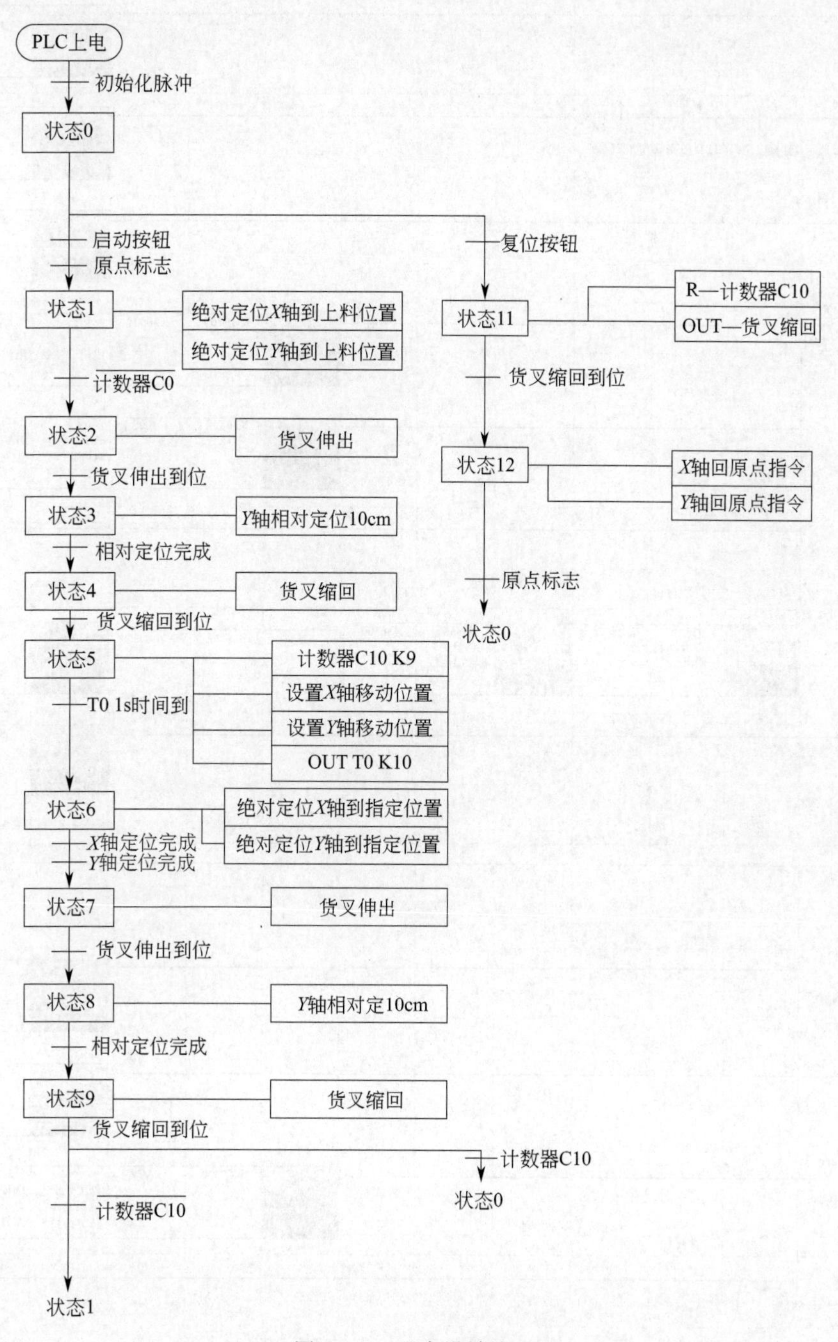
PLC上电
初始化脉冲
状态0
启动按钮
原点标志
复位按钮
状态1
绝对定位X轴到上料位置
绝对定位Y轴到上料位置
状态11
R—计数器C10
OUT—货叉缩回
计数器C0
货叉缩回到位
状态2
货叉伸出
状态12
X轴回原点指令
Y轴回原点指令
货叉伸出到位
状态3
Y轴相对定位10cm
相对定位完成
状态4
货叉缩回
原点标志
货叉缩回到位
状态0
状态5
计数器C10 K9
T0 1s时间到
设置X轴移动位置
设置Y轴移动位置
OUT T0 K10
状态6
绝对定位X轴到指定位置
X轴定位完成
Y轴定位完成
绝对定位Y轴到指定位置
状态7
货叉伸出
货叉伸出到位
状态8
Y轴相对定10cm
相对定位完成
状态9
货叉缩回
货叉缩回到位
计数器C10
状态0
计数器C10
状态1

图 6-5-7　程序设计流程

										STL	S0 状态1
X46 启动按钮	M5 Y轴复位完成	M28 X轴复位完成	X12 货叉原点							SET	S27
										STL	S27
SM400 RUN接通							DDRVA	K-19700	K3000	Y1 PUL—步进电机立体仓库脉冲X轴	Y5 DIR—步进电机立体仓库方向X轴
							DDRVA	K36500	K5000	Y2 PUL—步进电机立体仓库脉冲Y轴	Y6 DIR—步进电机立体仓库方向Y轴
											M50
M50	D=	SD8350 立体仓库X轴输出监控	K-19700	D=	SD8360 立体仓库Y轴输出监控	K36500				SET	S20
										STL	S20
SM400 RUN接通											Y35 取料正转
X13 货叉前限位										SET	S24
										STL	S24
SM400 RUN接通							DDRVA	K25000	K3000	Y2 PUL—步进电机立体仓库脉冲Y轴	Y6 DIR—步进电机立体仓库方向Y轴
											M52

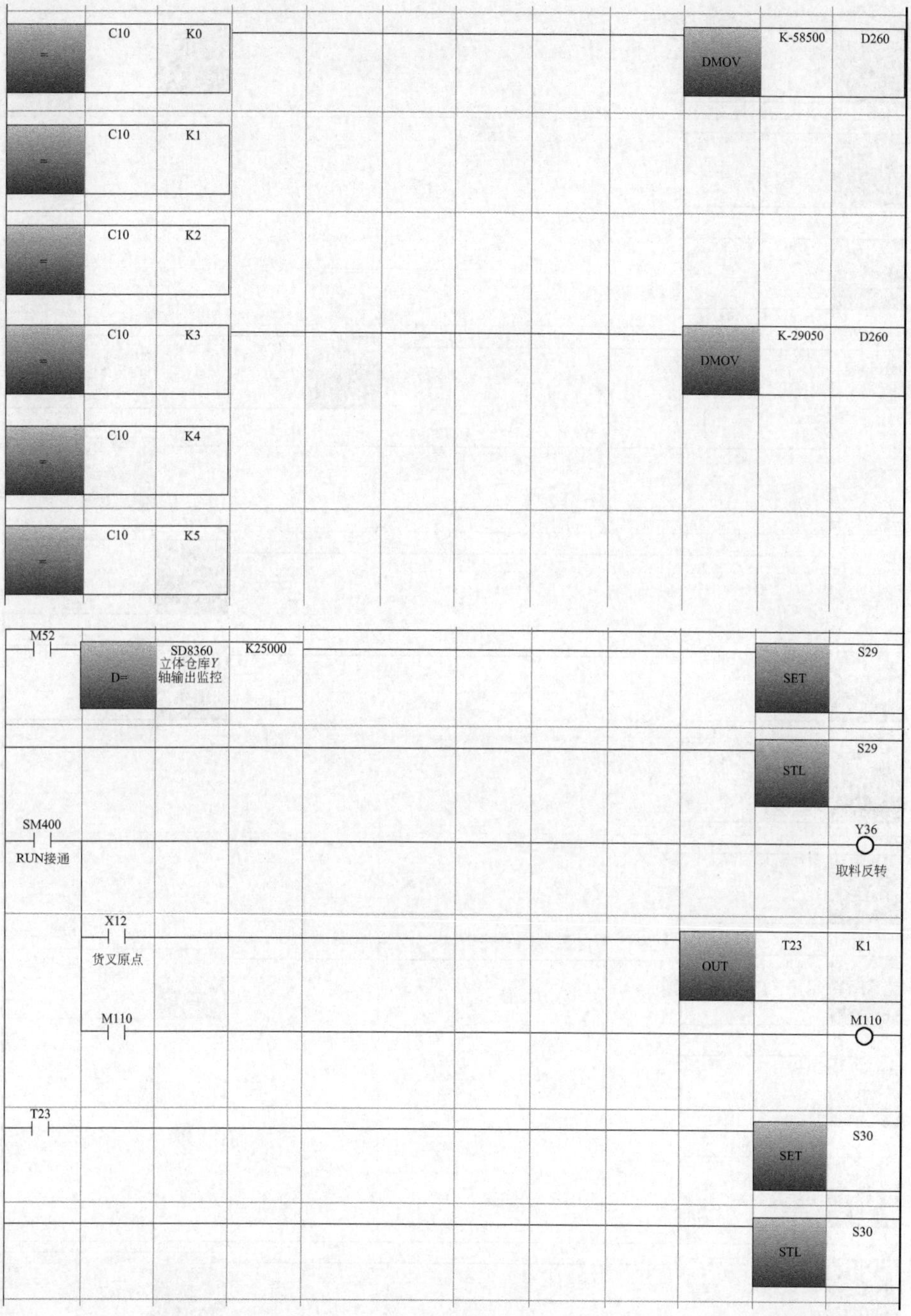

= C10 K0　DMOV K-58500 D260

= C10 K1

= C10 K2

= C10 K3　DMOV K-29050 D260

= C10 K4

= C10 K5

M52　D= SD8360 立体仓库Y轴输出监控 K25000　SET S29

STL S29

SM400 RUN接通　Y36 取料反转

X12 货叉原点　OUT T23 K1

M110　M110

T23　SET S30

STL S30

图 6-5-8

=	C10	K6							DMOV	450	D260
=	C10	K7									
=	C10	K8									
SM400 RUN接通							DDRVA	D260	K3000	Y1 PUL—步进电机立体仓库脉冲X轴	Y5 DIR—步进电机立体仓库方向X轴
										RST	M44
									OUT	T53	K2
=	C10	K0							DMOV	−800	D270
=	C10	K3									
=	C10	K6									
=	C10	K1							DMOV	16500	D270
=	C10	K4									
=	C10	K7									
=	C10	K2							DMOV	34000	D270

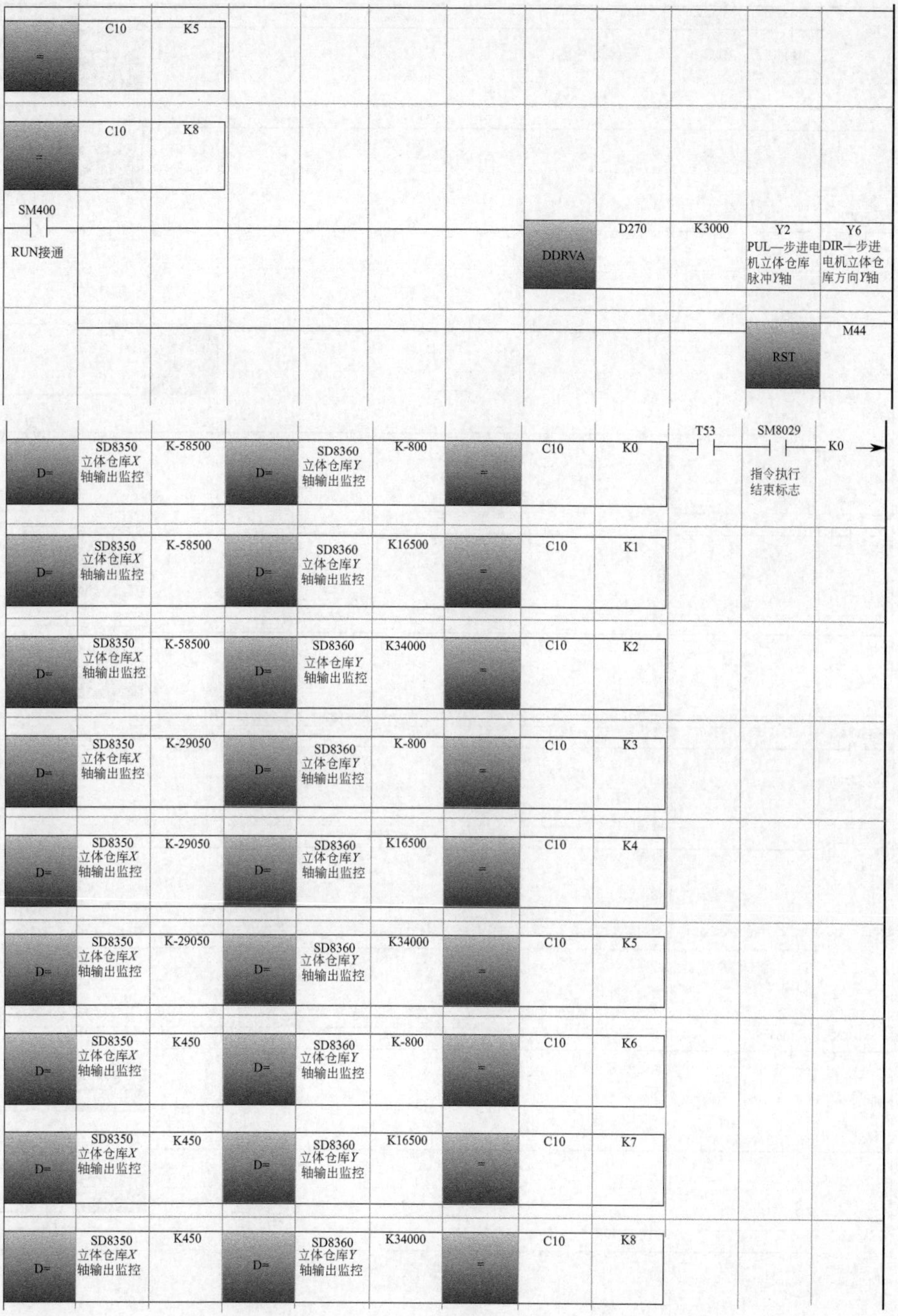

= C10 K5

= C10 K8

SM400 RUN接通 — DDRVA D270 K3000 Y2 PUL—步进电机立体仓库脉冲Y轴 Y6 DIR—步进电机立体仓库方向Y轴

RST M44

D= SD8350 立体仓库X轴输出监控 K-58500 D= SD8360 立体仓库Y轴输出监控 K-800 = C10 K0 — T53 — SM8029 指令执行结束标志 — K0 →

D= SD8350 立体仓库X轴输出监控 K-58500 D= SD8360 立体仓库Y轴输出监控 K16500 = C10 K1

D= SD8350 立体仓库X轴输出监控 K-58500 D= SD8360 立体仓库Y轴输出监控 K34000 = C10 K2

D= SD8350 立体仓库X轴输出监控 K-29050 D= SD8360 立体仓库Y轴输出监控 K-800 = C10 K3

D= SD8350 立体仓库X轴输出监控 K-29050 D= SD8360 立体仓库Y轴输出监控 K16500 = C10 K4

D= SD8350 立体仓库X轴输出监控 K-29050 D= SD8360 立体仓库Y轴输出监控 K34000 = C10 K5

D= SD8350 立体仓库X轴输出监控 K450 D= SD8360 立体仓库Y轴输出监控 K-800 = C10 K6

D= SD8350 立体仓库X轴输出监控 K450 D= SD8360 立体仓库Y轴输出监控 K16500 = C10 K7

D= SD8350 立体仓库X轴输出监控 K450 D= SD8360 立体仓库Y轴输出监控 K34000 = C10 K8

图 6-5-8

K0	SM8350 2轴脉冲	SM8360 3轴脉冲								SET	S33
										STL	S33
SM400 RUN接通											Y36 取料反转
	X14 货叉后限位								OUT	T25	K2
	M112										M112
T25										SET	S34
										STL	S34
SM400 RUN接通								DPLSY	K2000	K1500	Y2 PUL—步进电机立体仓库脉冲*Y*轴
											Y6 DIR—步进电机立体仓库方向*Y*轴
											M55
SM8029 指令执行结束标志	M55									SET	S32
										STL	S32
SM400 RUN接通											Y35 取料正转

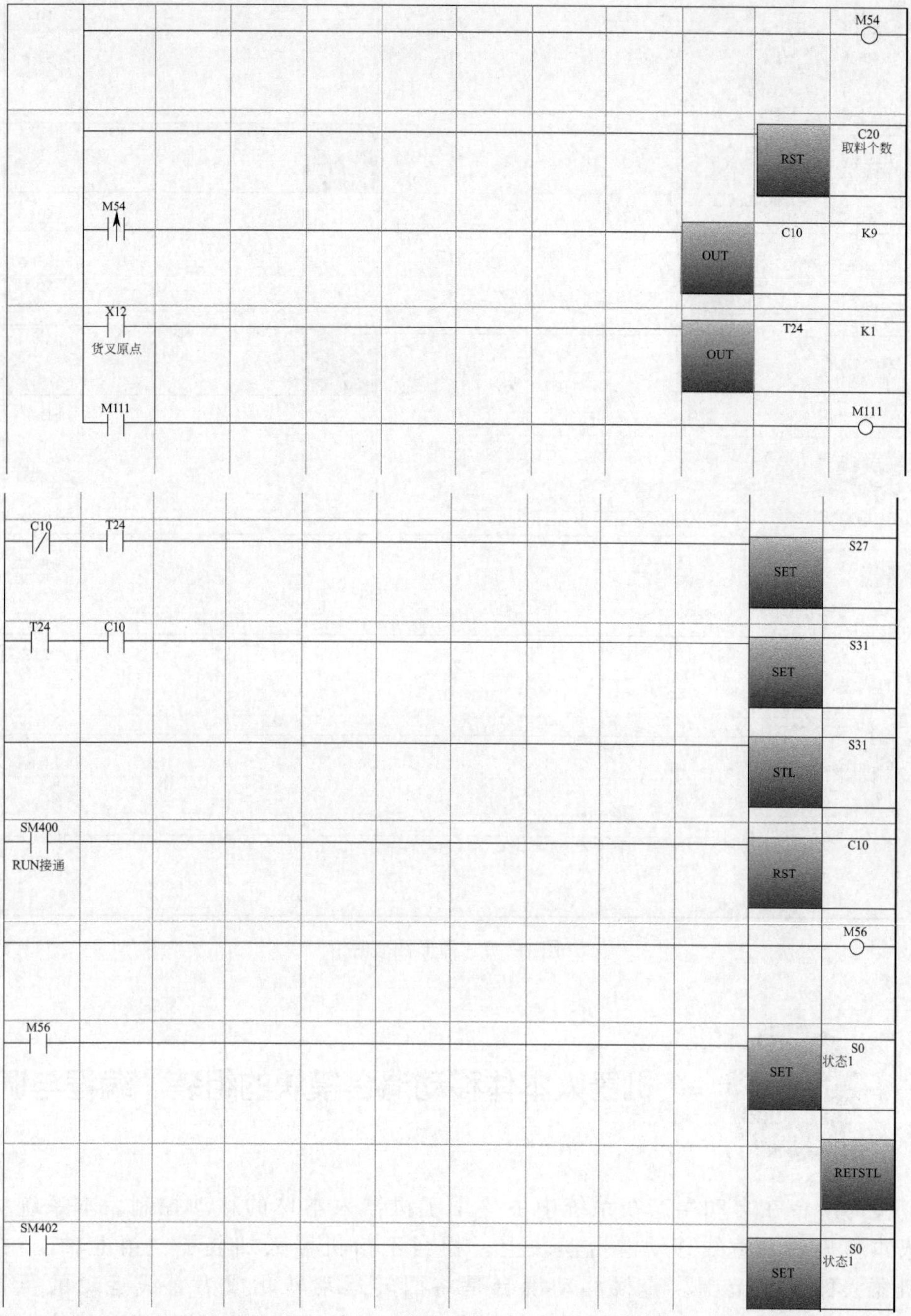

M54

RST C20 取料个数

M54 OUT C10 K9

X12 货叉原点 OUT T24 K1

M111 M111

C10 T24 SET S27

T24 C10 SET S31

STL S31

SM400 RUN接通 RST C10

M56

M56 SET S0 状态1

RETSTL

SM402 SET S0 状态1

图 6-5-8

```
X45 复位按钮 — M28 X轴复位完成(常闭) —— (M13) 1轴回原点辅助继电器
M13 1轴回原点辅助继电器 —— [DDSZR K2000 K300 K3 M28 X轴复位完成]
X45 复位按钮 — M5 Y轴复位完成(常闭) —— (M11) 2轴回原点辅助继电器
M11 2轴回原点辅助继电器 —— [DDSZR K2000 K1000 K2 M5 Y轴复位完成]
X6 步进电机立体仓库X轴左限 —— (SM5661) 步进电机立体仓库X轴正限
X7 步进电机立体仓库X轴右限 —— (SM5677) 步进电机立体仓库X轴反限
X11 步进电机立体仓库Y轴下限 —— (SM5662) 步进电机立体仓库Y轴正限
X10 步进电机立体仓库Y轴上限 —— (SM5678) 步进电机立体仓库Y轴反限
—— [END]
```

图 6-5-8　梯形图程序

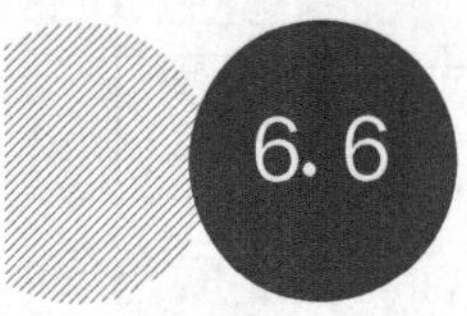

6.6 机器人本体移动滑台模块的组装、编程与调试

移动滑台在自动生产线系统中主要用于机器人本体的移动控制。本系统中机器人本体安装在直线移动滑台模块上，相当于给机器人加装了“第七轴”，扩展了机器人的工作范围。直线移动滑台是将回转运动转化成为直线运动的执行机构，在工业场景广泛应用于机器人移动搬运、流水线检测、雕刻机、机床、上下料流水线等。滑台传动装置为丝杠，移动单元为滑板，移动基数取决于丝杠的导程。

6.6.1 模块的组成及工作过程

(1) 模块组成

该模块由滑台模组、机器人本体安装座、伺服电机、限位检测光电传感器组成，如图 6-6-1 所示。

(2) 工作流程

移动滑台在伺服电机的控制下，驱动滑块带动机器人本体沿 X 轴移动，并实现机器人本体精确定位到指定的物料台上，在物料台上抓取工件，把抓取到的工件输送到指定地点然后放下的功能。

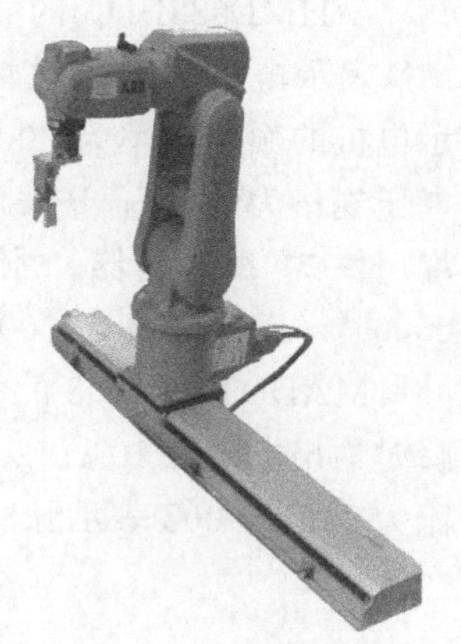

图 6-6-1　机器人本体移动滑台

6.6.2 认识伺服系统

(1) 伺服电机工作原理

伺服电机内部的转子是永磁铁，驱动器控制的 U、V、W 三相电形成电磁场，转子在此磁场的作用下转动，同时电机自带的编码器反馈信号给驱动器，驱动器根据反馈值与目标值进行比较，调整转子转动的角度。伺服电机的精度决定于编码器的精度（线数）。

(2) 电子齿轮的概念

位置控制模式下，等效的单闭环系统示意图如图 6-6-2 所示。

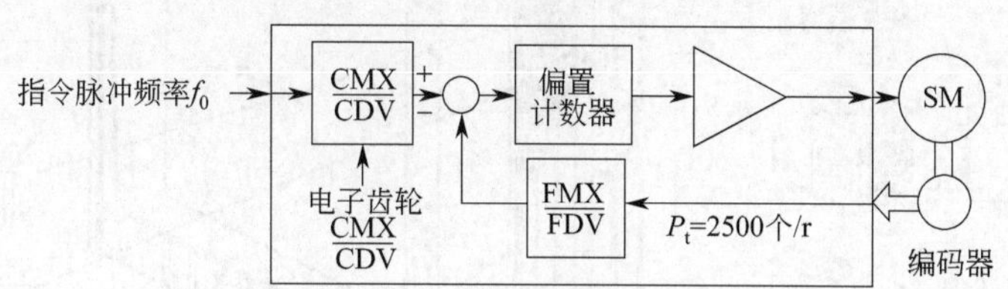

图 6-6-2　等效的单闭环位置控制系统示意

图中，指令脉冲信号和电机编码器反馈脉冲信号进入驱动器后，均通过电子齿轮变换才进行偏差计算。电子齿轮实际是一个分-倍频器，合理搭配它们的分-倍频值，可以灵活地设置指令脉冲的行程。

例如本体移动滑台使用的松下 MINAS A5 系列 AC 伺服电机和驱动器，电机编码器反馈脉冲为 2500 个/r。缺省情况下，驱动器反馈脉冲电子齿轮分-倍频值为 4 倍频。如果希望指令脉冲为 6000 个/r，那么就应把指令脉冲电子齿轮的分-倍频值设置为 10000/6000，从而实现 PLC 每输出 6000 个脉冲伺服电机旋转一周，驱动机械手恰好移动 60mm 的整数倍关系。具体设置方法将在下一节说明。

(3) 松下 MINAS A5 系列 AC 伺服电机和驱动器

在输送单元中，采用了松下 MHMD022P1U 永磁同步交流伺服电机及 MADDT1207003 全数字交流永磁同步伺服驱动装置作为运输机械手的运动控制装置。

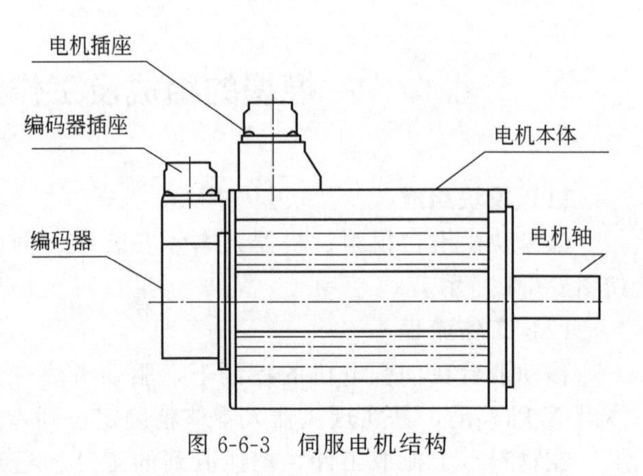

图 6-6-3 伺服电机结构

MHMD022P1U 的含义：MHMD 表示电机类型为大惯量；02 表示电机的额定功率为 200W；2 表示电压规格为 200V；P 表示编码器为增量式编码器，脉冲数为 2500 个/r，分辨率 10000，输出信号线数为 5 根线。伺服电机结构如图 6-6-3 所示。

MADDT1207003 的含义：MADDT 表示松下 A4 系列 A 型驱动器，T1 表示最大瞬时输出电流为 10A，2 表示电源电压规格为单相 200V，07 表示电流监测器额定电流为 7.5A，003 表示脉冲控制专用。驱动器的外观和面板如图 6-6-4 所示。

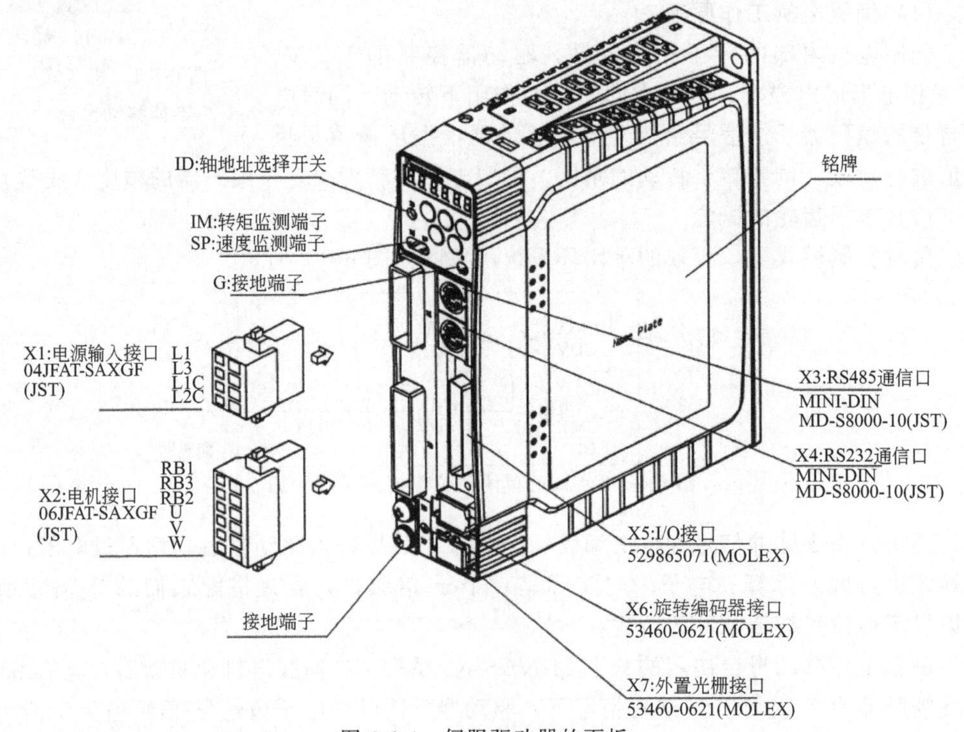

图 6-6-4 伺服驱动器的面板

(4) 伺服驱动器的接线

MADDT1207003 伺服驱动器面板上有多个接线端口，其中：

X1：电源输入接口。AC220V 电源连接到 L1、L3 主电源端子，同时连接到控制电源端子 L1C、L2C 上。

X2：电机接口和外置再生放电电阻器接口。U、V、W 端子用于连接电机。必须注意，电源电压务必按照驱动器铭牌上的指示选择。电机接线端子（U、V、W）不可以接地或短路，交流伺服电机的旋转方向不像感应电动机可以通过交换三相相序来改变，必须保证驱动器上的 U、V、W、E 接线端子与电机主回路接线端子按规定的次序一一对应，否则可能造成驱动器的损坏。电机的接线端子和驱动器的接地端子以及滤波器的接地端子必须保证可靠地连接到同一个接地点上。机身也必须接地。RB1、RB2、RB3 端子是外接放电电阻，MADDT1207003 中的规格为 100Ω/10W。本设备没有使用外接放电电阻。

X5：I/O 控制信号端口。其部分引脚信号定义与选择的控制模式有关，不同模式下的接线请参考《松下 A 系列伺服电机手册》。机器人本体移动滑台中，伺服电机用于定位控制，选用位置控制模式。所采用的是简化接线方式如图 6-6-5 所示。

X6：连接到电机编码器的信号接口。连接电缆应选用带有屏蔽层的双绞电缆，屏蔽层应接到电机侧的接地端子上，并且应确保将编码器电缆屏蔽层连接到插头的外壳（FG）上。

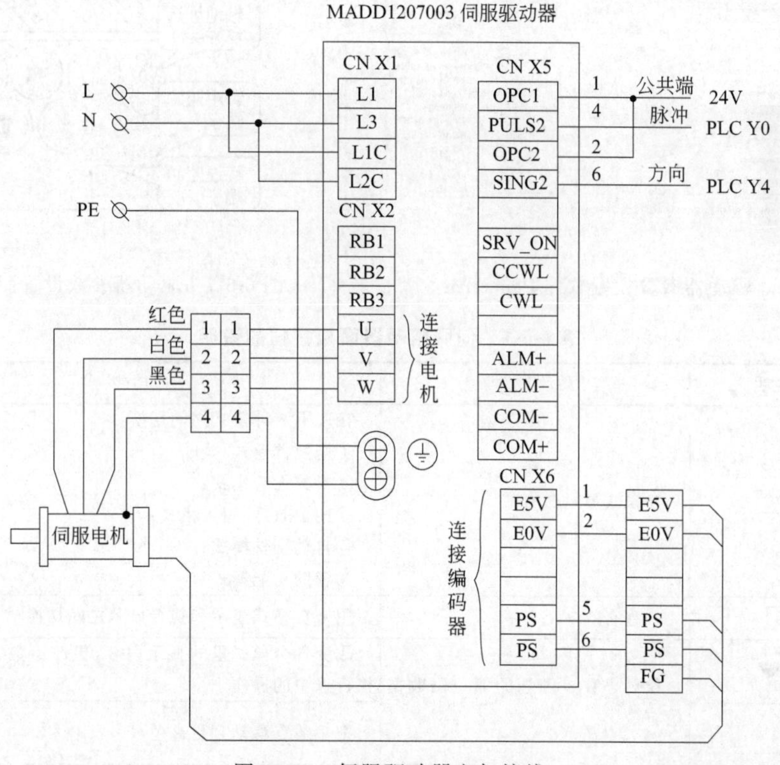

图 6-6-5　伺服驱动器电气接线

(5) 伺服驱动器的参数设置与调整

松下的伺服驱动器有七种控制运行方式，即位置控制、速度控制、转矩控制、位置/速度控制、位置/转矩控制、速度/转矩控制、全闭环控制。位置控制就是输入脉冲串来使电机定位运行，电机转速与脉冲串频率相关，电机转动的角度与脉冲个数相关。速度控制有两种，一是通过输入直流−10～+10V 指令电压调速，二是选用驱动器内设置的内部速度来调速。转矩控制是通过输入直流−10～+10V 指令电压调节电机的输出转矩，这种方式下运行必须要进行速度限制，有两种方法，设置驱动器内的参数来限制和输入模拟量电压限制。

① 伺服驱动器参数设置方式操作说明　MADDT1207003 伺服驱动器的参数共有 128 个，Pr00～Pr7F，可以通过与 PC 连接后在专门的调试软件上进行设置，也可以在驱动器的面板上进行设置。

在 PC 上，通过与伺服驱动器建立起通信就可将伺服驱动器的参数状态读出或写入，非常方便，见图 6-6-6。当现场条件不允许，或修改少量参数时，也可通过驱动器上操作面板来完成，操作面板如图 6-6-7 所示。各个按钮的说明见表 6-6-1。

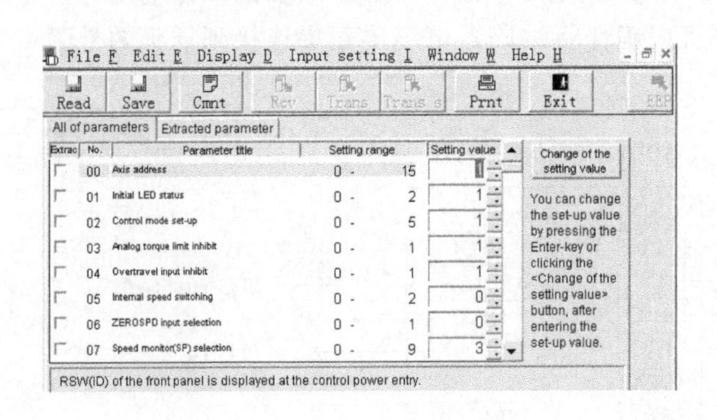

图 6-6-6　驱动器参数设置软件 Panaterm

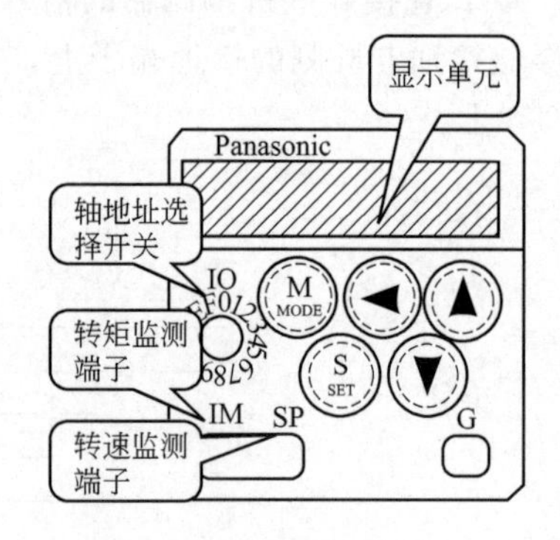

图 6-6-7　驱动器参数设置面板

表 6-6-1　伺服驱动器面板按钮的说明

按键说明	激活条件	功能
MODE	在模式显示时有效	在以下 5 种模式之间切换： ①监视器模式； ②参数设置模式； ③EEPROM 写入模式； ④自动调整模式； ⑤辅助功能模式
SET	一直有效	用来在模式显示和执行显示之间切换
▲ ▼	仅对小数点闪烁的那一位数据位有效	改变各个模式里的显示内容、更改参数、选择参数或执行选中的操作
◀		把小数点移动到更高位

② 面板操作说明

a. 参数设置，先按【SET】键，再按【Mode】键选择到“Pr00”后，按向上、向下或向左的方向键选择通用参数的项目，按【SET】键进入。然后按向上、向下或向左的方向键调整参数，调整完后，按【SET】键返回。选择其他项再调整。

b. 参数保存，按【MODE】键选择到“EE-SET”后按【SET】键确认，出现“EEP-”，然后按向上键3s，出现“FINISH”或“Reset”，然后重新上电即保存。

c. 手动JOG运行。按【MODE】键选择到“AF-ACL”，然后按向上、向下键选择到“AF-JOG”，按【SET】键一次，显示“JOG -”，然后按向上键3s显示“Ready”，再按向左键3s出现“Sur-on”锁紧轴，按向上、向下键，点击正反转。注意先将“Sur-on”断开。

③ 常用参数说明　在机器人本体移动滑台上，伺服驱动装置工作于位置控制模式。FX_{5U}-64MT的Y000输出脉冲作为伺服驱动器的位置指令，脉冲的数量决定伺服电机的旋转位移，即机械手的直线位移，脉冲的频率决定了伺服电机的旋转速度，即机械手的运动速度。FX_{5U}-64MT的Y004输出脉冲作为伺服驱动器的方向指令。控制要求较为简单，伺服驱动器可采用自动增益调整模式。根据上述要求，伺服驱动器常用参数设置见表6-6-2。

表6-6-2　伺服常用参数设置表格

序号	参数		设置数值	功能和含义
	参数编号	参数名称		
1	Pr01	LED初始状态	1	显示电机转速
2	Pr02	控制模式	0	位置控制(相关代码P)
3	Pr04	行程限位禁止输入无效设置	2	当左或右限位动作,则会发生Err38行程限位禁止输入信号出错报警。设置此参数值必须在控制电源断电重启之后才能修改、写入成功
4	Pr20	惯量比	1678	该值自动调整得到
5	Pr21	实时自动增益设置	1	实时自动调整为常规模式,运行时负载惯量的变化情况很小
6	Pr22	实时自动增益的机械刚性选择	1	此参数值设得越大,响应越快
7	Pr41	指令脉冲旋转方向设置	1	指令脉冲 + 指令方向。设置此参数值必须在控制电源断电重启之后才能修改、写入成功
8	Pr42	指令脉冲输入方式	3	指令脉冲 + 指令方向　PULS　SIGN　1.低电平　2.高电平
9	Pr48	指令脉冲分-倍频第1分子	10000	没转所需指令脉冲数 = 编码器分辨率 $\times \frac{Pr4B}{Pr48 \times 2^{Pr4A}}$ 现编码器分辨率为10000(2500个/r×4),参数设置如表,则: $每转所需指令脉冲数 = 10000 \times \frac{Pr4B}{Pr48 \times 2^{Pr4A}}$ $= 10000 \times \frac{5000}{10000 \times 2^0} = 5000(个)$
10	Pr49	指令脉冲分-倍频第2分子	0	
11	Pr4A	指令脉冲分-倍频分子倍率	0	
12	Pr4B	指令脉冲分-倍频分母	6000	

注：其他参数的说明及设置请参看松下Ninas A4系列伺服电机和驱动器使用说明书。

(6) 相关指令应用

晶体管输出的 FX_{5U} 系列 PLC 支持高速脉冲输出功能，但仅限于 Y000、Y001、Y002、Y003 点。输出脉冲的频率最高可达 100kHz。

对输送单元步进电机的控制主要是返回原点和定位控制。可以使用 FX_{5U} 的脉冲输出指令 FNC57（PLSY）、带加减速的脉冲输出指令 FNC59（PLSR）、可变速脉冲输出指令 FNC157（PLSV）、原点回归指令 FNC156（ZRN）、相对位置控制指令 FNC159（DRVI）、绝对位置控制指令 FNC159（DRVA）来实现。这里只介绍后面三条指令，其他指令请参考编程手册。

① 原点回归指令 FNC156（ZRN） 当可编程控制器断电时程序会消失，因此上电时和初始运行时，必须执行原点回归将机械动作的原点位置的数据事先写入。原点回归指令格式如图 6-6-8。

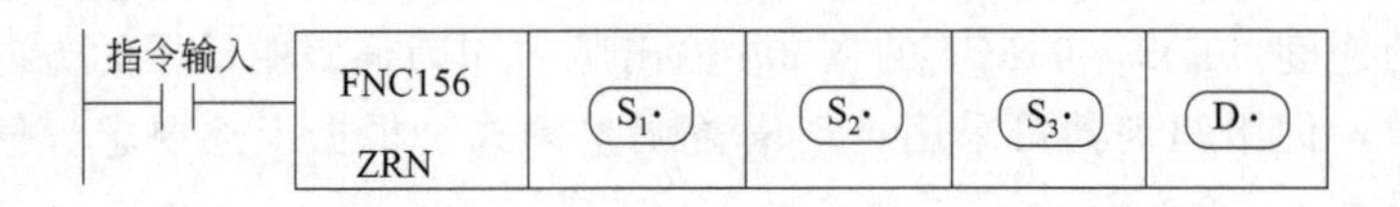

图 6-6-8 ZRN 的指令格式

原点回归指令格式说明如下。

a. (S₁·)：原点回归速度 指定原点回归开始的速度。

[16 位指令]：10～32767Hz。

[32 位指令]：10～100kHz。

b. (S₂·)：爬行速度 指定近点信号（DOG）变为 ON 后的低速部分的速度。

c. (S₃·)：近点信号 指定近点信号输入。当指令输入继电器（X）以外的元件时，由于会受到可编程控制器运算周期的影响，会引起原点位置的偏移增大。

d. (D·)指定有脉冲输出的 Y 编号 仅限于 Y000 或 Y001。

原点回归动作按照下述顺序进行，如图 6-6-9 所示。

a. 驱动指令后，以原点回归速度(S₁·)开始移动。

• 在原点回归过程中，指令驱动接点变为 OFF 状态时，将不减速而停止。

• 指令驱动接点变为 OFF 后，在脉冲输出中监控（Y000：M8147，Y001：M8148）处于 ON 时，将不接受指令的再次驱动。

b. 当近点信号（DOG）由 OFF 变为 ON 时，减速至爬行速度(S₂·)。

c. 当近点信号（DOG）由 ON 变为 OFF 时，在停止脉冲输出的同时，向当前值寄存器（Y000：[D8141，D8140]，Y001：[D8143，D8142]）中写入 0。另外，M8140（清零信号输出功能）为 ON 时，同时输出清零信号。随后，在执行完成标志（M8029）动作的同时，脉冲输出中监控变为 OFF。

② 相对位置控制指令 FNC158（DRVI） 以相对驱动方式执行单速位置控制的指

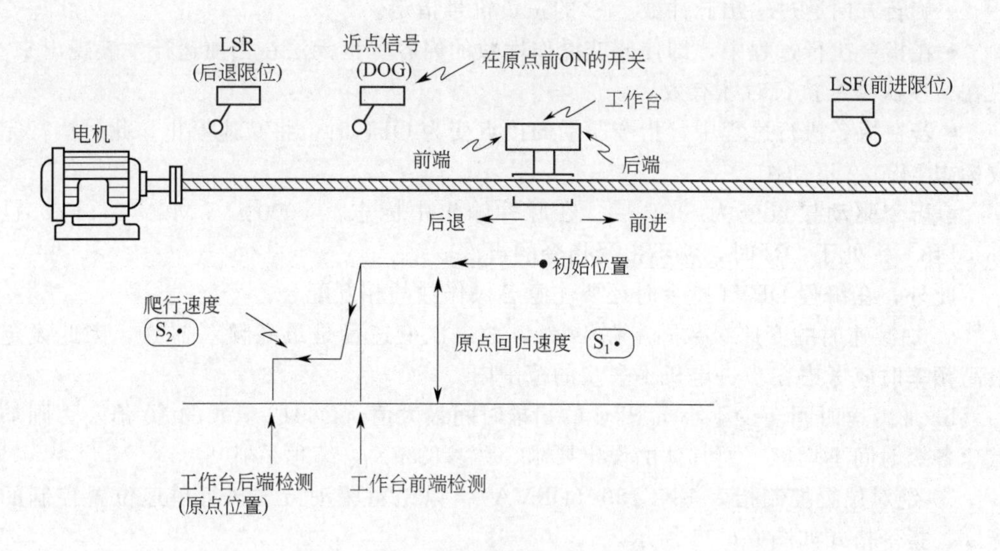

图 6-6-9　原点归零示意图

令，指令格式如图 6-6-10 所示。

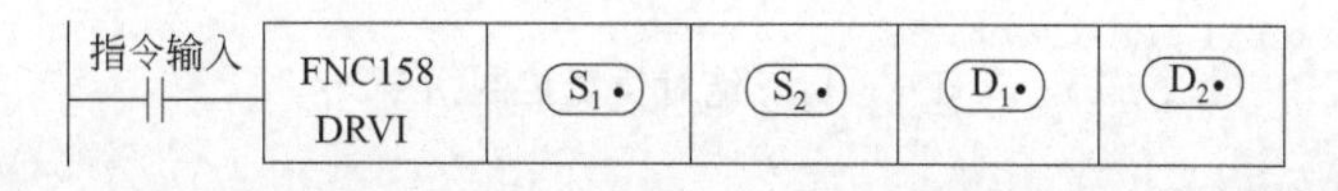

图 6-6-10　DRVI 的指令格式

指令格式说明如下。

a. S_1•：输出脉冲数（相对指定）

［16 位指令］：－32768～＋32767。

［32 位指令］：－999999～＋999999。

b. S_2•：输出脉冲数

［16 位指令］：10～32767Hz。

［32 位指令］：10～100kHz。

c. D_1•：脉冲输出起始地址　仅能指令 Y000、Y001。

d. D_2•：旋转方向信号输出起始地　根据 S_1• 的正负，按照以下方式动作：

［＋(正)］→ ON

［－(负)］→ OFF

● 输出脉冲数指定 S_1•，以对应下面的当前值寄存器作为相对位置。

向［Y000］输出时→［D8141（高位），D8140（低位）］（使用 32 位）；

向［Y001］输出时→［D8143（高位），D8142（低位）］（使用 32 位）。

反转时，当前值寄存器的数值减小。

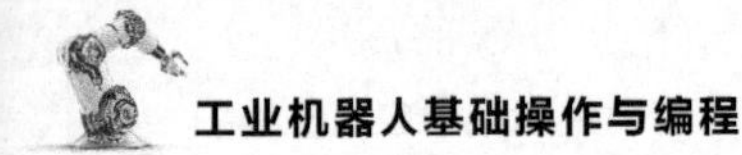

• 旋转方向通过输出脉冲数(S1•)的正负符号指定。

• 在指令执行过程中，即使改变操作性数的内容，也无法在当前运行中表现出来。只在下一次指令执行时才有效。

• 若在指令执行过程中，指令驱动的接点变为 OFF 时，将减速停止。此时执行完成标志 M8029 不动作。

• 指令驱动接点变为 OFF 后，在脉冲输出中标志（Y000：［M8147］，Y001：［M8148］）处于 ON 时，将不接受指令的再次驱动。

此外，在编程 DRVI 指令时还要注意各操作数的相互配合：

a. 加减速时的变速级数固定在 10 级，故一次变速量是最高频率 1/10，因此设定最高频率时应考虑在步进电机不失步的范围内。

b. 加减速时间至少不小于 PLC 的扫描时间最大值（D8012 值）的 10 倍，否则加减速各级时间不均等（更具体的设定要求，请参阅 FX_{1N} 编程手册）。

③ 绝对位置控制指令 FNC159（DRVA） 以绝对驱动方式执行单速位置控制的指令，指令格式如图 6-6-11 所示。

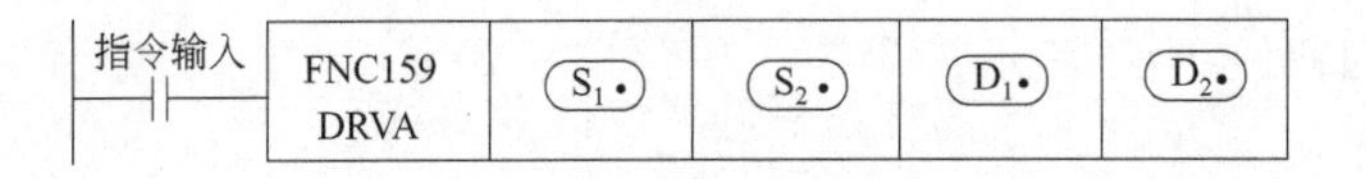

图 6-6-11 绝对位置控制指令

指令格式说明如下。

a.(S1•)：输出脉冲数（绝对指定）

［16 位指令］：－32768～＋32767。

［32 位指令］：－999999～＋999999。

b. (S2•)：输出脉冲数

［16 位指令］：10～32767Hz。

［32 位指令］：10～100kHz。

c.(D1•)：脉冲输出起始地址　仅能指令 Y000、Y001。

d.(D2•)：旋转方向信号输出起始地　根据(S1•)和当前位置的差值，按照以下方式动作：

［＋(正)］→ ON

［－(负)］→ OFF

• 目标位置指令(S1•)，以对应当前值寄存器作为绝对位置：

向［Y000］输出时→［D8141（高位），D8140（低位）］（使用 32 位）；

向［Y001］输出时→［D8143（高位），D8142（低位）］（使用 32 位）。

反转时，当前值寄存器的数值减小。

• 旋转方向通过输出脉冲数(S1•)的正负符号指定。

• 在指令执行过程中，即使改变操作数的内容，也无法在当前运行中表现出来。

只在下一次指令执行时才有效。

• 若在指令执行过程中，指令驱动的接点变为 OFF 时，将减速停止。此时执行完成标志 M8029 不动作。

• 指令驱动接点变为 OFF 后，在脉冲输出中标志（Y000：［M8147］，Y001：［M8148］处于 ON 时，将不接受指令的再次驱动。

④ 与脉冲输出功能有关的主要特殊内部存储器

［D8141，D8140］　输出至 Y000 的脉冲总数；

［D8143，D8142］　输出至 Y001 的脉冲总数；

［D8136，D8137］　输出至 Y000 和 Y001 的脉冲总数；

［M8145］　Y000 脉冲输出停止（立即停止）；

［M8146］　Y001 脉冲输出停止（立即停止）；

［M8147］　Y000 脉冲输出中监控；

［M8148］　Y001 脉冲输出中监控。

各个数据寄存器内容可以利用“（D）MOV K0 D81□□”清除。

6.6.3 电气原理图

（1）I/O 分配表

根据单列传送机的 I/O 信号分配和工作任务的要求，PLC 的 I/O 分配见表 6-6-3。

表 6-6-3　供料单元 PLC 的 I/O 分配表

输入信号			输出信号		
序号	PLC 输入点	信号名称	序号	PLC 输出点	信号名称
1	X0	滑台丝杠伺服原点	1	Y0	滑台丝杠伺服脉冲
2	X4	滑台丝杠伺服左限位	2	Y4	滑台丝杠伺服方向
3	X5	滑台丝杠伺服右限位	3	Y34	运行指示灯
4	X44	急停按钮	4	Y37	停止指示灯
5	X45	复位按钮			
6	X46	启动按钮			
7	X47	停止按钮			

(2) PLC 接线原理图

供料单元的 I/O 接线如图 6-6-12 所示。

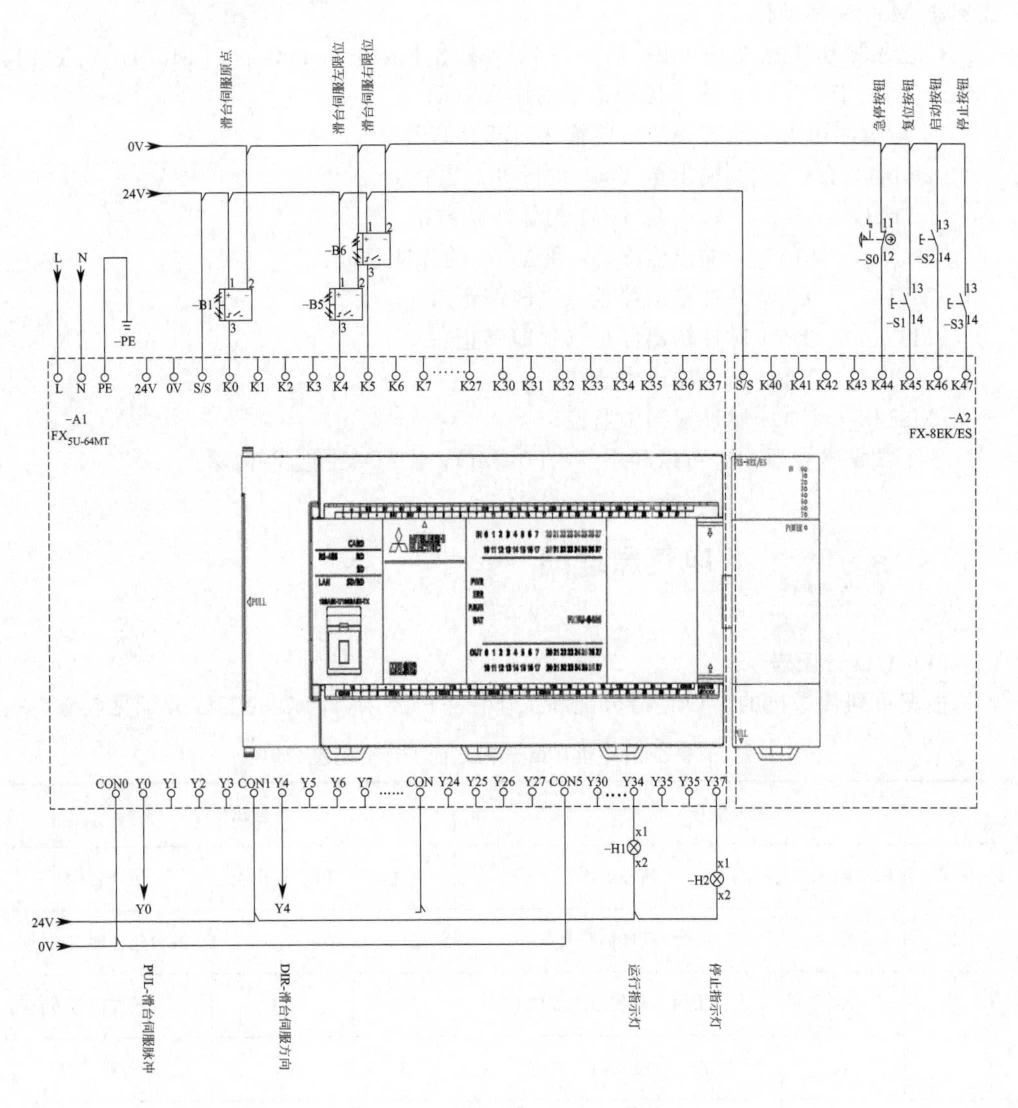

图 6-6-12 供料单元的 I/O 接线

6.6.4 程序控制

(1) 控制要求

设备停止的状态下，按下复位按钮，无论设备处于什么位置，机器均能回到原点位置，滑台丝杠伺服原点信号为 ON。以 PLC 作为上位机进行控制。按下启动按钮，电机旋转，拖动工作台从 A 点开始向右行驶 30mm，停 2s，然后向左行驶返回 A 点，再停 2s，如此循环运行。按下停止按钮，工作台行驶一周后返回 A 点。画出控制原理图，设置运行参数，写出控制程序并进行调试。要求工作台移动的速度要达到 10mm/s。丝杠的螺距为 5mm。

（2）程序设计流程

程序设计流程如图 6-6-13 所示。

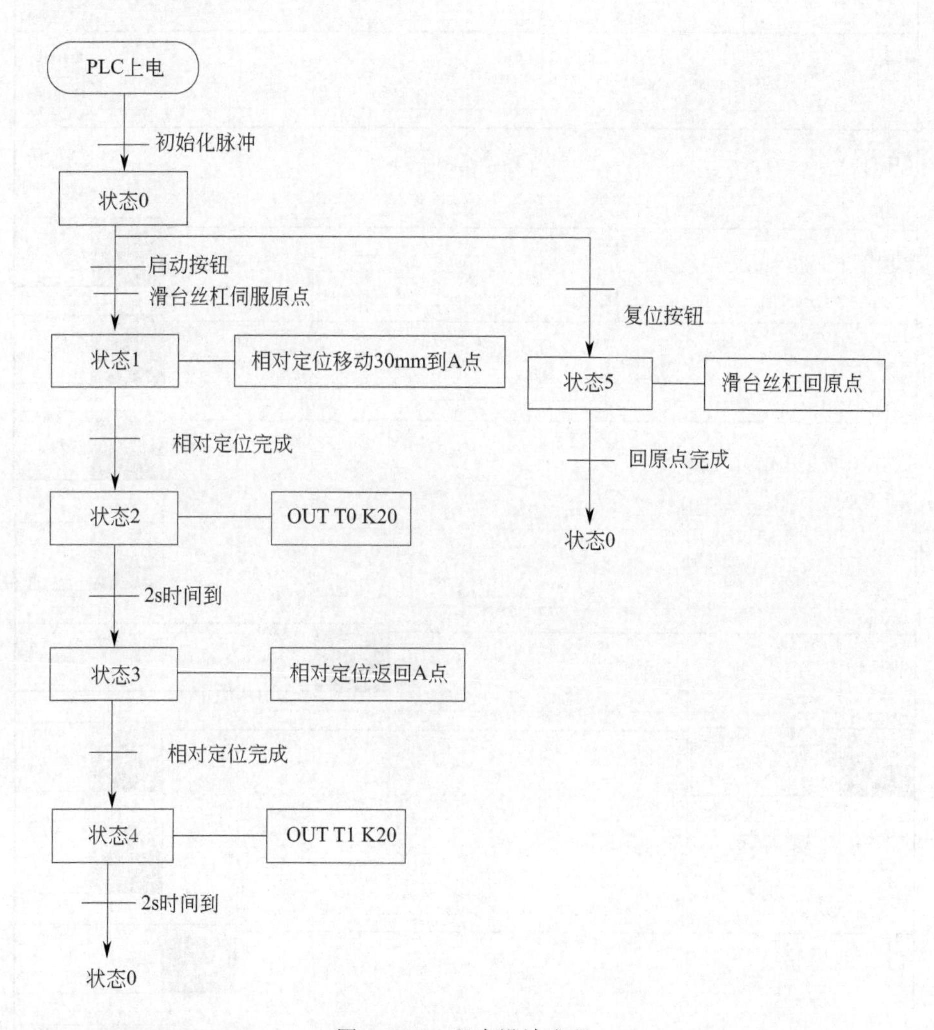

图 6-6-13　程序设计流程

（3）PLC 梯形图程序

梯形图程序如图 6-6-14 所示。

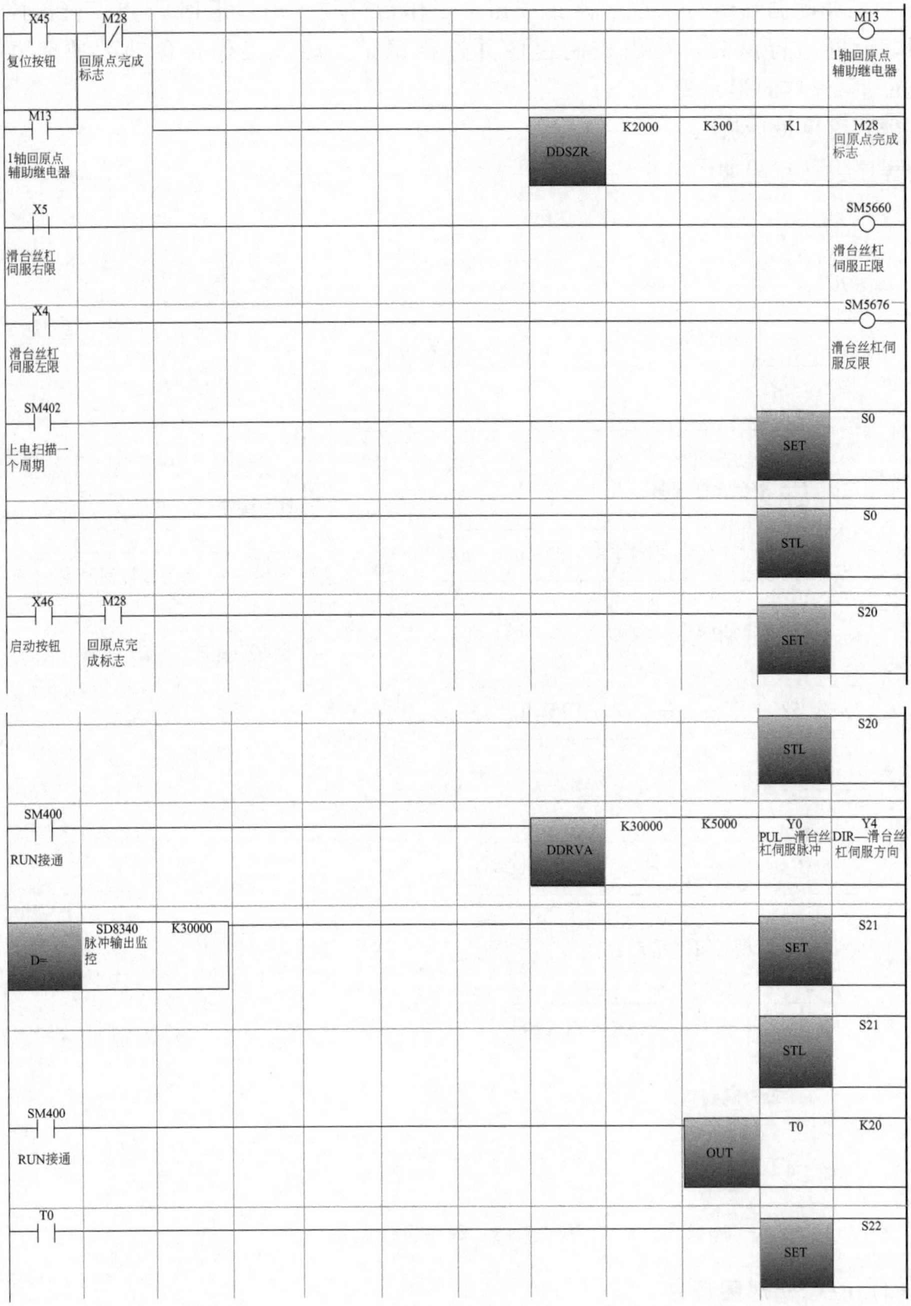

X45 复位按钮 | M28 回原点完成标志 | M13 1轴回原点辅助继电器

M13 1轴回原点辅助继电器 | DDSZR K2000 K300 K1 M28 回原点完成标志

X5 滑台丝杠伺服右限 | SM5660 滑台丝杠伺服正限

X4 滑台丝杠伺服左限 | SM5676 滑台丝杠伺服反限

SM402 上电扫描一个周期 | SET S0

STL S0

X46 启动按钮 | M28 回原点完成标志 | SET S20

STL S20

SM400 RUN接通 | DDRVA K30000 K5000 Y0 PUL—滑台丝杠伺服脉冲 Y4 DIR—滑台丝杠伺服方向

D= SD8340 脉冲输出监控 K30000 | SET S21

STL S21

SM400 RUN接通 | OUT T0 K20

T0 | SET S22

STL S22

SM400 RUN接通 — DDRVA K20000 K5000 Y0 PUL—滑台丝杠伺服脉冲 Y4 DIR—滑台丝杠伺服方向

D= SD8340 脉冲输出监控 K20000 — SET S23

STL S23

SM400 RUN接通 — OUT T1 K20

T1 — SET S0

RETSTL

[END]

图 6-6-14　梯形图程序

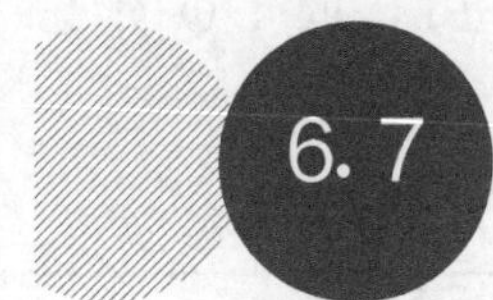

6.7 智能物料分拣装配生产线整机运行的编程与调试

6.7.1 系统控制要求

① 要求单列工位将物料检测之后，确定合格产品为正面是金属的物料，流到单列的取料点，同时 PLC 利用 I/O 通信，“告诉”机器人合格物料已到，可以取走。

② 机器人将单列的物料拿走后，放置在加工站的放料点，并取走加工站取料点的已加工物料（第一、二次没有已加工的产品，机器人不从加工站取物料），机器人“告诉”PLC，已经放好未加工物料，取走已加工物料，然后放在双列工位中限位的板上，可以旋转了，然后 PLC 内部条件达到的话，转盘转四分之一圈。转到位后，

PLC“告诉”机器人，已经转到位，可以放置和取走物料。

③ 机器人在加工站取的已加工物料放置在双列中间点的板上，板有四个位置，机器人负责放满，放满之后机器人“告诉”PLC 已经放满，可以流到取板点。如图 6-7-1、图 6-7-2 所示。

图 6-7-1　单列、加工站、双列工位工作运作

图 6-7-2　立体仓库工作运作

6.7.2　系统电气原理图

(1) I/O 分配表

根据单列传送机的 I/O 信号分配和工作任务的要求，PLC 的 I/O 分配见表 6-7-1。

表 6-7-1　系统 PLC 的 I/O 分配

模块	输入分配		输出分配	
按钮模块	X44	急停按钮	Y34	运行指示灯
	X45	启动按钮	Y37	停止指示灯
	X46	复位按钮	—	—
	X47	停止按钮	—	—
单列传送模块	X27	单列送料机构前限位	Y10	送料气缸
	X30	单列推料前限位	Y11	推料气缸
	X31	光纤传感器物料检测(有料有效)	Y12	单列正转(变频器)
	X32	电感传感器(金属有效)	Y13	单列反转(变频器)
	X33	电容传感器(非黑色有效)	Y14	单列高速 H(变频器)
	X34	单列光电传感器(正面有效)	Y15	单列中速 M(变频器)
	X35	单列末端传感器	Y16	单列低速 L(变频器)
冲压成型模块	X3	步进电机加工站原点	Y3	加工站 PUL—脉冲
	—	—	Y7	加工站 DIR—方向
	—	—	Y25	冲压气缸

续表

模块	输入分配		输出分配	
双列传送模块	X36	双列前限位	Y17	已测，未使用
	X37	双列中限位	Y20	双列正转（变频器）
	X40	双列后限位	Y21	双列反转（变频器）
	—	—	Y22	双列高速 H（变频器）
	—	—	Y23	双列中速 M（变频器）
	—	—	Y24	双列低速 L（变频器）
	—	—	Y26	双列挡料气缸
	—	—	Y27	双列顶料气缸
一体式立体出入库模块	X1	步进电机立体仓库 *X* 轴原点	Y1	立体仓库 *X* 轴 PUL—脉冲
	X2	步进电机立体仓库 *Y* 轴原点	Y5	立体仓库 *X* 轴 DIR—方向
	X6	步进电机立体仓库 *X* 轴左限位	Y2	立体仓库 *Y* 轴 PUL—脉冲
	X7	步进电机立体仓库 *X* 轴右限位	Y6	立体仓库 *Y* 轴 DIR—方向
	X10	步进电机立体仓库 *Y* 轴上限位	Y35	直流电机立体仓库正转（原 Y26）
	X11	步进电机立体仓库 *Y* 轴下限位	Y36	直流电机立体仓库反转（原 Y27）
	X12	货叉原位（常开）	—	—
	X13	货叉正转到位（常闭）	—	—
	X14	载具反到位（常闭）	—	—
	X15	未知（立体仓库缩回限位）	—	—
	X16	立体仓库工件 1	—	—
	X17	立体仓库工件 2	—	—
	X20	立体仓库工件 3	—	—
	X21	立体仓库工件 4	—	—
	X22	立体仓库工件 5	—	—
	X23	立体仓库工件 6	—	—
	X24	立体仓库工件 7	—	—
	X25	立体仓库工件 8	—	—
	X26	立体仓库工件 9	—	—
机器人本体移动滑台模块	X0	滑台丝杠伺服原点	Y0	机器人左右移动 PUL—脉冲
	X4	滑台丝杠伺服左限位	Y4	机器人左右移动 DIR—方向
	X5	滑台丝杠伺服右限位	Y30	机器人输出信号 1
	X41	机器人信号 1（机器人完成）	Y31	机器人输出信号 2
	X42	机器人信号 2	Y32	机器人输出信号 3
	X43	机器人信号 3	Y33	机器人输出信号 4

（2）PLC 接线原理图

系统的 I/O 接线如图 6-7-3 所示。

6.7.3 ／ PLC 与 HMI 的通信连接

PLC 与 HMI 通常有三种通信连接方式：串口、USB 和网线。

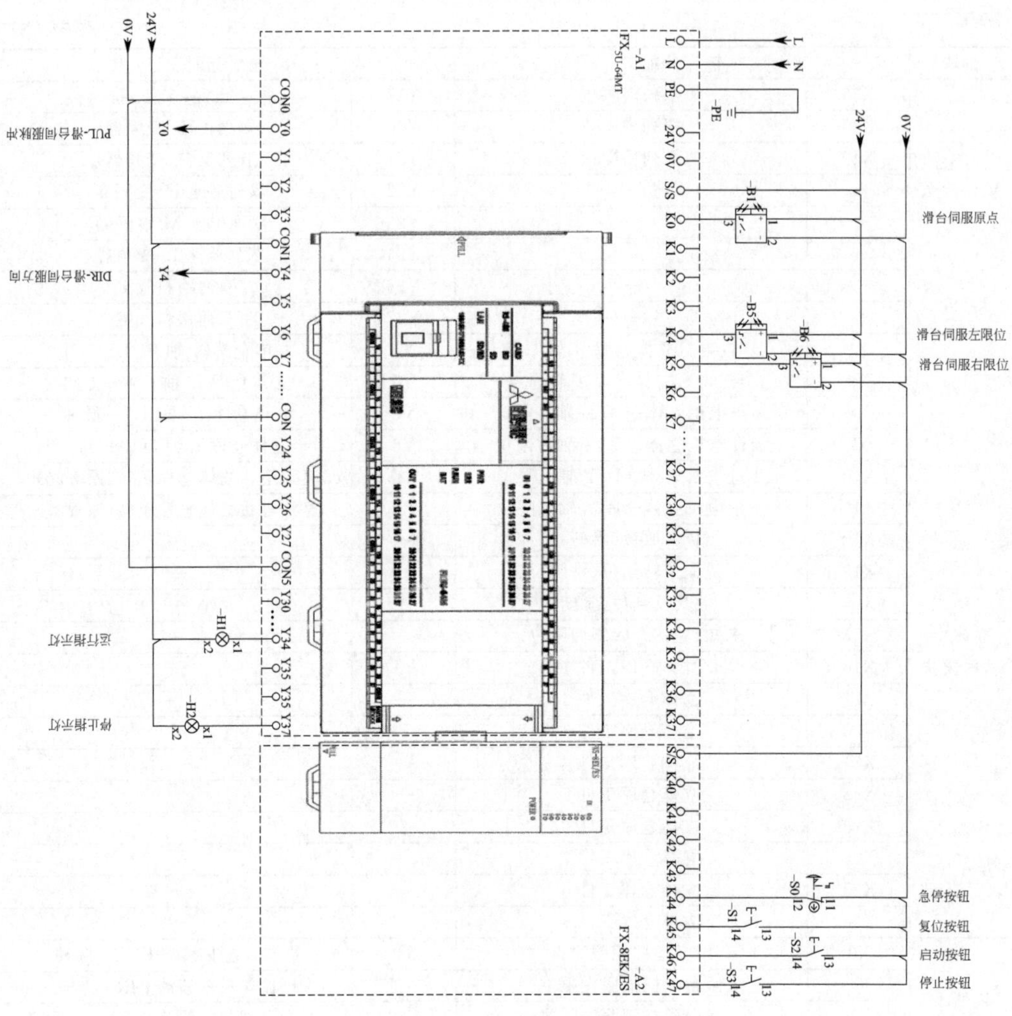

图 6-7-3　系统的 I/O 接线

(1) 串口通信连接

HMI 的 COM2 通信端口除可以连接 PLC RS232 设备外，还可以用作连接 PC 的编程口和设置口。如图 6-7-4 所示。

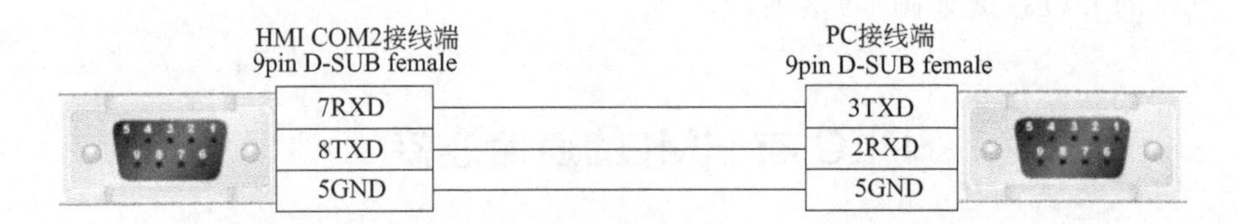

图 6-7-4　串口通信连接

(2) USB 通信连接

USB 通信连接如图 6-7-5 所示。

1
2
4
3
5V
D−
D+
GND
1
4

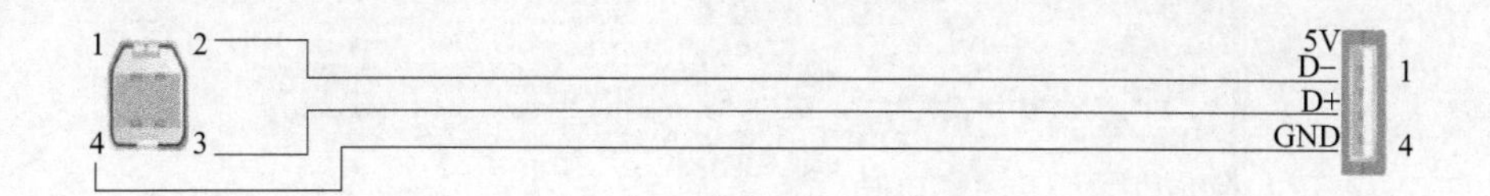

图 6-7-5　USB 通信连接

(3) 网口下载

PLC 不经 HUB 或 SWITCH 直接与 HMI 通信，可用交叉网线。如经 HUB 或 SWITCH 与 HMI 通信，则直连网线连接或交叉网线连接均可。如图 6-7-6、图 6-7-7 所示。

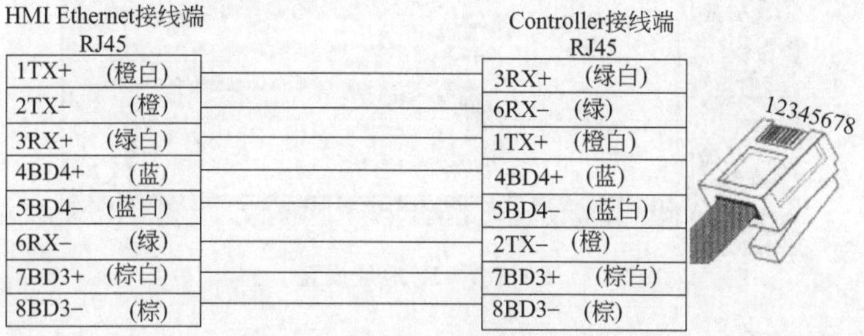

HMI Ethernet接线端
RJ45
1TX+ (橙白)
2TX− (橙)
3RX+ (绿白)
4BD4+ (蓝)
5BD4− (蓝白)
6RX− (绿)
7BD3+ (棕白)
8BD3− (棕)
Controller接线端
RJ45
3RX+ (绿白)
6RX− (绿)
1TX+ (橙白)
4BD4+ (蓝)
5BD4− (蓝白)
2TX− (橙)
7BD3+ (棕白)
8BD3− (棕)
12345678

图 6-7-6　交叉网线接线

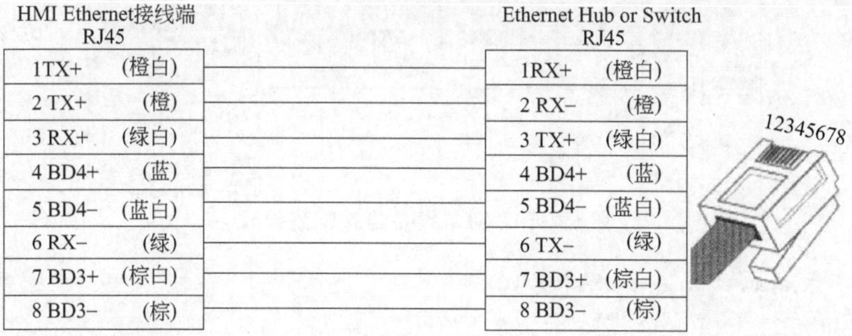

HMI Ethernet接线端
RJ45
1TX+ (橙白)
2 TX+ (橙)
3 RX+ (绿白)
4 BD4+ (蓝)
5 BD4− (蓝白)
6 RX− (绿)
7 BD3+ (棕白)
8 BD3− (棕)
Ethernet Hub or Switch
RJ45
1RX+ (橙白)
2 RX− (橙)
3 TX+ (绿白)
4 BD4+ (蓝)
5 BD4− (蓝白)
6 TX− (绿)
7 BD3+ (棕白)
8 BD3− (棕)
12345678

图 6-7-7　直连网线接线

(4) PLC 与触摸屏的网口通信参数

① HMI 端参数设置　如图 6-7-8 所示。

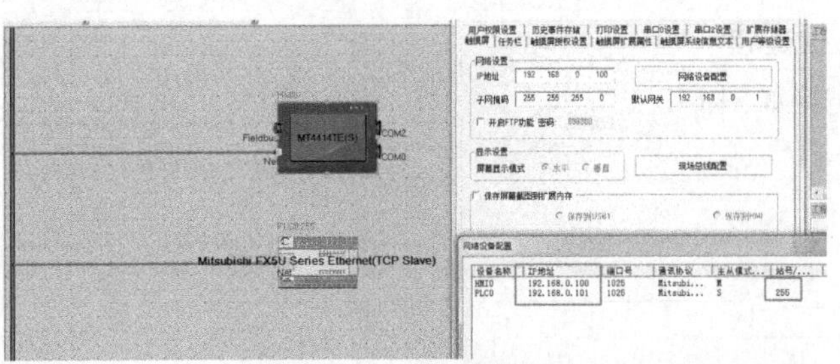

图 6-7-8　HMI 参数设置

注意：PLC 的端口号是十进制表示，PLC 站号必须设置为 255。

② PLC 端参数设置　点击“参数”→“FX5UCPU”→“模块参数”→“以太网端口”，具体设置见图 6-7-9、图 6-7-10 所示。

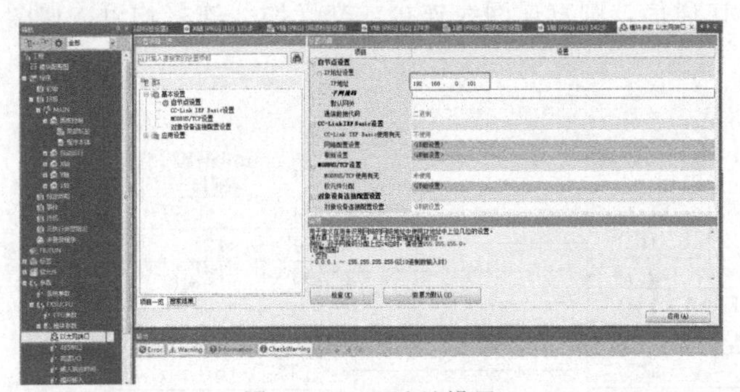

图 6-7-9　IP 地址设置

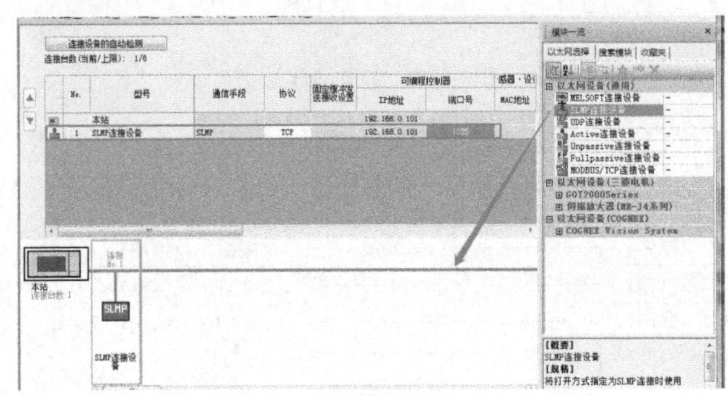

图 6-7-10　对象设备连接配置设置

注意：本站端口号是十进制数 1025。

6.7.4　程序控制

(1) 程序设计流程

各程序设计流程如图 6-7-11～图 6-7-13 所示。

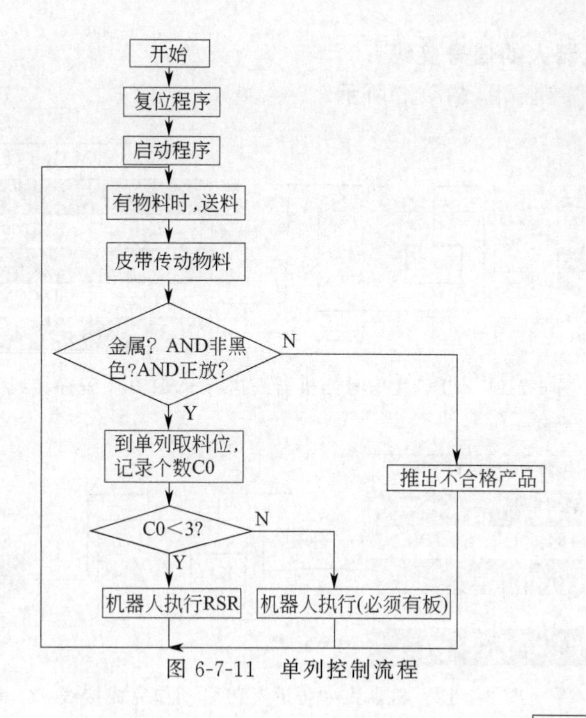

图 6-7-11　单列控制流程

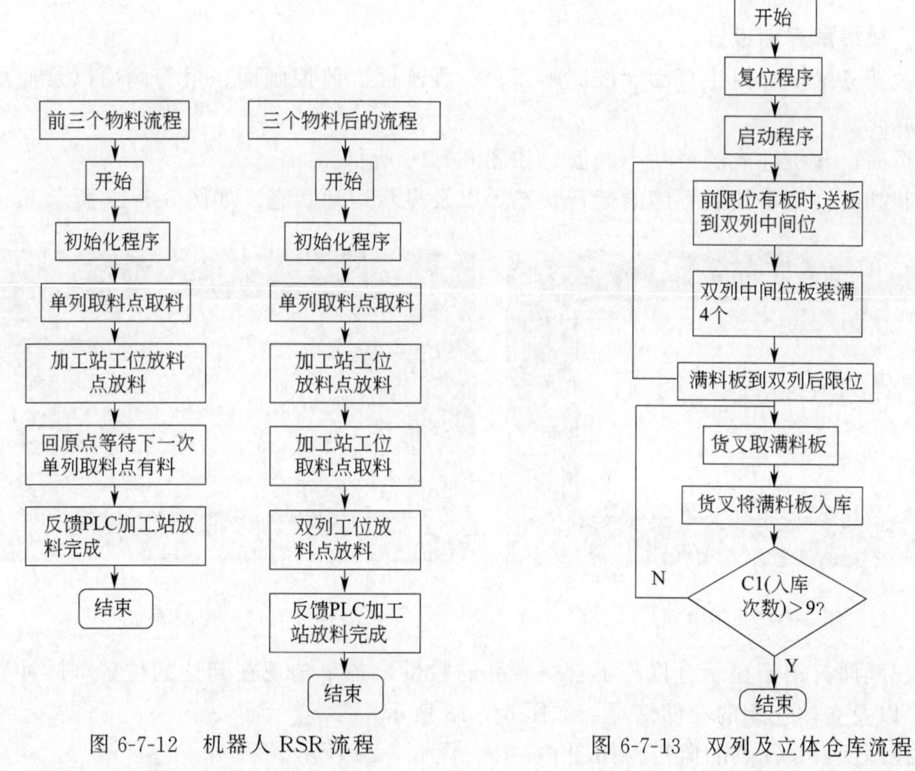

图 6-7-12　机器人 RSR 流程

图 6-7-13　双列及立体仓库流程

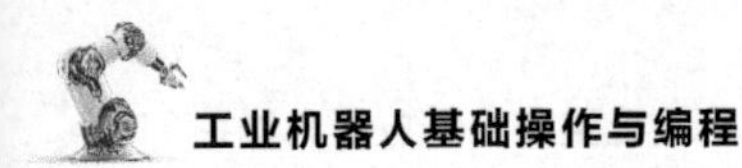

(2) PLC与机器人的信号接线

接线图如图 6-7-14、图 6-7-15 所示。

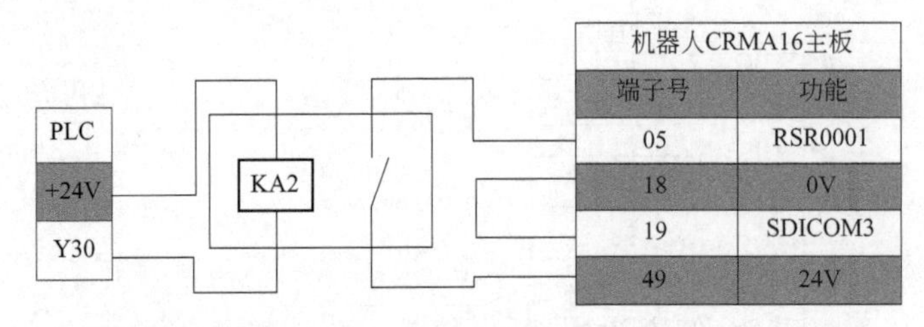

图 6-7-14　PLC 发信号给机器人执行 RSR0001 程序接线

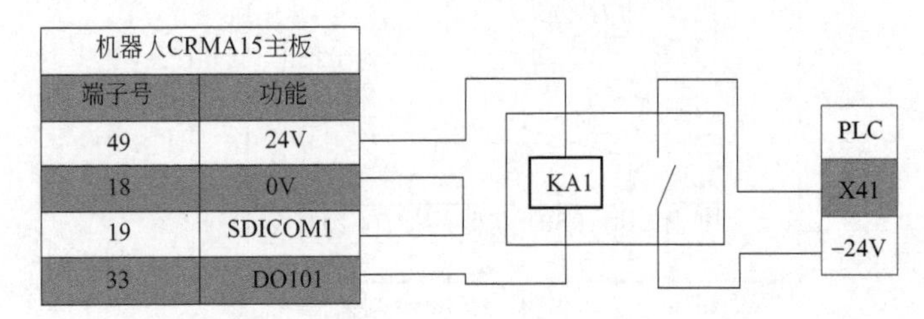

图 6-7-15　机器人“告诉”PLC 动作完成接线

(3) 触摸屏界面设计

本次任务触摸屏由主页面、控制画面、流程画面、监控画面、报警画面以及底层窗口构成。

主页面：开机进入的第一个画面。如图 6-7-16 所示。

控制画面：用于控制程序的运行状态，以及显示运动状态。如图 6-7-17 所示。

图 6-7-16　主页面

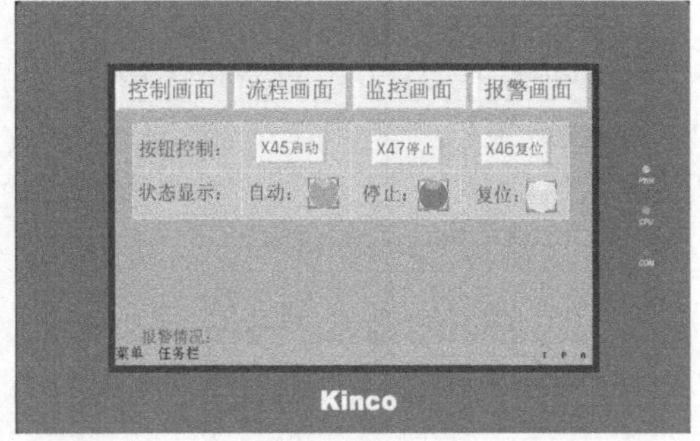

图 6-7-17　控制画面

流程画面：用于显示合格与不合格产品的数量，各个轴现在到达的位置（脉冲数表示），以及立体仓库的存储情况。如图 6-7-18 所示。

监控画面：I/O 点的监控。如图 6-7-19、图 6-7-20 所示。

报警画面：各类报警情况的显示及查询。如图 6-7-21 所示。

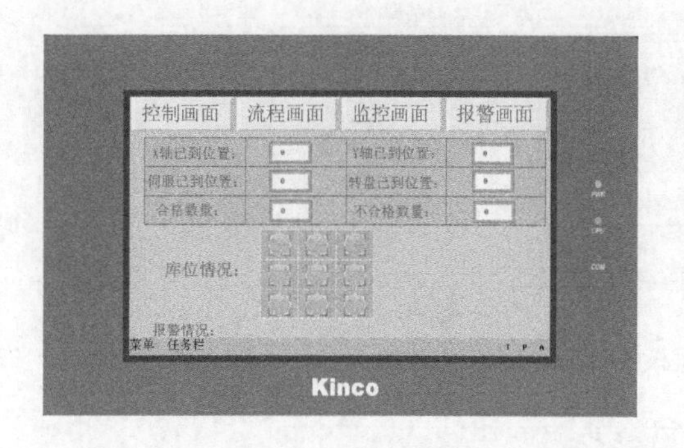

图 6-7-18　流程画面

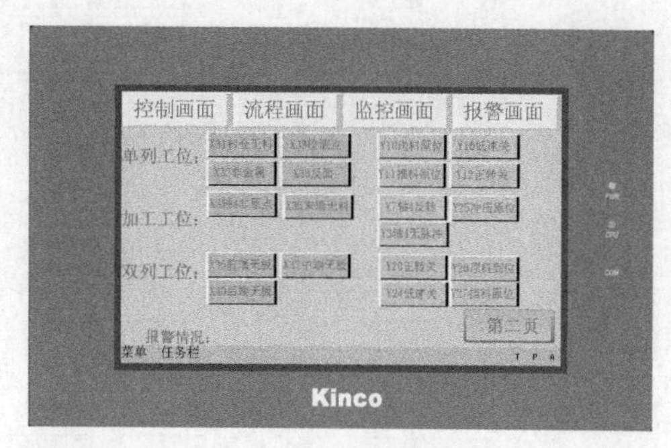

图 6-7-19　监控画面 1

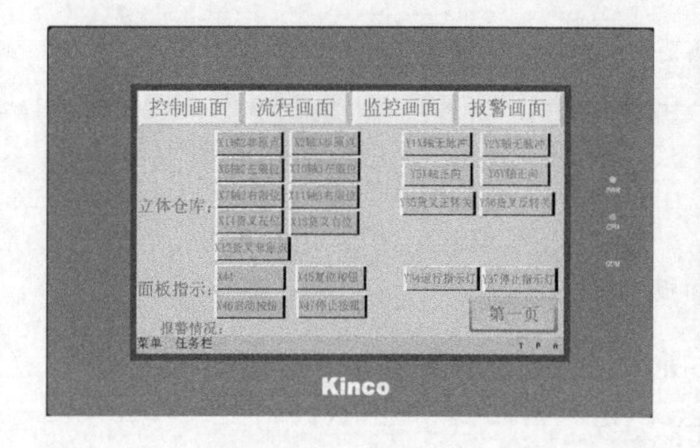

图 6-7-20　监控画面 2

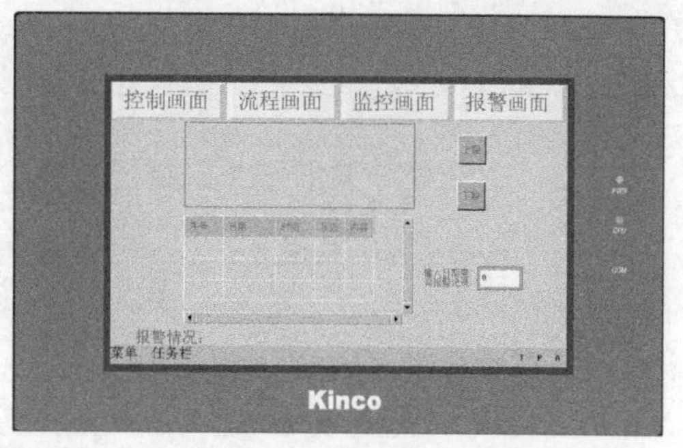

图 6-7-21　报警画面

底层窗口：各窗口公共需要的元件放置区，同时也作为背景颜色。如图 6-7-22 所示。

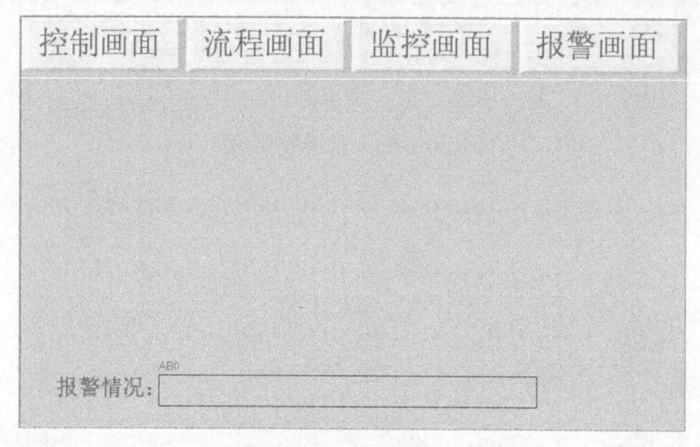

图 6-7-22　底层窗口

(4) 参考程序

① 面板控制程序，如图 6-7-23、图 6-7-24 所示。

图 6-7-23　面板控制程序 1

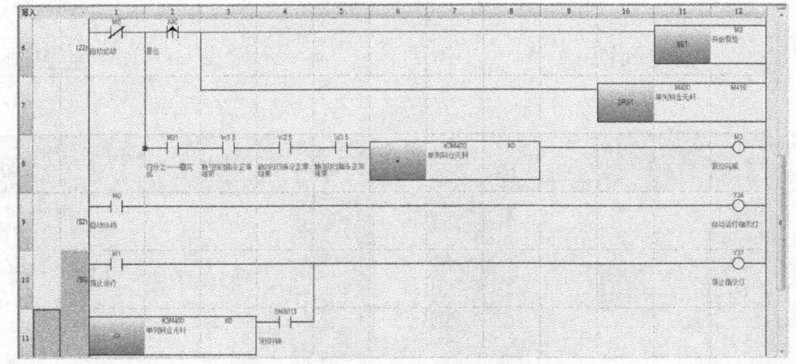

图 6-7-24　面板控制程序 2

② 报警程序，如图 6-7-25、图 6-7-26 所示。

图 6-7-25　报警程序 1

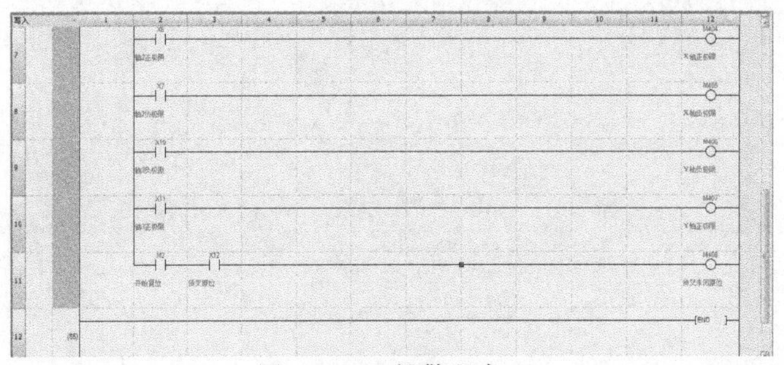

图 6-7-26　报警程序 2

③ 自动运行程序，如图 6-7-27～图 6-7-43 所示。

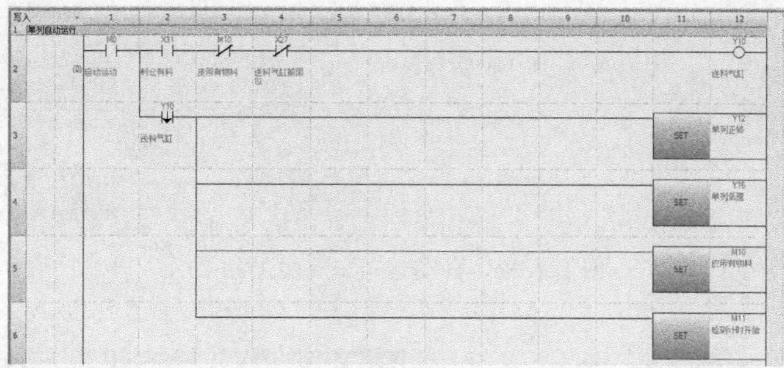

图 6-7-27　自动运行 1（单列 1）

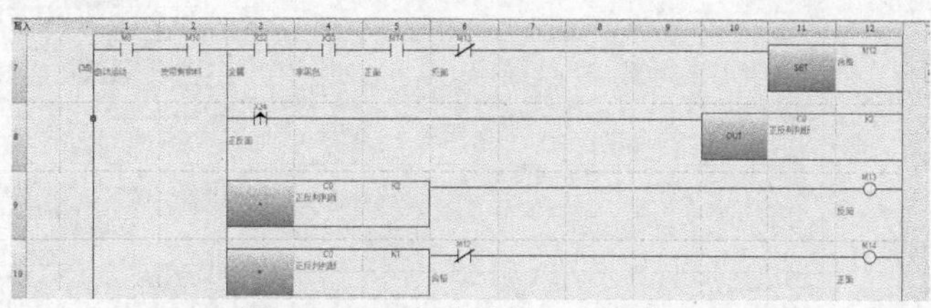

图 6-7-28　自动运行 2（单列 2）

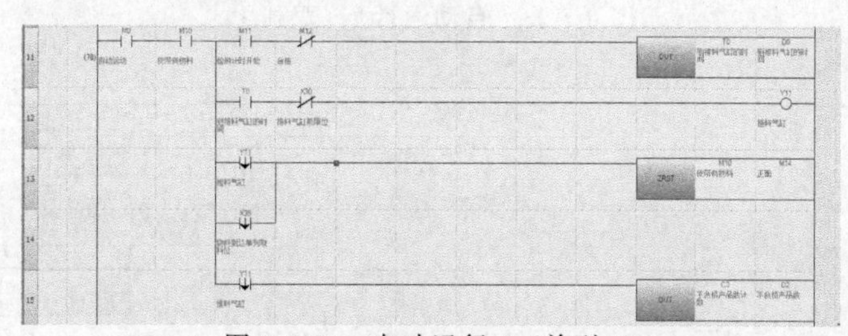

图 6-7-29　自动运行 3（单列 3）

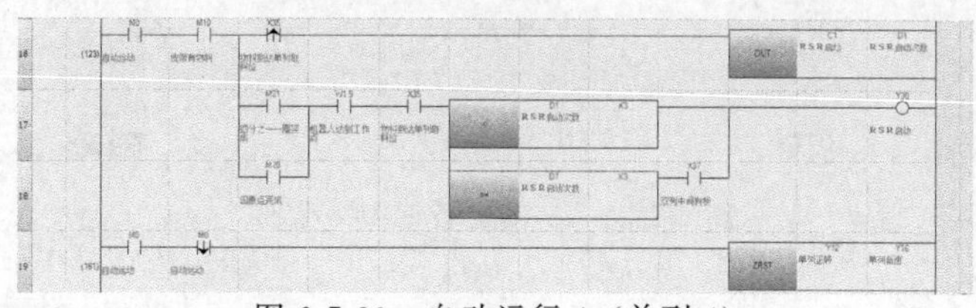

图 6-7-30　自动运行 4（单列 4）

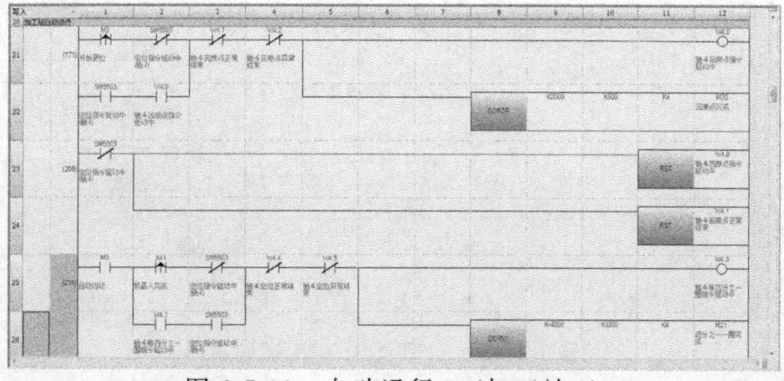

图 6-7-31　自动运行 5（加工站 1）

图 6-7-32　自动运行 6（加工站 2）

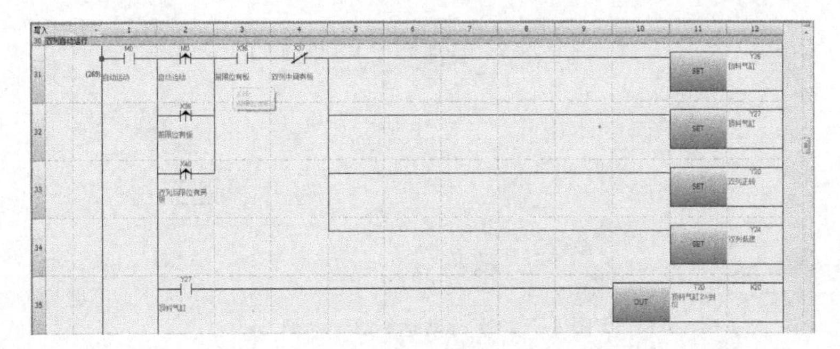

图 6-7-33　自动运行 7（双列 1）

图 6-7-34　自动运行 8（双列 2）

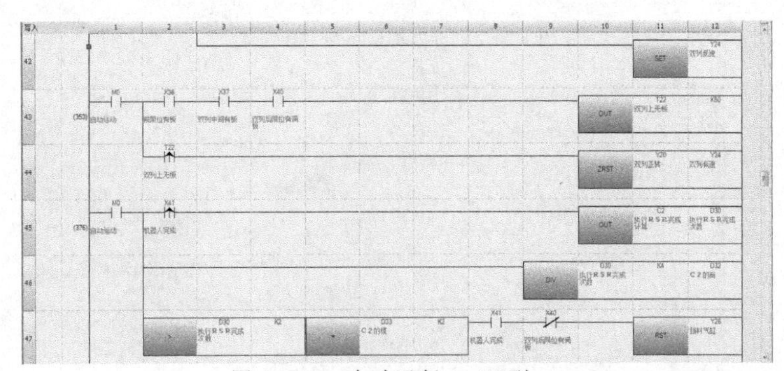

图 6-7-35　自动运行 9（双列 3）

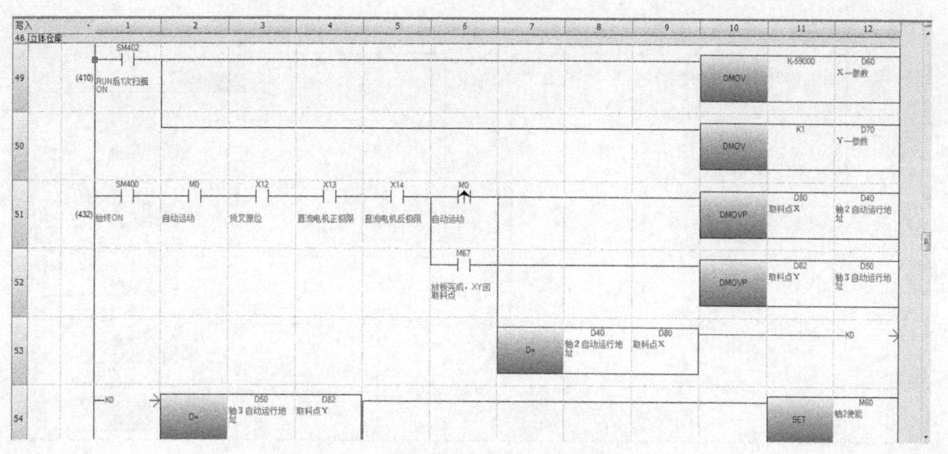

图 6-7-36　自动运行 10（立体仓库 1）

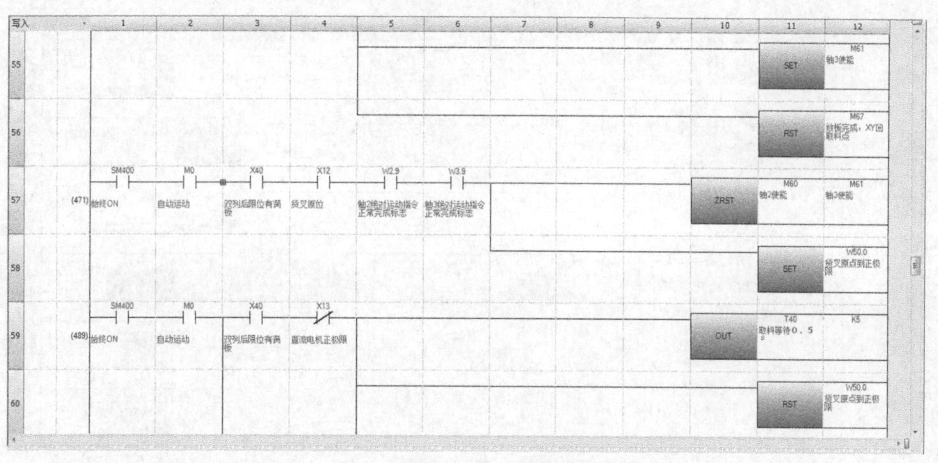

图 6-7-37　自动运行 11（立体仓库 2）

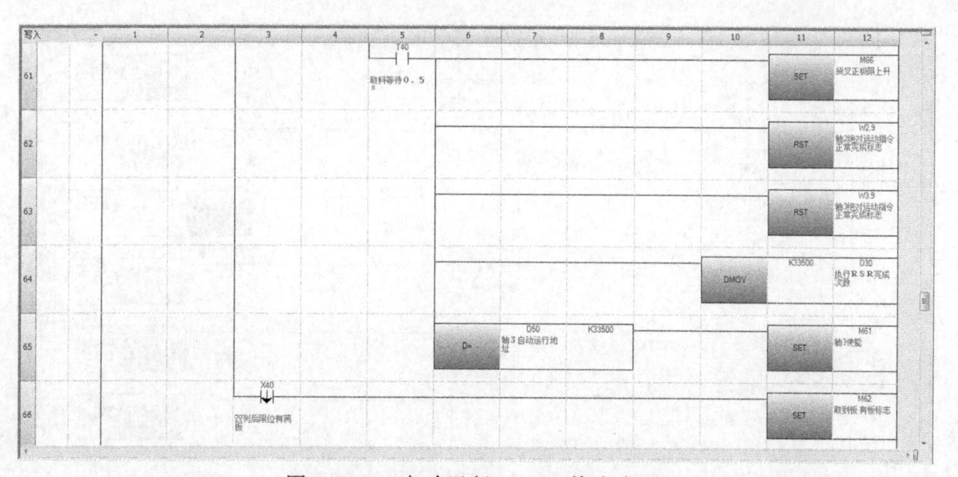

图 6-7-38　自动运行 12（立体仓库 3）

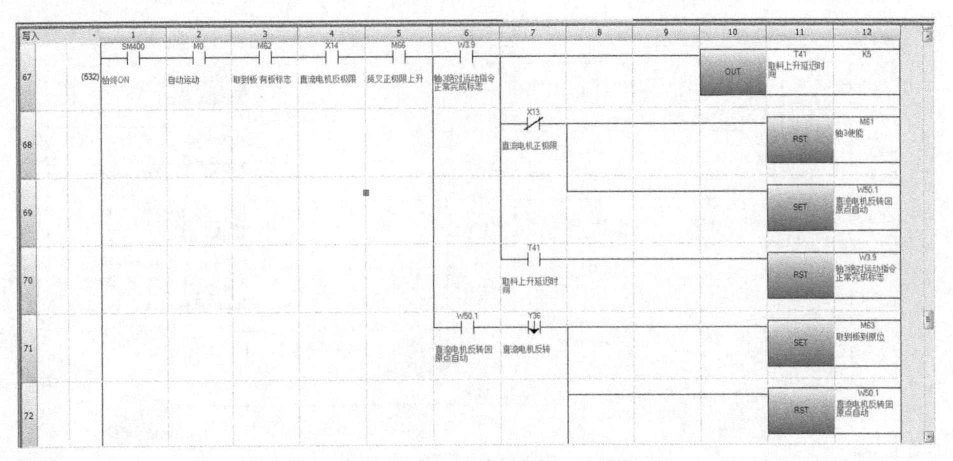

图 6-7-39　自动运行 13（立体仓库 4）

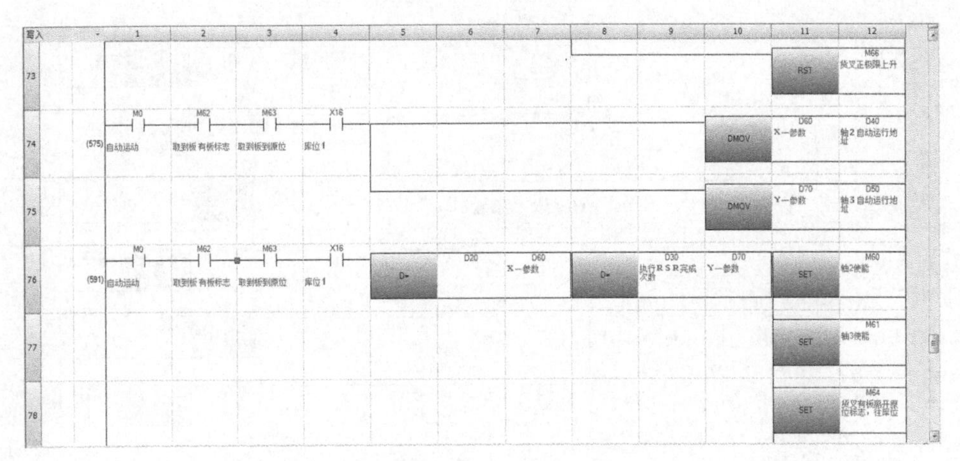

图 6-7-40　自动运行 14（立体仓库 5）

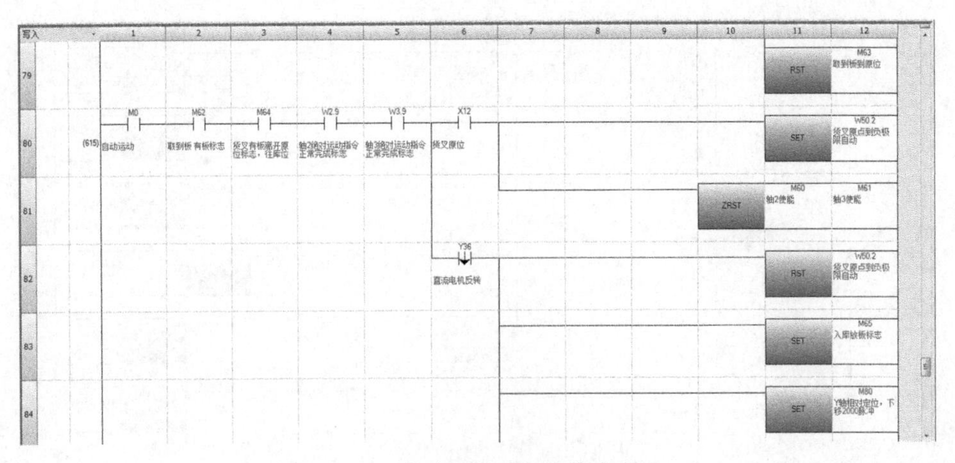

图 6-7-41　自动运行 15（立体仓库 6）

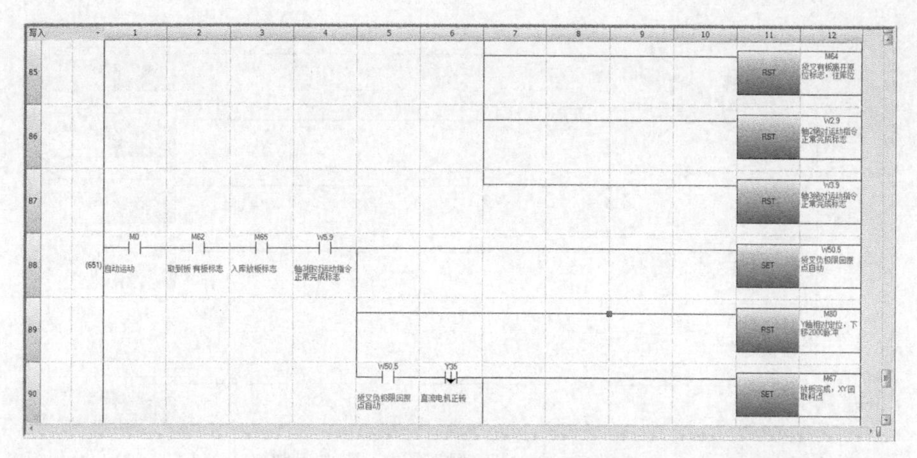

图 6-7-42　自动运行 16（立体仓库 7）

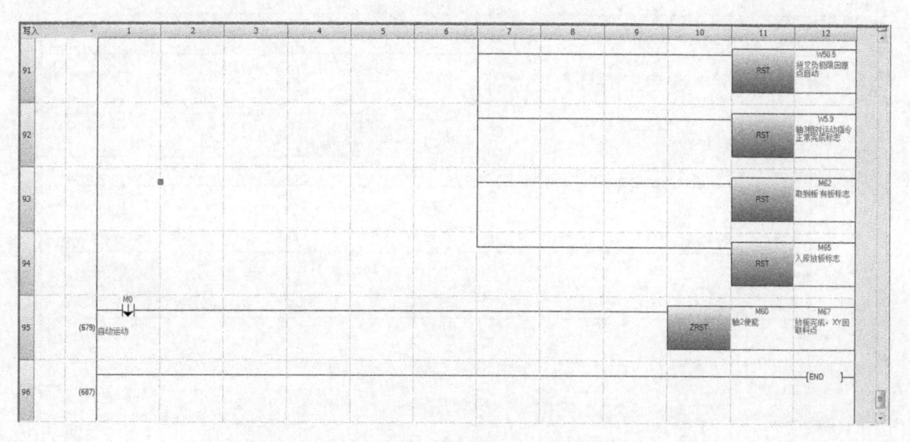

图 6-7-43　自动运行 17（立体仓库 8）

④ 轴 1 运动控制，如图 6-7-44～图 6-7-46 所示。

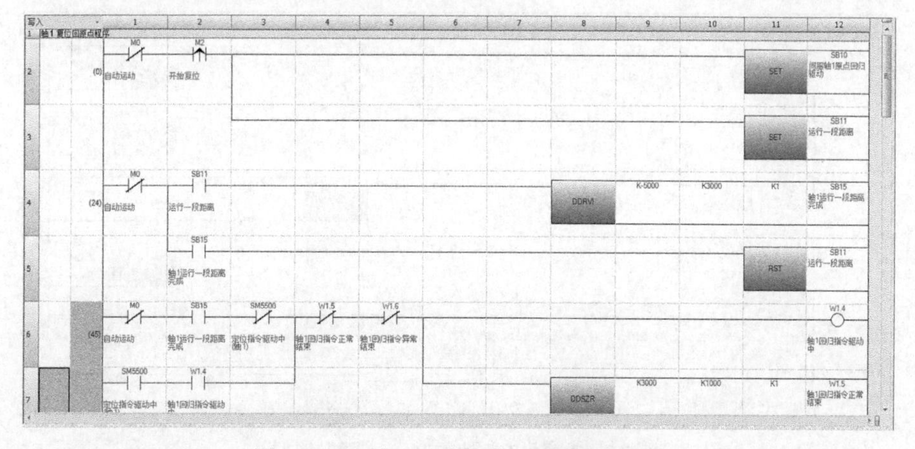

图 6-7-44　轴 1 运动控制——原点回归 1

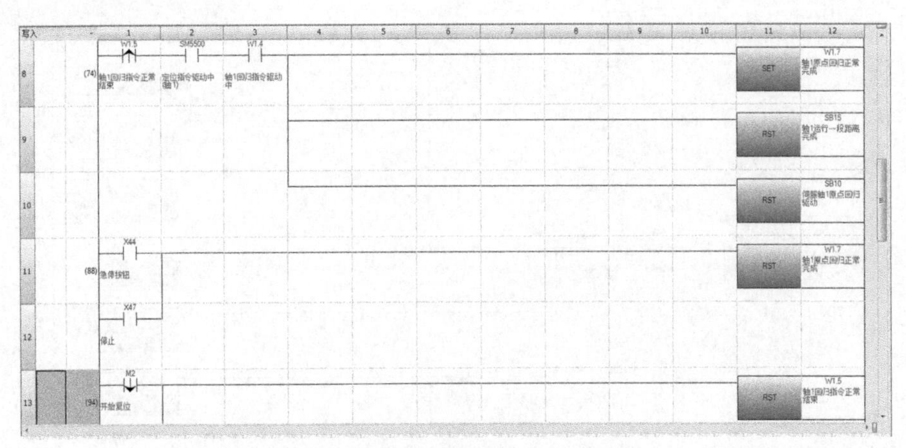

图 6-7-45　轴 1 运动控制——原点回归 2

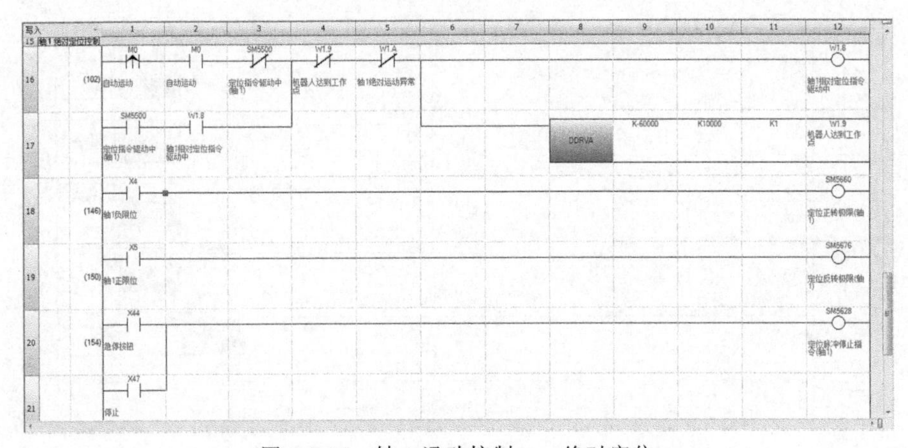

图 6-7-46　轴 1 运动控制——绝对定位

⑤ 轴 2 运动控制，如图 6-7-47～图 6-7-49 所示。

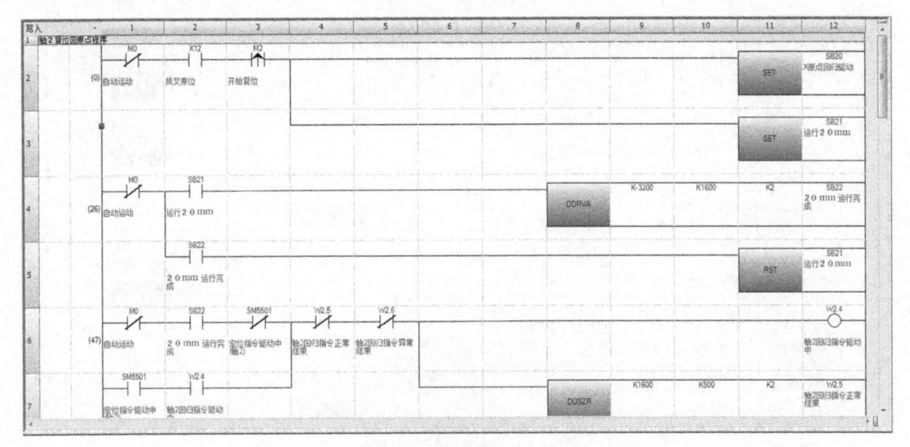

图 6-7-47　轴 2 运动控制——原点回归 1

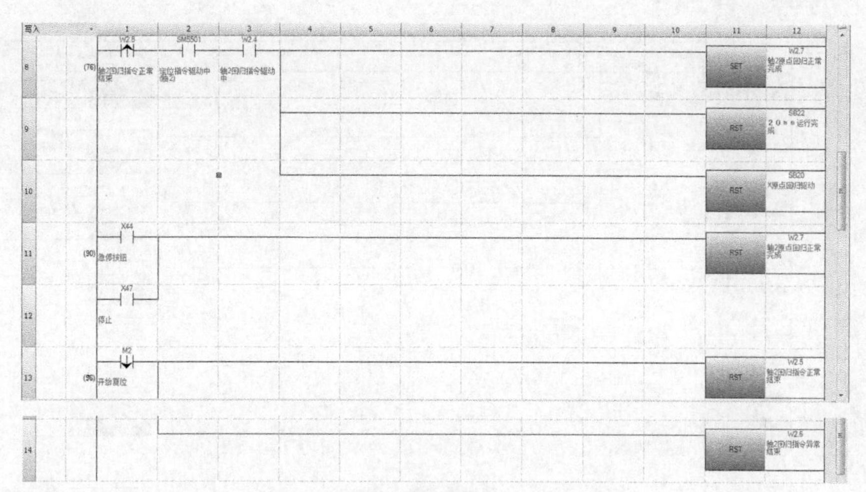

图 6-7-48　轴 2 运动控制——原点回归 2

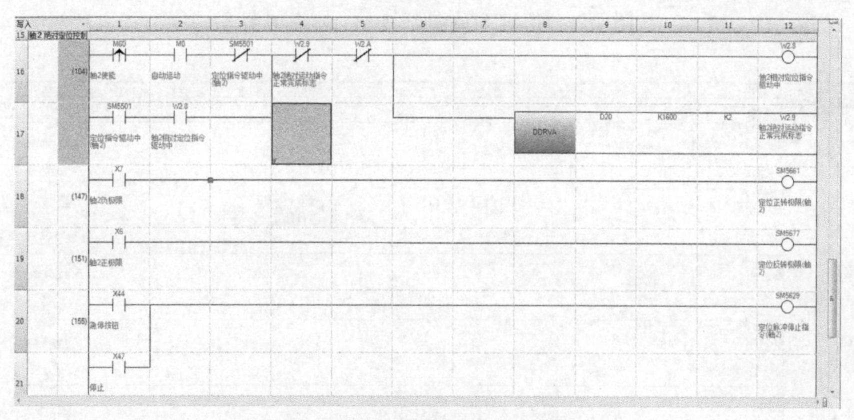

图 6-7-49　轴 2 运动控制——绝对定位

⑥ 轴 3 运动控制，如图 6-7-50～图 6-7-53 所示。

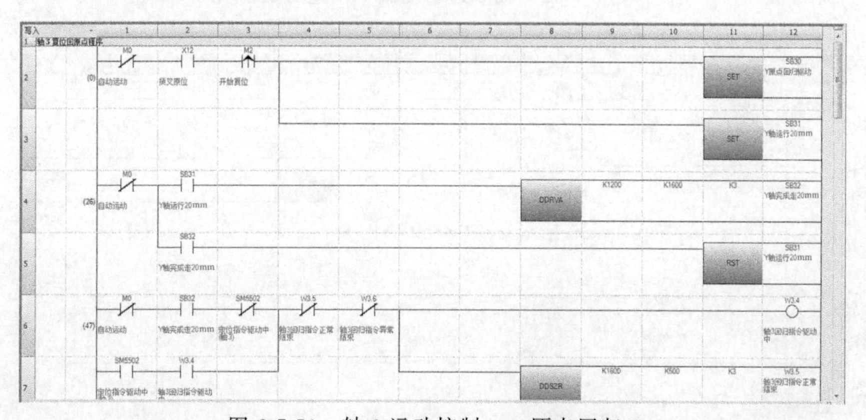

图 6-7-50　轴 3 运动控制——原点回归 1

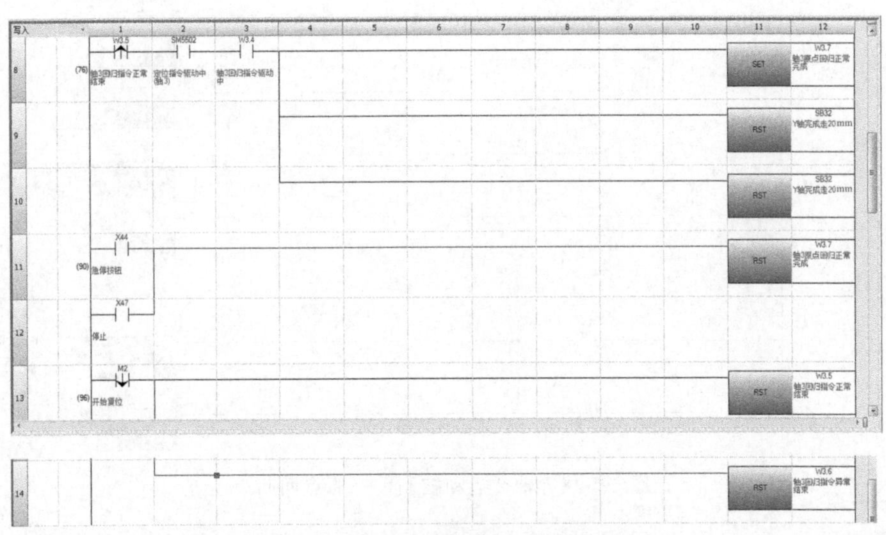

图 6-7-51　轴 3 运动控制——原点回归 2

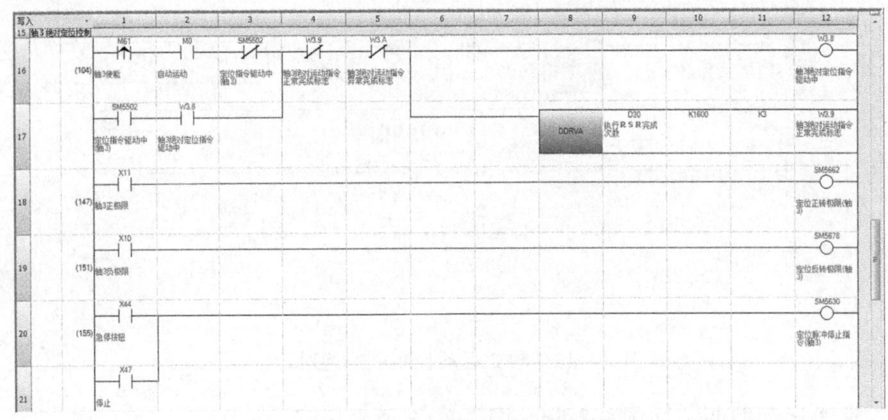

图 6-7-52　轴 3 运动控制——绝对定位

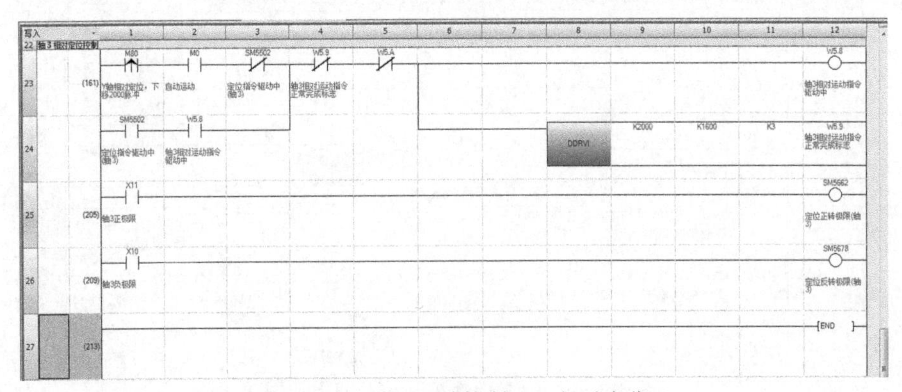

图 6-7-53　轴 3 运动控制——相对定位

⑦ 机器人程序，如下所示。

RSR0001 程序：

```
1：R [1] =R [1] +1
2：RO [3] =OFF                                  //夹手松
3：PR [3] = [0，0，30，0，0，0]
4：L  P [1]   100mm/sec  FINE                   //回到 HOME 点
5：L  P [9]   100mm/sec  FINE                   //到中间点
6：IF R [1] <3  CALL  HGCPSY3G
7：IF R [1] >=3  CALL  HGCPDYDY3G
8：DI [101] =ON
9：WAIT 1
10：DI [101] =OFF
11：L  P [9]   100mm/sec  FINE                  //到中间点
[End]
```

合格产品少于 3 个程序：

HGCPSY3G 程序：

```
1：L  P [2]   100mm/sec  FINE ,
2：Offset，PR [3]                               //单列取料点上方
3：L  P [2]   100mm/sec  FINE                   //单列取料点
4：RO [3] =ON                                   //单列取料
5：L  P [2]   100mm/sec  FINE ,
6：Offset，PR [3]                               //单列取料点上方
7：L  P [3]   100mm/sec  FINE ,
8：Offset，PR [3]                               //加工站放料点上方
9：L  P [3]   100mm/sec  FINE                   //加工站放料点
10：RO [3] =OFF                                 //加工站放料
11：L  P [3]   100mm/sec  FINE ,
12：Offset，PR [3]                              //加工站放料点上方
[End]
```

合格产品大于或等于 3 个程序：

HGCPDYDY3G 程序：

```
1：L  P [2]   100mm/sec  FINE ,
2：Offset，PR [3]                               //单列取料点上方
3：L  P [2]   100mm/sec  FINE                   //单列取料点
4：RO [3] =ON                                   //单列取料
```

```
5: L  P [2]   100mm/sec  FINE ,
6: Offset, PR [3]                                    //单列取料点上方
7: L  P [3]   100mm/sec  FINE ,
8: Offset, PR [3]                                    //加工站放料点上方
9: L  P [3]   100mm/sec  FINE                        //加工站放料点
10: RO [3] = OFF                                     //加工站放料
11: L  P [3]   100mm/sec  FINE ,
12: Offset, PR [3]                                   //加工站放料点上方
13: L  P [4]   100mm/sec  FINE ,
14: Offset, PR [3]                                   //加工站取料点上方
15: L  P [4]   100mm/sec  FINE                       //加工站取料点
16: R [3] = ON                                       //加工站取料
17: L  P [4]   100mm/sec  FINE ,
18: Offset, PR [3]                                   //加工站取料点上方
19: R [2] = R [1] MOD 4
20: IF R [2] = 3  JMP LBL [1]
21: IF R [2] = 0  JMP LBL [2]
22: IF R [2] = 1  JMP LBL [3]
23: IF R [2] = 2  JMP LBL [4]
24: LBL [1]
25: PR [1] = P [5]
26: JMP LBL [5]
27: LBL [2]
28: PR [1] = P [6]
29: JMP LBL [5]
30: LBL [3]
31: PR [1] = P [7]
32: JMP LBL [5]
33: LBL [4]
34: PR [1] = P [8]
35: JMP LBL [5]
36: LBL [5]
37: L  PR [1]   100mm/sec  FINE ,
38: Offset, PR [3]                                   //双列放料点上方
39: L  PR [1]   100mm/sec  FINE                      //双列放料点
40: RO [3] = OFF                                     //双列放料
41: L  PR [1]   100mm/sec  FINE ,
```

```
42：Offset，PR [3]                                    //双列放料点上方
43：IF R [2] =2  THEN                                 //是否放了第四个物料
44：R [1] =0
45：ELSE
46：JMP LBL [6]
47：ENDIF
48：LBL [6]
49：DI [101] =ON
50：WAIT 1
51：DI [101] =OFF
52：L  P [9]   100mm/sec  FINE                        //到中间点
[End]
```

机器人维护与保养

7.1 资料的备份与还原

工业机器人在日常使用中，系统可能会出现问题。因此，有经验的维保人员都会在机器人投入使用前对机器人的各项数据进行备份，以便在系统出现问题时可以快速恢复系统。本节要求对机器人的系统进行备份与恢复的操作。

7.1.1 FANUC 机器人数据备份

(1) 存储的文件类型

FANUC 机器人中存储的文件主要有七种类型，见表 7-1-1。

表 7-1-1　FANUC 机器人主要文件类型

类型	说明
程序文件(＊.TP)	记录一系列机器人操作指令的文件
标准指令文件(＊.DF)	记录在程序编辑界面分配给各功能键(【F1】～【F5】键)指令语句的文件
应用程序/系统文件(＊.SV)	工具软件参数设定的控制程序或在系统中使用的数据文件： SYSVARS. SV：存储基准点、关节可动范围、制动器控制等系统变量的设定； SYSFRAME. SV：存储坐标系的设定； SYSSERVO. SV：存储伺服参数的设定； SYSMAST. SV：存储调校数据； SYSMACRO. SV：存储宏指令的设定； FRAMEVAR. VR：存储为进行坐标系设定而使用的参照点、注解等数据，坐标系的数据本身被存储在 SYSFRAME. SV
数据文件(＊.VR)	记录系统中各项数据的文件： NUMREG. VR：存储暂存器的数据； POSREG. VR：存储位置暂存器的数据； STRREG. VR：存储串暂存器的数据； PALREG. VR：存储码垛暂存器的数据(仅限使用码垛选项时)
I/O 分配数据文件(＊.IO)	DIOCFGSV. IO：存储 I/O 分配的设定
机器人设定数据文件(＊.DT)	存储机器人设定画面上的设定内容
ASCII 文件(＊.LS)	存储采用 ASCII 格式的文件，可通过电脑等设备进行内容显示和打印

(2) 备份与系统恢复的方法

FANUC 机器人备份与系统恢复有三种模式，其区别与联系见表 7-1-2。

表 7-1-2　FANUC 机器人备份与系统恢复的方法

模式	可进行的备份操作	可进行的加载还原操作
一般模式	·单独备份一种类型的文件； ·可进行 Image 镜像备份	·每次只能加载一个文件； ·只读文件/处于编辑状态的文件/部分系统文件不能被加载
控制启动 (Controlled start)模式	·单独备份一种类型的文件； ·可进行 Image 镜像备份	可进行一种类型的全部文件的加载
Boot Monitor 模式	所有文件备份与 Image 镜像备份	·整个系统的镜像还原； ·Image 镜像还原只能在此模式下进行

FANUC 机器人用于存储备份文件的装置一般是 Memroy Card 卡或 U 盘。

Memroy Card 卡可以使用 Flash ATA 存储卡或 SRAM 存储卡，在系统中作为 MC 设备。

U 盘可以直接插在控制柜的 USB 端口（作为 UD1 设备）或插在示教器的 USB 端口（作为 UT1 设备）使用，操作相对简便。下面主要以 U 盘进行备份操作。

7.1.2　备份设备的切换

将 U 盘插入示教器的 USB 端口，如图 7-1-1 所示。

在示教器 USB 接口上插入 U 盘，按示教器的“MENU”键，选择“文件”，进入文件界面，如图 7-1-2 所示。

图 7-1-1　示教器 USB 接口

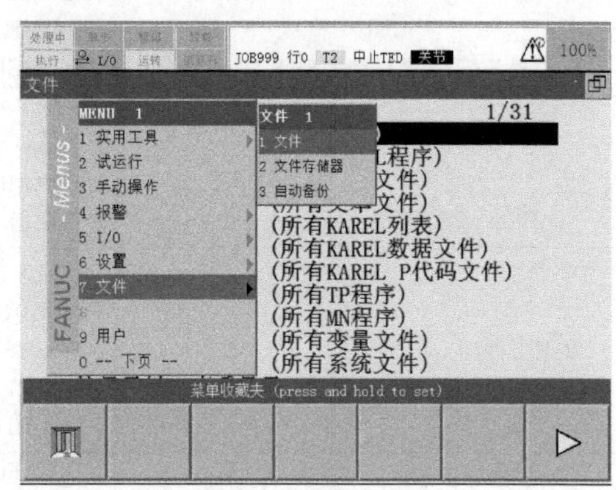

图 7-1-2　进入文件界面

然后按“工具”→“切换设备”，如图 7-1-3 所示。

在图 7-1-4 所示菜单下可以看到机器人的存储设备类型。存储设备的类型及说明见表 7-1-3。

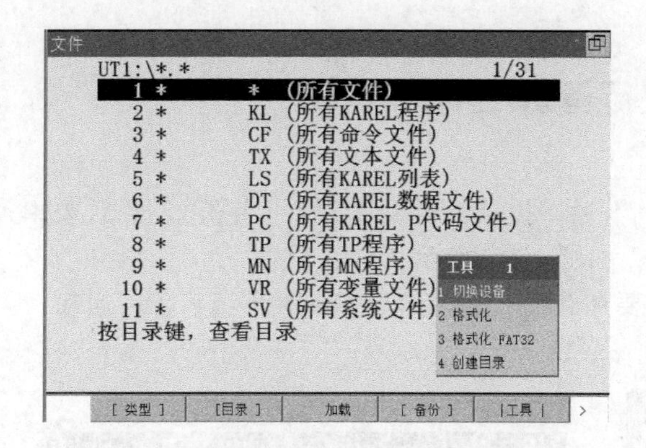

图 7-1-3　在文件界面切换设备

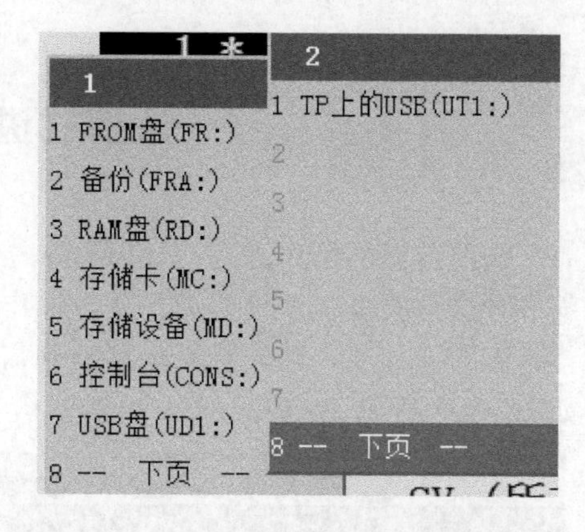

图 7-1-4　机器人的存储设备类型

表 7-1-3　机器人存储设备的类型及说明

类型	说明
FROM 盘(FR:)	在没有后备电池的状态下,在电源断开时保持信息的存储区域。本存储设备中虽然可以存储程序等的备份和任意的文件,但是请勿向根目录进行保存和删除等操作
备份(FRA:)	这是通过自动备份来保存文件的区域。可以在没有后备电池的状态下,在电源断开时保持信息
RAM 盘(RD:)	这是为了特殊的功能而提供的存储设备。请勿使用本存储设备
存储卡(MC:)	可以在 Flash ATA 存储卡或者小型闪存卡上附加 PCMCIA 适配器后使用
存储设备(MD:)	可以将机器人程序和 KAREL 程序等控制装置的存储器上的数据作为文件进行处理的设备
控制台(CONS:)	这是维修专用的设备,详细内容需参照内部信息的日志文件
USB 盘(UD1:)	当将 U 盘插在控制柜 USB 口上时,将作为此设备使用
TP 上的 USB(UT1:)	当将 U 盘插在示教器 USB 口上时,将作为此设备使用

本节使用 UT1 设备，选择“TP 上的 USB（UT1:）”，此时界面左上角变成“UT1：\ *. *”，进入了 U 盘的空间。如下图 7-1-5 所示。

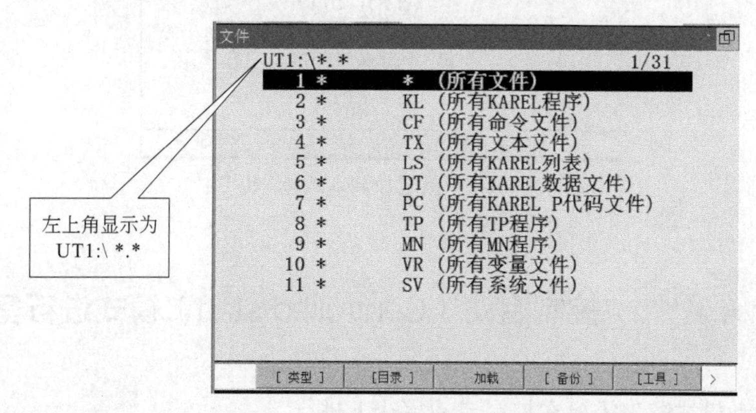

图 7-1-5　选择 UT1 后的文件界面

7.1.3 一般模式进行备份/还原

按照前面的操作进入“UT1：＊.＊”后，按示教器上【F4】（备份），然后选择某一种文件类型，系统即进行备份操作。如图 7-1-6 所示。

若需要加载，则先将光标移动到需要加载的类型，然后按示教器【F3】（加载），如图 7-1-7 所示。

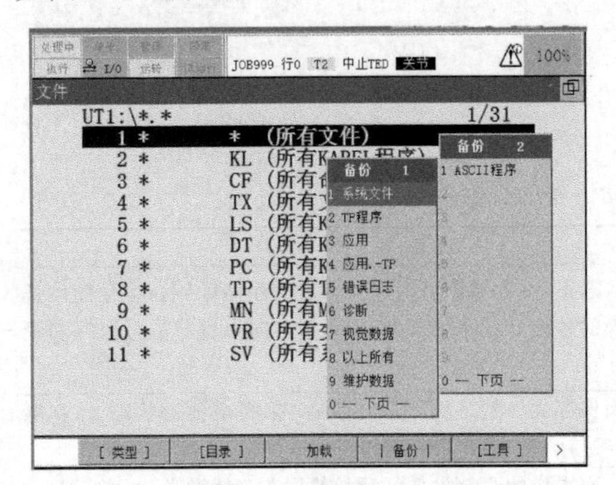

图 7-1-6 选择要备份的类型

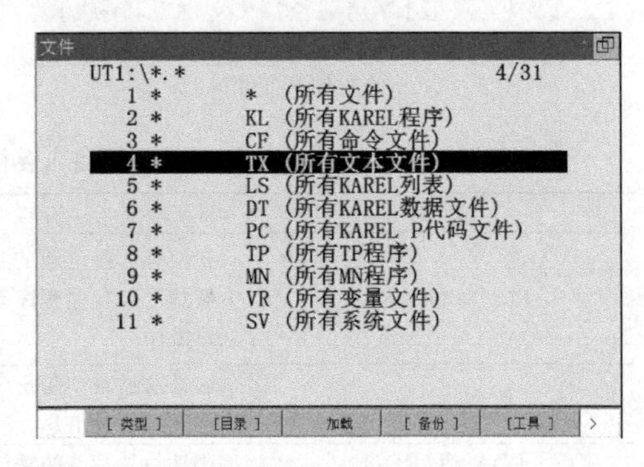

图 7-1-7 选择要加载的类型，并按【F3】（加载）

再选择需要加载的类型，按“是”即可，如图 7-1-8 所示。

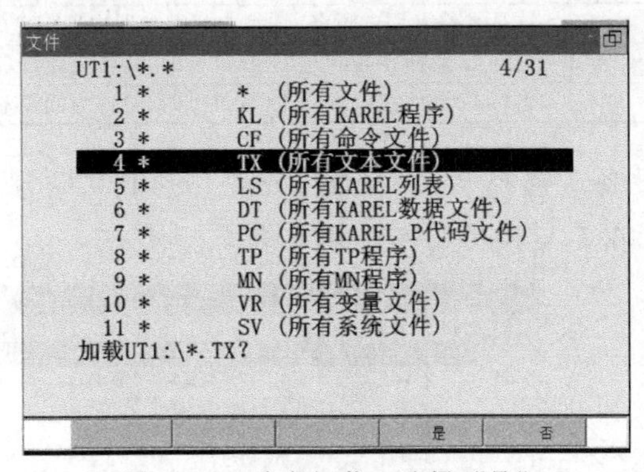

图 7-1-8 确定加载，选择“是”

7.1.4 控制启动（Controlled start）模式进行备份/还原

控制启动模式备份需要在控制启动模式下进行。

机器人在关机的状态下，同时按住示教器上【PREV】与【NEXT】键，然后打开机器人控制柜电源，直到示教器出现以下界面才松手，如图 7-1-9 所示。

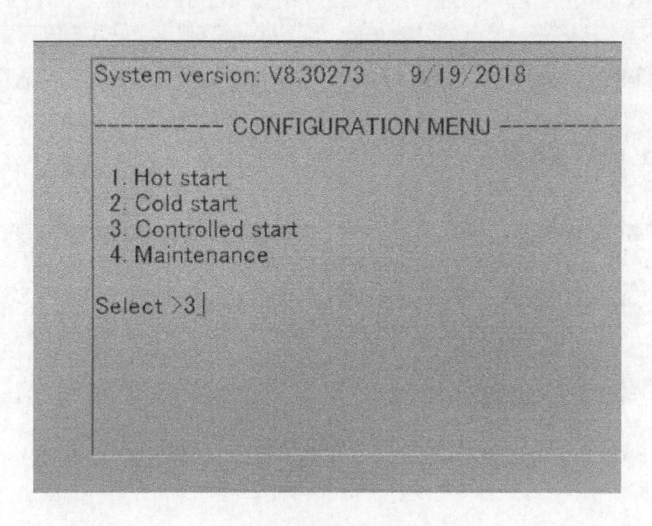

图 7-1-9　模式选择界面

选择第三项“Controlled start”，然后按示教器【ENTER】键，进入控制启动模式界面，如图 7-1-10 所示。

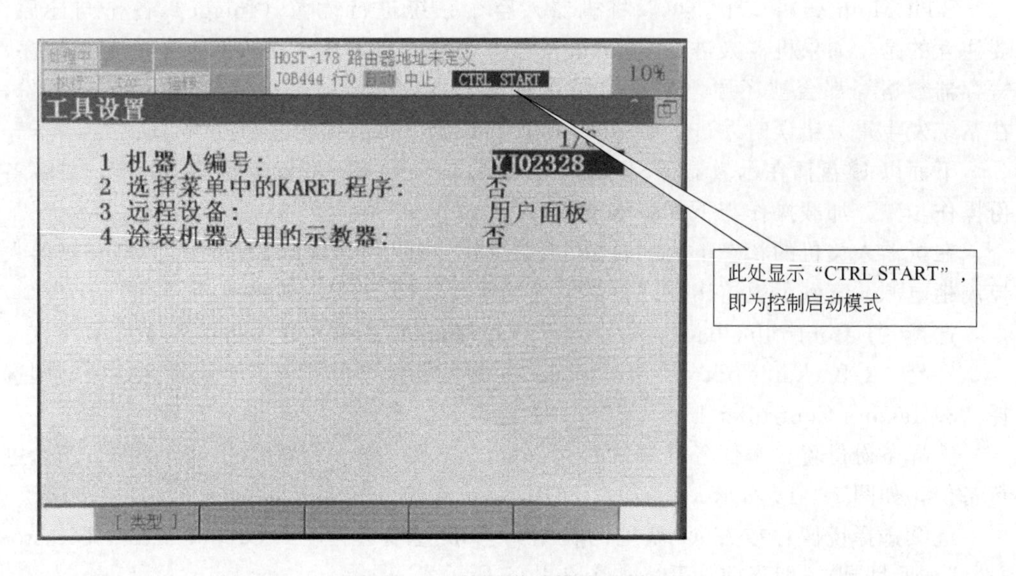

图 7-1-10　控制启动模式的界面

在此模式下进行备份/加载操作，与一般模式类似，如图 7-1-11 所示。

完成备份/加载操作后，按示教器上的【FCTN】键，选择“冷开机（Cold-start）”，机器人重新启动，返回操作系统。如图 7-1-12 所示。

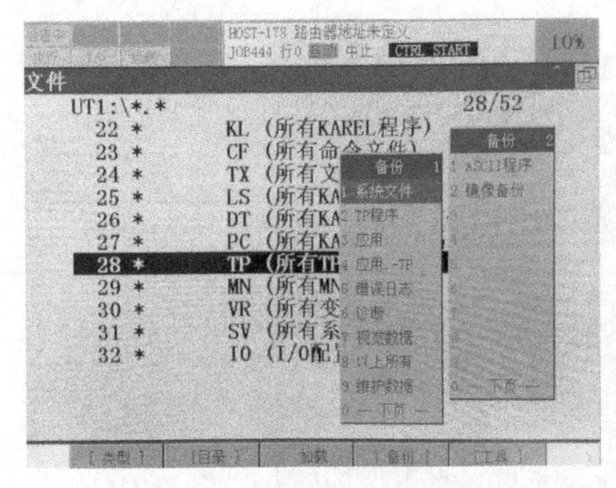

图 7-1-11 操作与一般模式类似

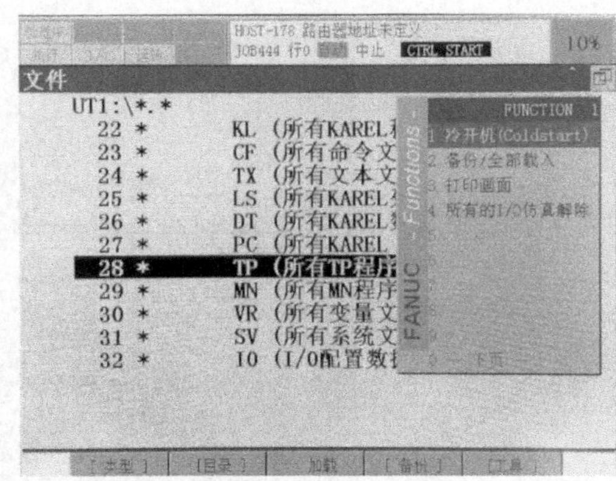

图 7-1-12 操作完成后，按【FCTN】选择“冷开机”

7.1.5 Boot Monitor 模式进行备份/还原

Boot Montior 模式下，可以将机器人整个系统进行镜像（Image）备份与还原。要注意的是，如果机器人进行（Image）镜像还原，那么存储在机器人上的用户程序、寄存器数据等都会被还原。一般建议在机器人投入生产前进行镜像（Image）备份，在系统发生重大错误时才进行镜像（Image）还原。

下面以 U 盘插在示教器 USB 插口上（UT1：*. *）进行备份操作为例，讲解备份操作步骤，加载操作与下列步骤类似。

在机器人关机的状态下，同时按住示教器上【F1】与【F5】键，然后打开机器人控制柜电源，直到示教器出现以下界面才松手，如图 7-1-13 所示。

选择“4. Controller backup/restore”（控制备份/还原）进入备份还原菜单。

选择“2. Backup Controller as Images”进行镜像备份（若需进行镜像还原，则选择“3. Restore Controller Images ”）。如图 7-1-14 所示。

选择备份位置，本任务使用“USB（UT1:）”，在示教器 USB 插口插入 U 盘进行备份，如图 7-1-15 所示。

继续选择镜像存放在 U 盘里的位置，一般直接选择“1. OK（Current Directory）”（根目录），即当前位置。如图 7-1-16 所示。

继续确认备份的相关信息，输入“1”后按【Enter】键，备份开始，如图 7-1-17 所示。

备份将自动进行，如图 7-1-18 所示。

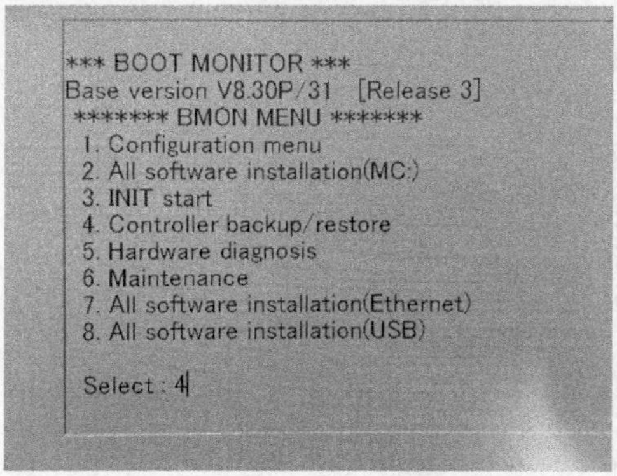

图 7-1-13　BOOT Montior 模式选择菜单

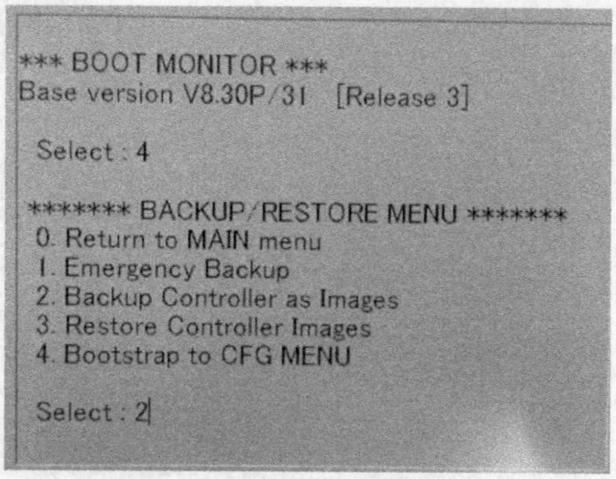

图 7-1-14　选择第二项进入备份操作

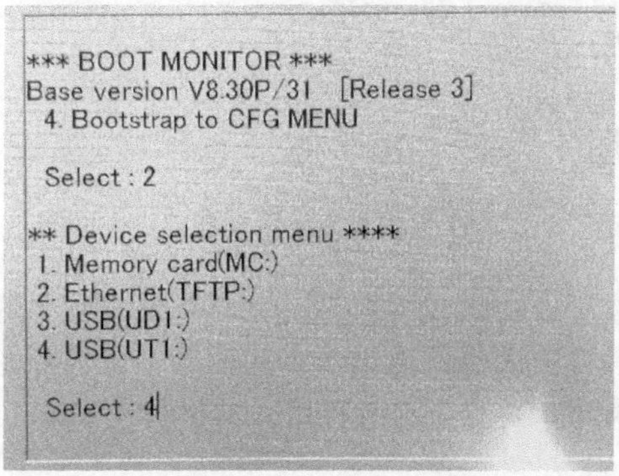

图 7-1-15　选择存储设备

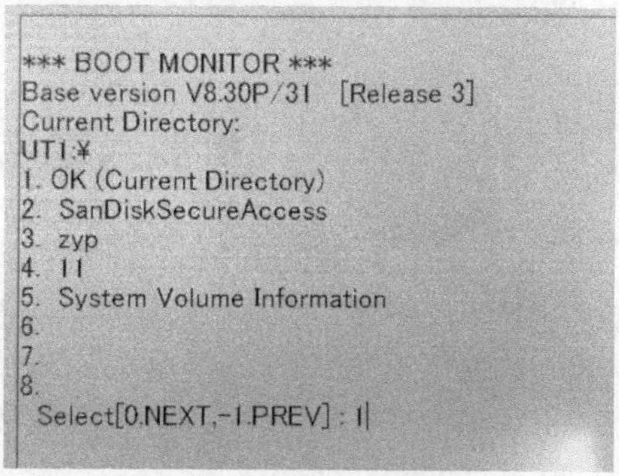

图 7-1-16　选择存储位置

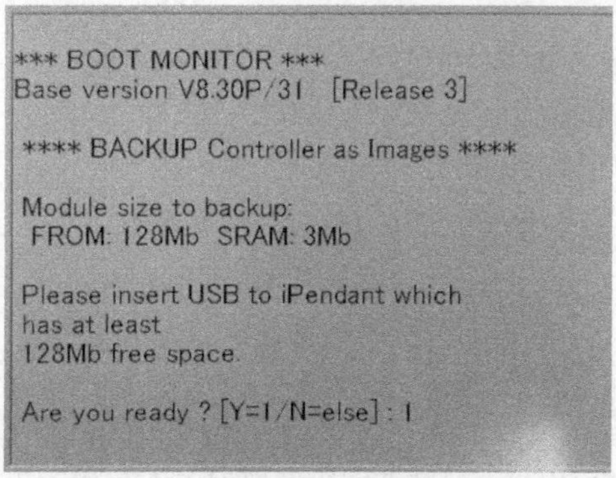

图 7-1-17　按“1”然后按【ENTER】键确认，开始备份

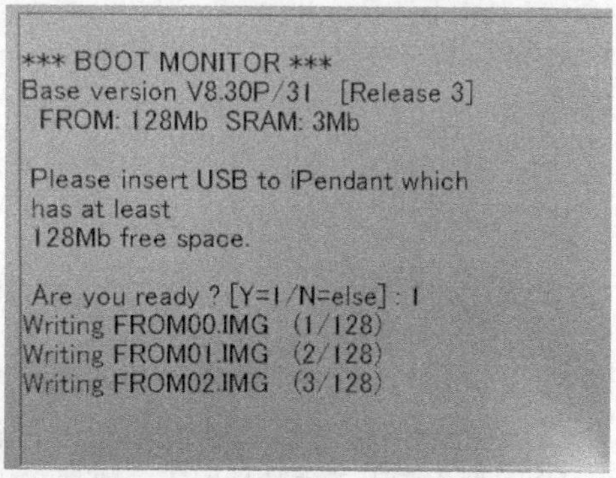

图 7-1-18　自动备份运行界面

备份完成后，按示教器【ENTER】键返回。如图 7-1-19 所示。

```
*** BOOT MONITOR ***
Base version V8.30P/31  [Release 3]
Writing FROM121.IMG  (122/128)
Writing FROM122.IMG  (123/128)
Writing FROM123.IMG  (124/128)
Writing FROM124.IMG  (125/128)
Writing SRAM00.IMG  (126/128)
Writing SRAM01.IMG  (127/128)
Writing SRAM02.IMG  (128/128)

Done!!

Press ENTER to return >
```

图 7-1-19　备份完成后，按【ENTER】键返回

重启机器人，即可返回正常操作系统。

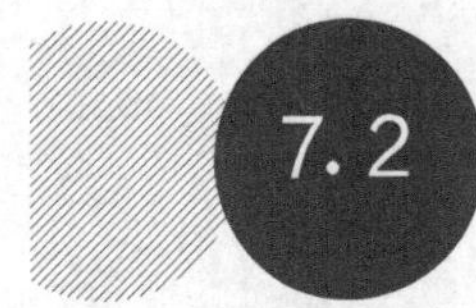

7.2 / 机器人零点复归

机器人的零点位置是指机器人本体各个轴所处在机械零点时的状态，通常在机器人出厂之前已经进行了标定。但是，机器人有可能丢失原点数据，此时则需要重新进行零点标定。将机器人的机械信息与位置信息同步，重新定义机器人的物理位置。

7.2.1 / 机器人出现零点丢失的情况

一般来说，有机器人出现零点丢失的情况有如下几种：

① 机器人执行了初始化系统（恢复了系统）；

② SPC 备份电池电压下降导致 SPC 脉冲记数丢失；

③ 关机状态下卸下了机座电池；

④ 编码器电缆断开；

⑤ 更换电动机；

⑥ 机械臂受到冲击导致脉冲数发生变化；

⑦ 非备份状态下 SRAM（COMS）的备份电池电压下降导致 MASTERING 数据丢失。

在机器人零点丢失的情况下，机器人出现“SRVO-062 脉冲编码器数据丢失”“SRVO-075 脉冲编码器位置未确定”故障，机器人不能正常工作。

此时，需要对机器人进行零点的重新标定操作，此操作又名为零点复归。

机器人需要进行零点复归的情况，一般系统会伴有 SRVO-062 与 SRVO-075 的

报警，因此在进行零点复归操作之前，需先把 SRVO-062 与 SRVO-075 报警清除。

7.2.2 消除 SRVO-062、 SRVO-075 报警

(1) 消除 SRVO-062 报警

SRVO-062 报警如图 7-2-1 所示。

按“MENU”→“下一页”→“系统”→“变量”，如图 7-2-2 所示。

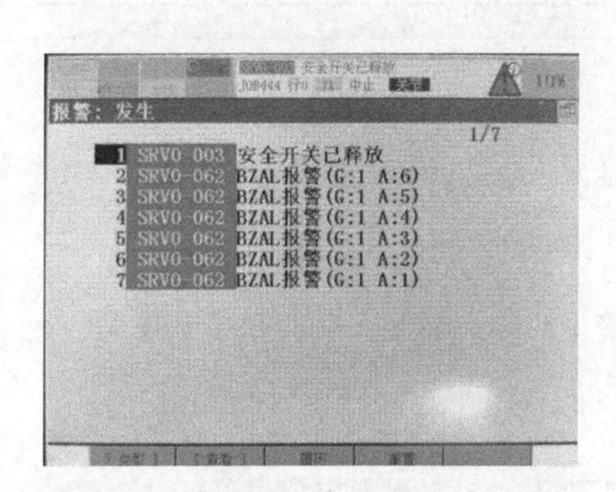

图 7-2-1　报警日志中的 SRVO-062 报警

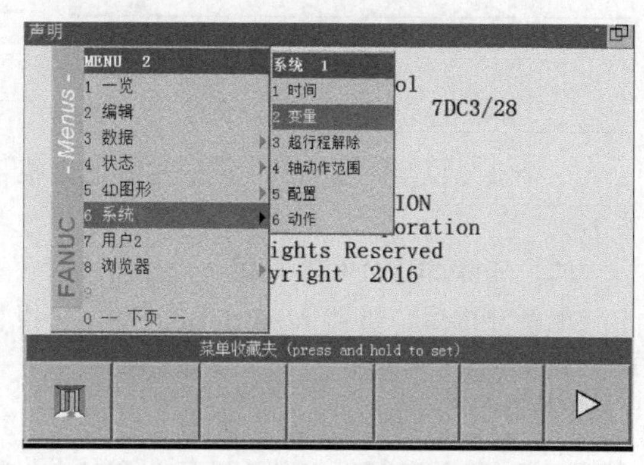

图 7-2-2　进入变量界面

找到“$MASTER_ENB”变量，并将其值从 0 改成 1（此操作是将隐藏的零点标定菜单显示出来），如图 7-2-3 所示。

按“MENU”→“下一页”→“系统”→“变量”，返回菜单，发现多了一项“零点标定/校准”选项，选择进入，如图 7-2-4 所示。零点标定菜单如图 7-2-5 所示。

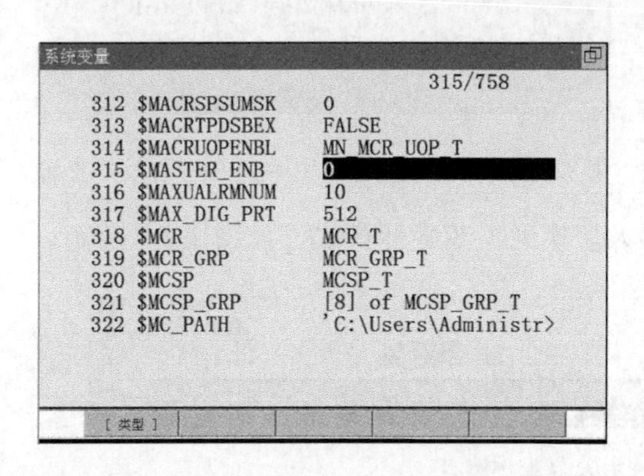

图 7-2-3　将“$MASTER_ENB”的值改为 1

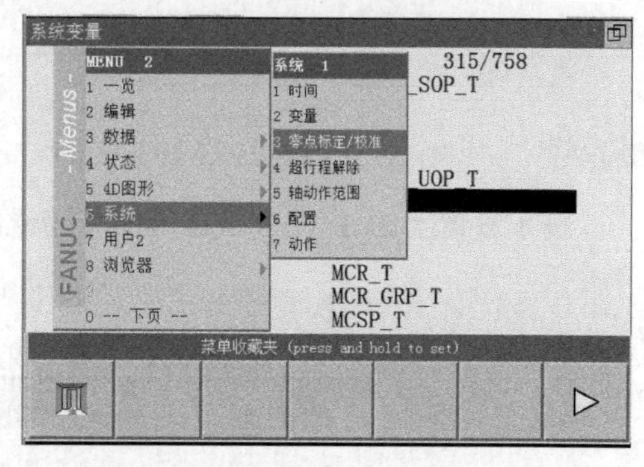

图 7-2-4　选择“零点标定/校准”菜单

进入菜单后，按示教器【F3】（RES_PCA），将“解除脉冲编码器报警?”选择“是”，如图 7-2-6 所示。

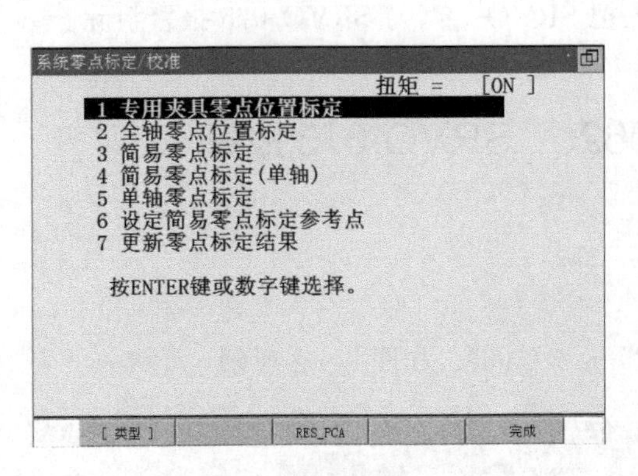

图 7-2-5 零点标定菜单

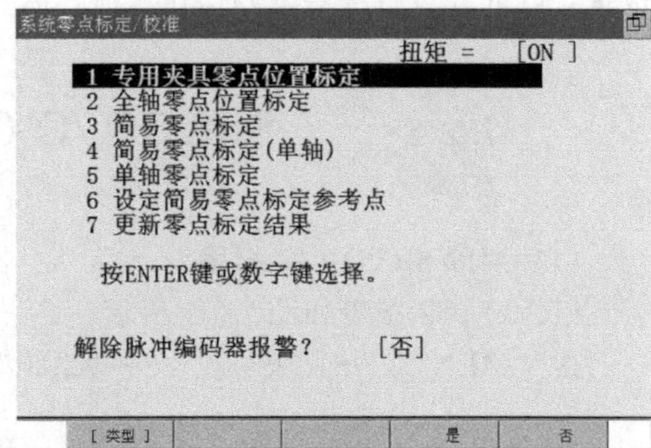

图 7-2-6 按【F3】(RES_ PCA)

在警报复位后，关闭机器人电源重启机器人，SRVO-062 报警消失。如图 7-2-7 所示。

(2) 消除 SRVO-075 报警

重新开机后，机器人提示 SRVO-075 报警。此时，机器人只能在关节模式下运动。如图 7-2-8 所示。

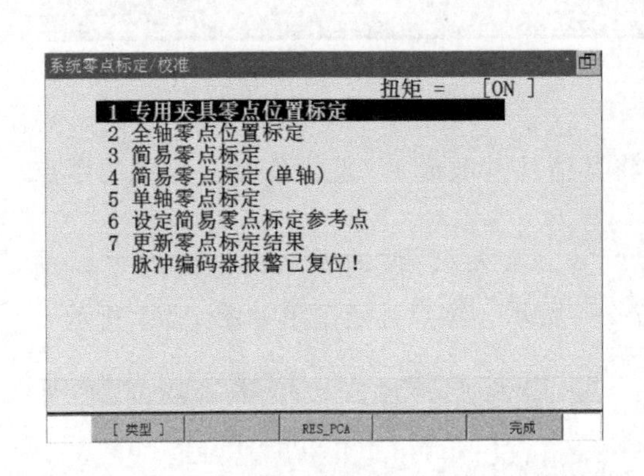

图 7-2-7 脉冲编码器报警复位，然后重启机器人

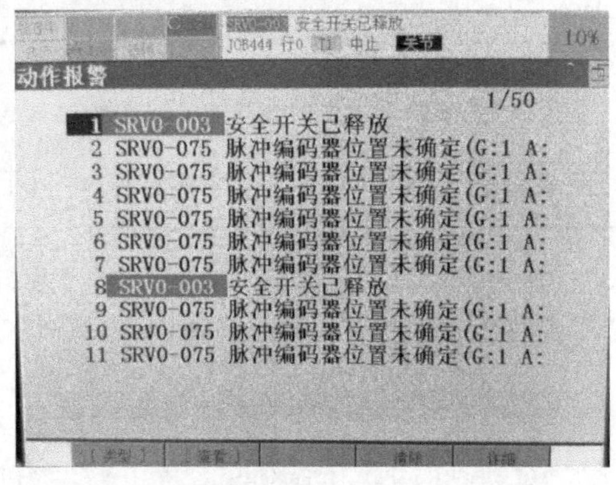

图 7-2-8 在动作报警日志中的 SRVO-075 报警

按示教器上的【COORD】键，将机器人切换到关节坐标模式，如图 7-2-9 所示。

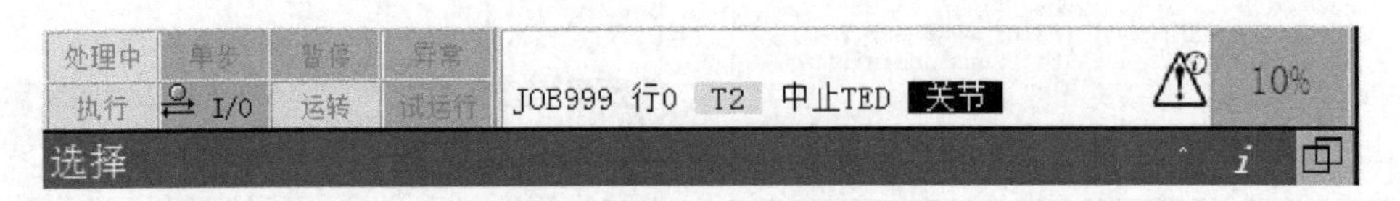

图 7-2-9 先切换至关节坐标模式

使用示教器，点动机器人报警的轴，各移动 20°以上，如图 7-2-10 所示。

按【Reset】键，SRVO-075 报警消失。如图 7-2-11 所示。

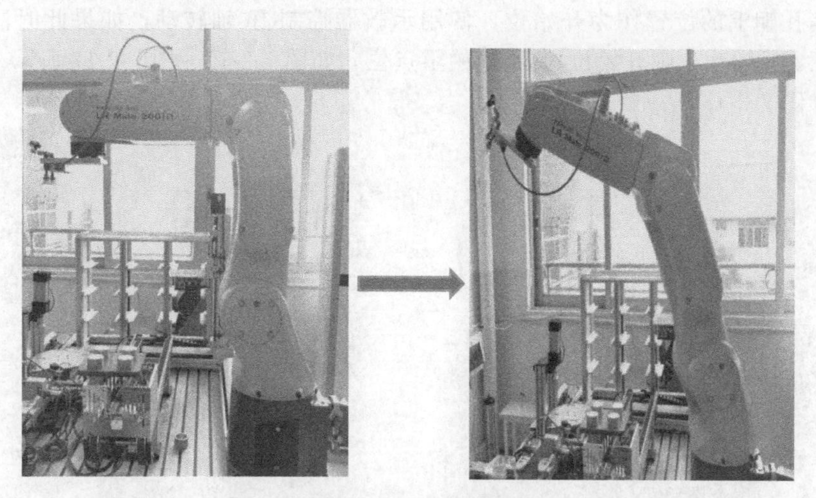

图 7-2-10　将机器人各轴移动 20°以上

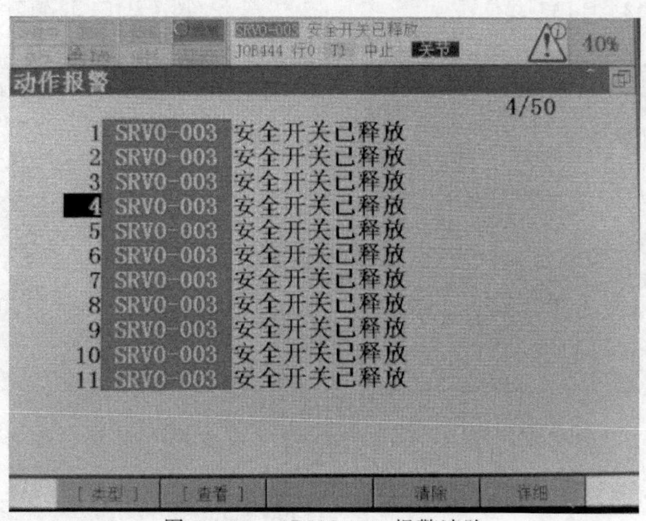

图 7-2-11　SRVO-075 报警清除

7.2.3　零点复归操作

机器人的零点复归操作是重新定义机器人物理原点的操作，在消除 SRVO-062 与 SRVO-075 报警后即可进行。

通过示教器，使用关节模式将机器人 6 个轴分别对准各轴的零点刻线。注意观察机器人本体各轴的零点刻线，缓慢移动各轴，使其对准。

其中，因为 J6 轴法兰盘并无刻线，因此需要先找到法兰盘的定位销孔，并保证以定位销孔朝上的位置作为开始位，使用示教器控制J6轴转动，如果此时法兰盘可以进行±360°转动，则开始位为J6轴的零点位，如图7-2-12～图7-2-17所示。零点时的姿态如图7-2-18所示。

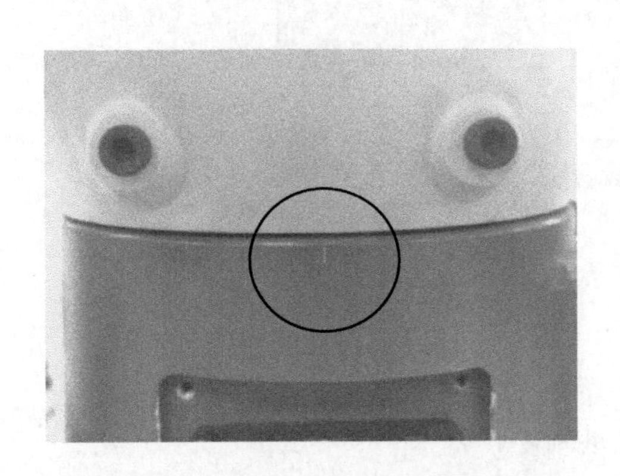

图7-2-12　J1轴刻线位置

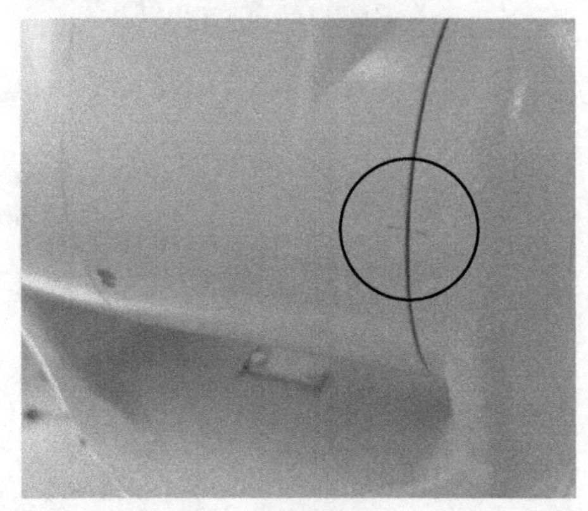

图7-2-13　J2轴刻线位置

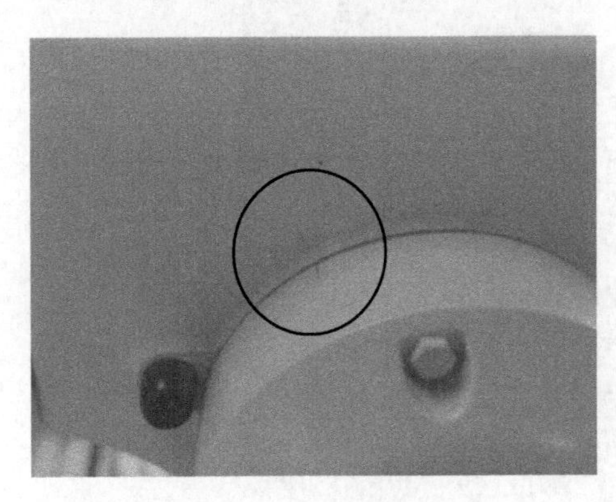

图7-2-14　J3轴刻线位置

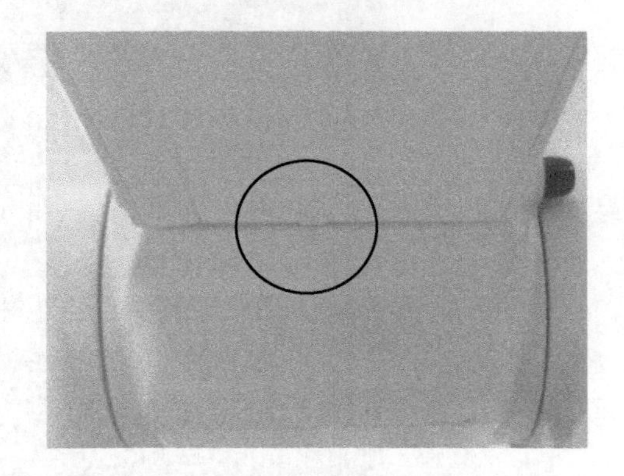

图7-2-15　J4轴刻线位置

各轴零点对准后，再次进入“系统零点标定/校准”菜单，选择第二项“2 全轴零点位置标定”，如图7-2-19所示。

按示教器【ENTER】键，然后按【F4】（是）确认，系统会进行机器人位置标定，并显示各轴的标定数据，如图7-2-20、图7-2-21所示。

继续选择第7项“7 更新零点标定结果”，按示教器【ENTER】键并按【F4】（是）确定，如图7-2-22、图7-2-23所示。

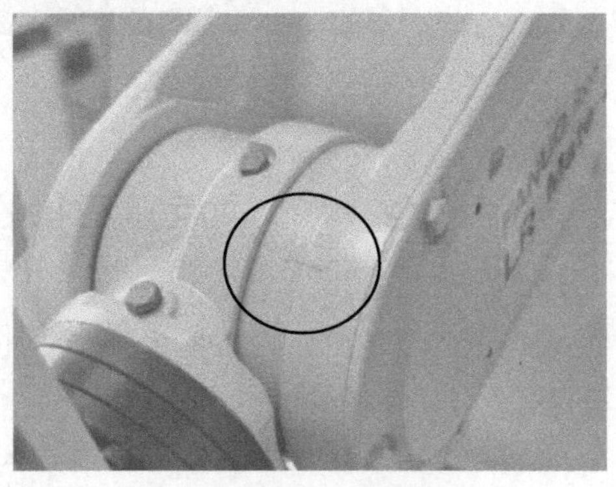

图7-2-16　J5轴刻线位置

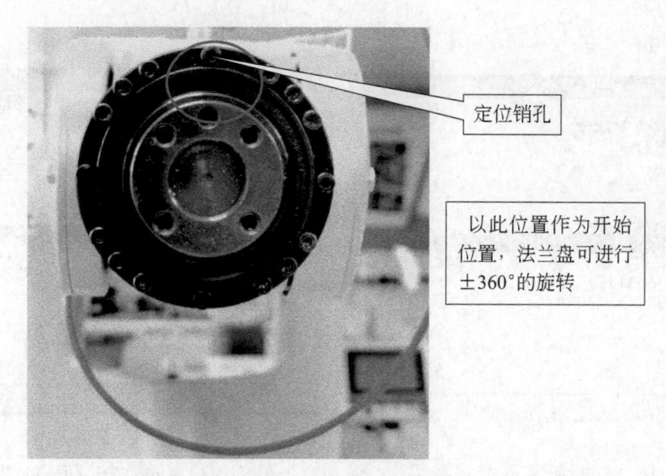

图 7-2-17　J6 轴的零点位置，注意找到定位销孔的位置

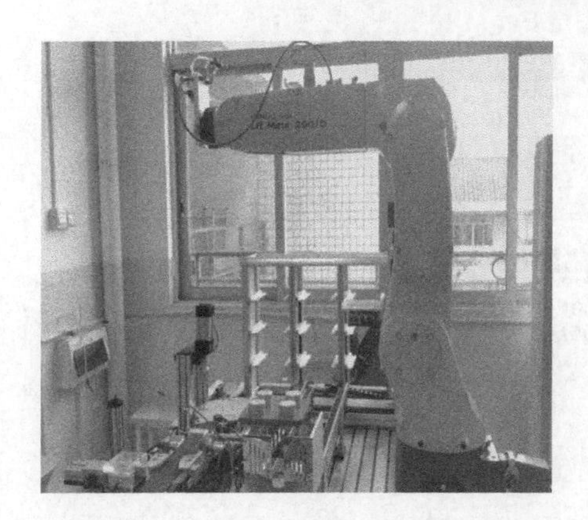

图 7-2-18　机器人各轴处于零点时的姿态

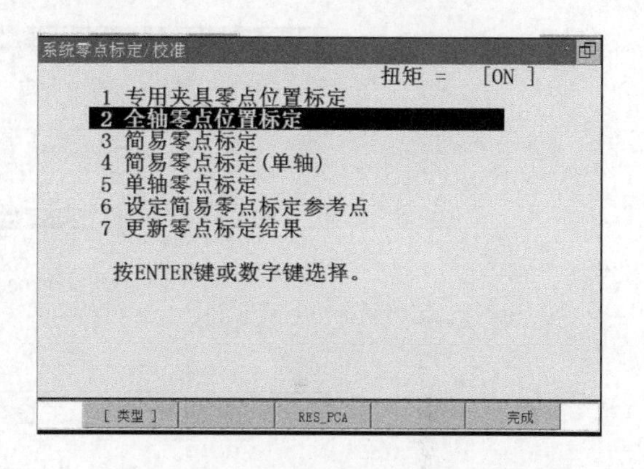

图 7-2-19　再次进入“系统零点标定/校准”菜单选择“2 全轴零点位置标定”

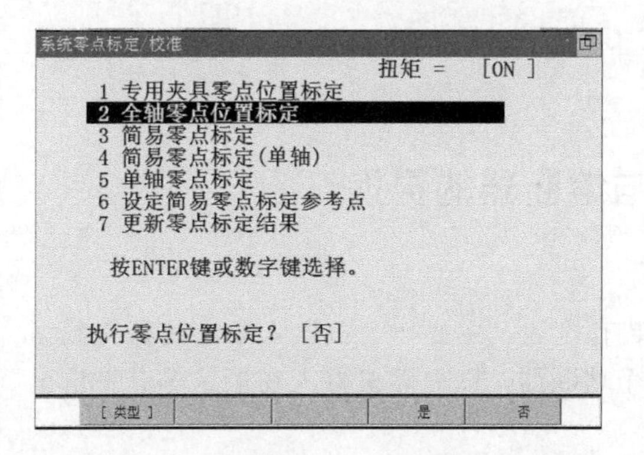

图 7-2-20　按【F4】(是) 确认执行零点位置标定

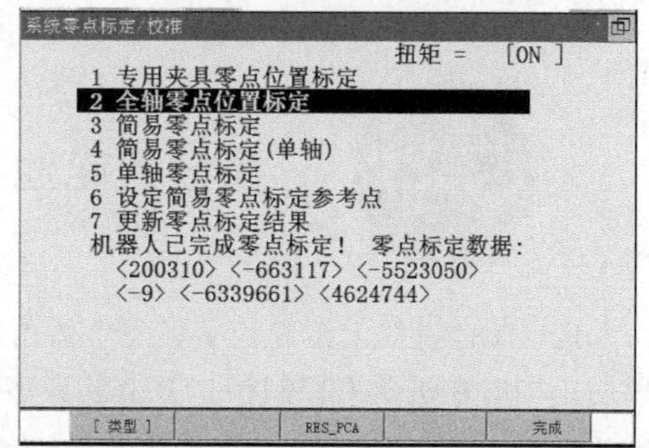

图 7-2-21　零点位置标定的数据会显示在屏幕上

标定结果更新，零点标定完成，如图 7-2-24 所示。

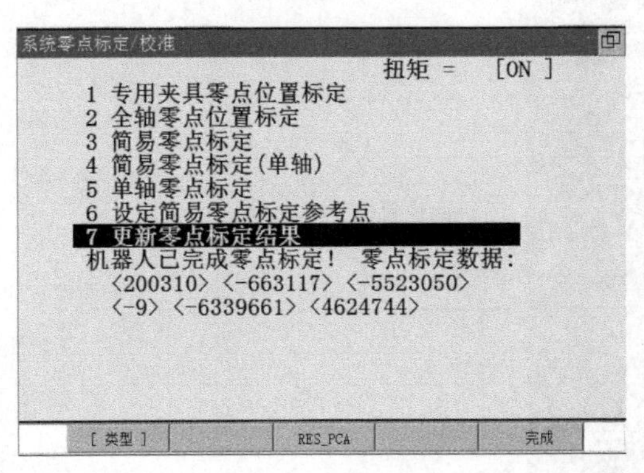

图 7-2-22 选择“7 更新零点标定结果”

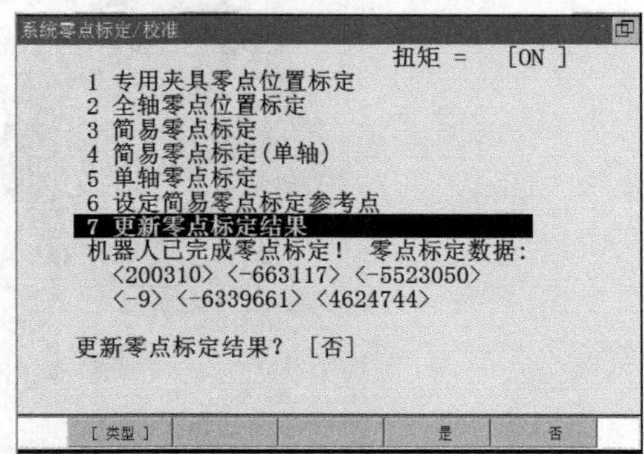

图 7-2-23 再次按【F4】(是) 确定更新

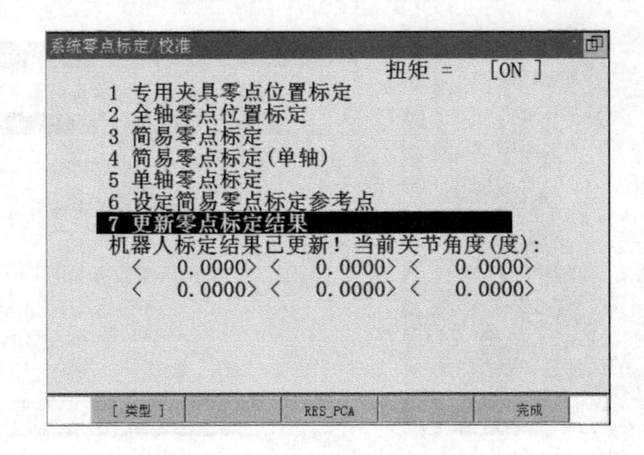

图 7-2-24 零点标定结果更新

标定结束后可退出菜单，零点标定菜单会自动隐藏。标定后，机器人可正常工作。

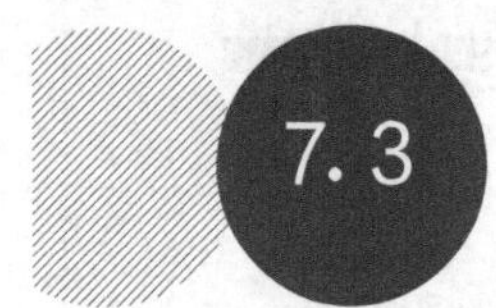

7.3 机器人电池与熔断器的更换

FANUC 机器人控制柜主板与本体内装有电池，主要作为机器人断电时保持数据使用。同时在机器人控制柜主板上装有多个熔断器，以保障机器人在短路等突发情况下系统的安全。

本节要求能正确对 FANUC 机器人进行电池的更换操作，并能结合示教器报警信息，对主板熔断器进行更换。

7.3.1 FANUC 机器人的电池

(1) 控制柜主板上的电池

程序和系统变量存储在主板上的 SRAM 中，由一节位于主板上的锂电池供电以保存数据。当这节电池的电压不足时，则会在 TP 上显示报警（SYST-035 Low or No Battery Power in PSU)。当电压变得更低时，SRAM 中的内容将不能备份，这时需要更换旧电池，并将原先备份的数据重新加载。

注意：控制柜主板上的电池应两年换一次。

(2) 机器人本体上的电池

机器人本体上的电池用来保存每根轴编码器的数据。电池需要每年更换，在电池电压下降报警“SRVO-065 BLAL alarm（Group：%d Axis：%d）”出现时，允许用户更换电池。若不及时更换，则会出现报警“SRVO-062 BZAL alarm（Group：%d Axis：%d）”，此时机器人将不能动作。遇到这种情况再更换电池，还需要做 Mastering（零点复归)，才能使机器人正常运行。

(3) 机器人控制柜主板上的熔断器

本节所使用的机器人控制柜为 LR Mate 200iD，其主板上一共有 10 个熔断器，其规格等信息见表 7-3-1。

表 7-3-1 机器人控制柜主板上的熔断器

名称	规格	作用
FS1	LM74 3.2A	用于生成放大器控制电路的电源
FS2	LM74 3.2A	用于对末端执行器 XROT、XHBK 的 24V 输出保护
FS3	LM74 3.2A	用于对再生电阻、附加轴放大器的 24V 输出保护
FUSE1	LM75 1A	用于保护外围设备接口＋24V 输出
FUSE2	LM75 1A	用于＋24EXT 线路(急停线路)的保护
FUSE3	LM75 1A	用于示教器电源保护
FUSE4	LM74 2A	用于防护链信号的保护
FUSE5	LM74 5A	用于示教器系统存储器保护
FUSE6	LM64 3.2A	用于保护控制柜散热风扇
FUSE7	LM64 3.2A	用于保护控制柜散热风扇

7.3.2 FANUC 机器人电池的更换

(1) 控制柜主板上电池的更换

① 准备一节新的锂电池（推荐使用 FANUC 原装电池)。如图 7-3-1 所示。

② 机器人通电开机正常后，等待 30s。

图 7-3-1 FANUC 机器人控制柜主板专用电池

③ 机器人关电，打开控制柜，控制柜主板的电池位于柜门板的主板上，由一个卡扣紧固，只需轻轻向卡扣中间挤压即可取出旧电池。如图 7-3-2 所示。

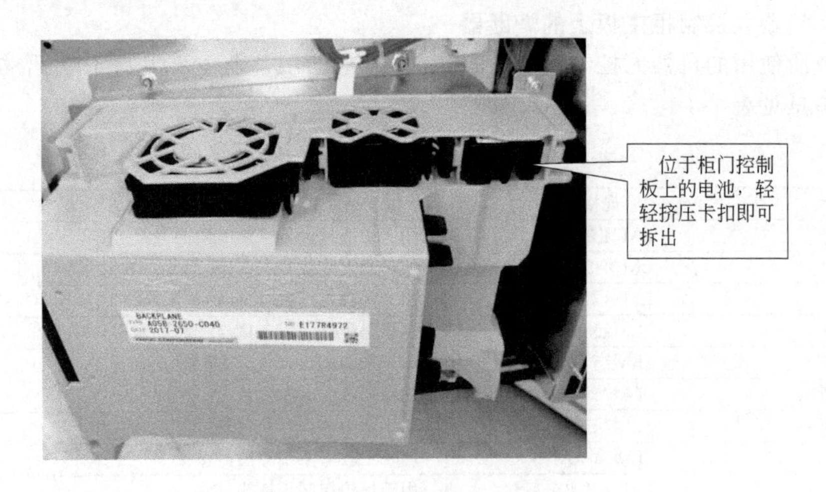

图 7-3-2 柜门控制板上的电池

④ 装上新电池，完成更换。

(2) 机器人本体电池的更换

① 保持机器人电源开启，按下机器急停按钮。

② 打开电池盒的盖子，拿出旧电池。如图 7-3-3 所示～图 7-3-6 所示。

③ 换上新电池（推荐使用 FANUC 原装电池），注意不要装错正负极（电池盒的盖子上有标识）。

④ 盖好电池盒的盖子，上好螺钉。

图 7-3-3　机器人本体电池盒位置

图 7-3-4　打开电池盒外壳

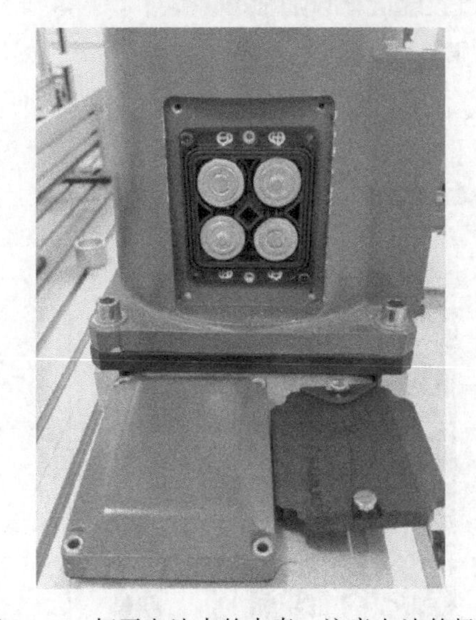

图 7-3-5　打开电池内的内壳，注意电池的极性

图 7-3-6　取出电池

7.3.3　机器人熔断器的更换

熔断器为直插式，必须在控制柜断电后进行更换。

FS1～FS3 位于控制柜内的伺服驱动板上，请注意熔断器排序。如图 7-3-7 所示。

图 7-3-7　控制柜内的伺服放大板

FUSE1 位于控制柜柜门主板上，如图 7-3-8 所示。

图 7-3-8　控制柜柜门板上的 FUSE1

FUSE2～FUSE5 位于控制柜急停板上，请注意熔断器排序。如图 7-3-9 所示。

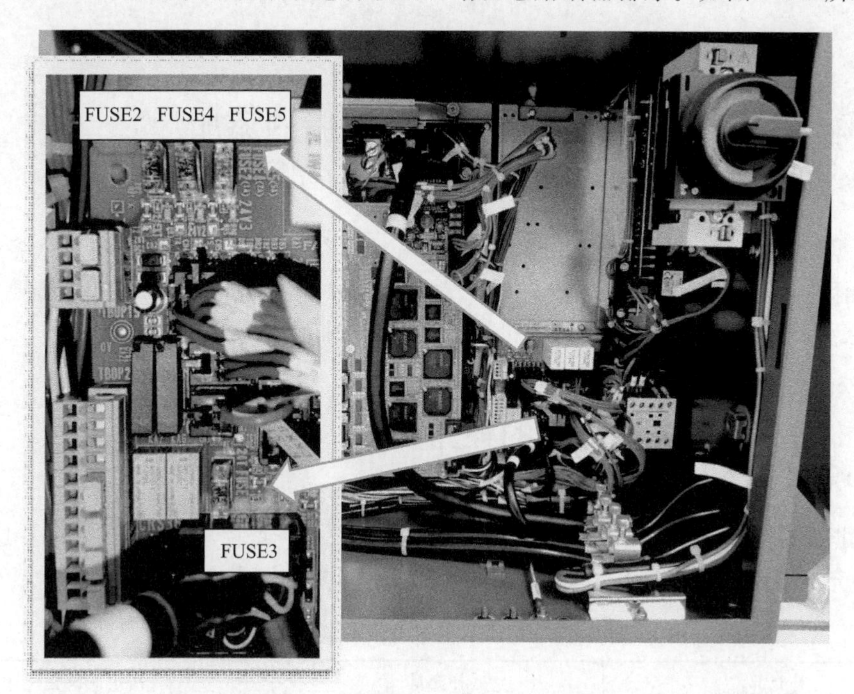

图 7-3-9　控制柜内急停板上的熔断器

FUSE6、FUSE7 位于控制柜急停板右下角位置，如图 7-3-10 所示。

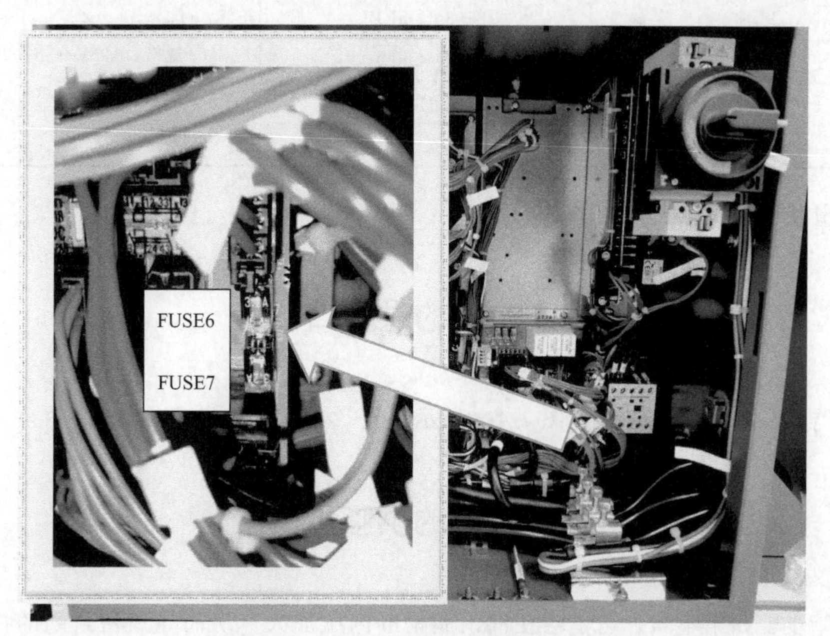

图 7-3-10　控制柜内急停板右下角的熔断器

7.4 / 机器人减速机润滑脂的添加

根据机器人的保养规范，当机器人达到一定运行周期时，必须给机器人各轴减速机重新添加润滑脂，以保障机器人的正常运行。本节要求能根据维保手册要求，对FANUC 型号为 LR Mate 200iD 的机械手进行添加润滑脂操作。

7.4.1 / 润滑脂的补充要求

根据维保手册要求，LR Mate 200iD 机械手每 4 年或者累计运行时间达 15360h，必须补充润滑脂。同时，机器人各轴补充的润滑脂要求见表 7-4-1。

表 7-4-1 机器人各轴补充的润滑脂要求

补充部位	补充量	指定润滑脂
J1 轴	2.7g(3mL)	Harmonic Grease 4BNo. 2 规格：A98L-0040-0230
J2 轴	2.7g(3mL)	
J3 轴	1.8g(2mL)	
J4 轴	1.8g(2mL)	
J5 轴	1.8g(2mL)	
J6 轴	1.8g(2mL)	

润滑脂可在机器人任意姿态下添加。

7.4.2 / 机器人各轴的供脂口位置

机器人各轴供脂口位置如图 7-4-1 所示。

7.4.3 / 机器人各轴的供脂步骤

供脂步骤如果不当，可能会使润滑脂槽的内压加大，从而导致密封圈的损坏，进而导致漏油或动作不良。因此，供脂操作必须严格按照步骤进行。

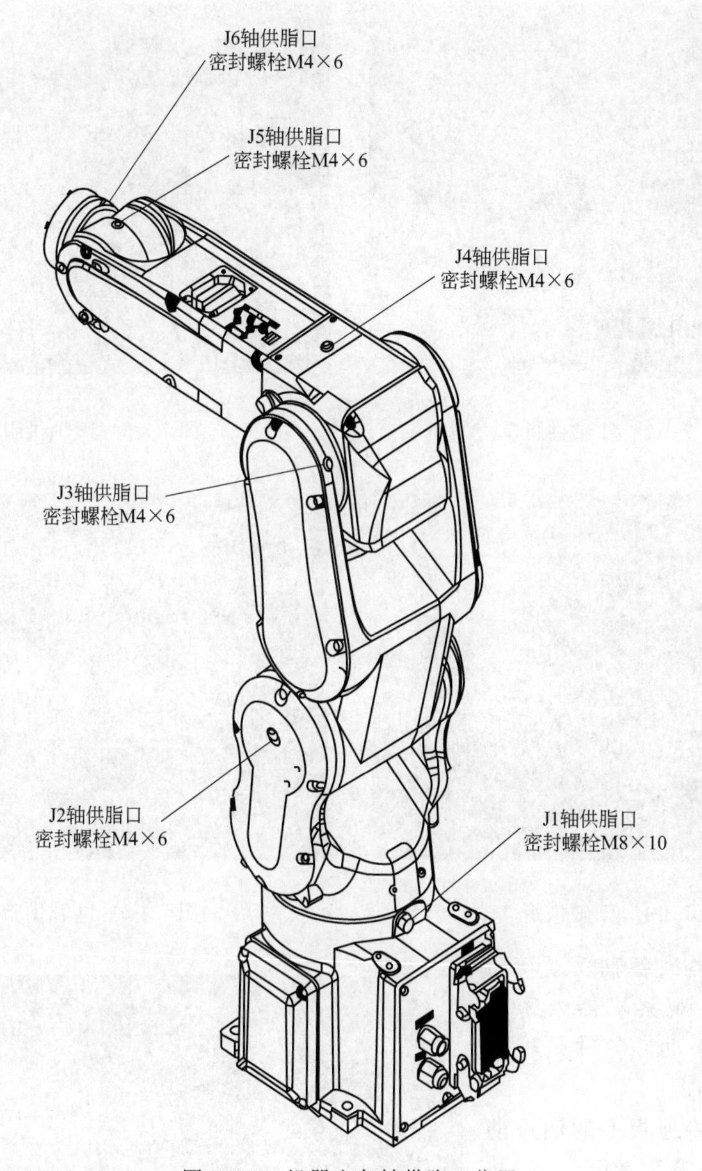

图 7-4-1　机器人各轴供脂口位置

① 切断控制装置的电源。

② 根据示意图找到各轴供脂口的密封螺栓并取下。如图 7-4-2～图 7-4-6 所示。

③ 用注射器把规定量的润滑脂注射到供脂口里。注意，润滑脂正在补充中或者刚补充完后，润滑脂会流出来，此时请勿补充多余的润滑脂。

④ 补充完成后，换上新的密封螺栓。如果利用旧的密封螺栓，必须要用密封胶带予以密封才能使用。

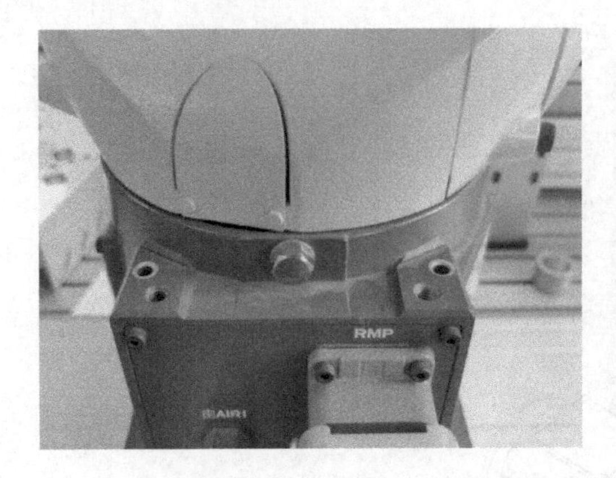

图 7-4-2　J1 轴供脂口

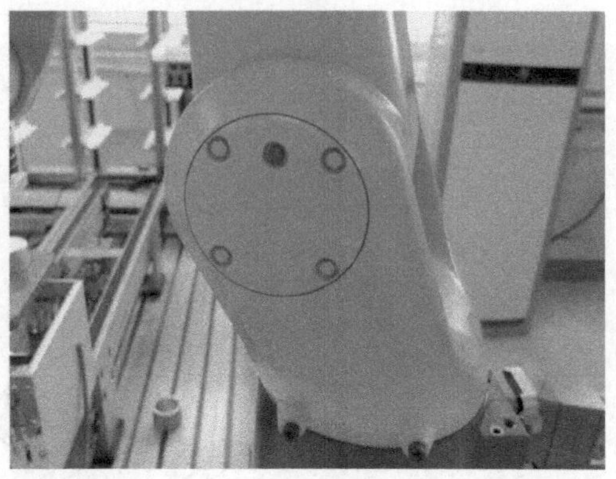

图 7-4-3　J2 轴供脂口

图 7-4-4　J3 轴供脂口

图 7-4-5　J4 轴供脂口

⑤ 让机器人各轴反复转动运行 20min，观察机器人密封螺栓是否有松动，各轴是否有油脂渗漏等情况。

⑥ 最后将地板上的油迹彻底清除干净，避免滑倒。

至此，供脂操作完成。

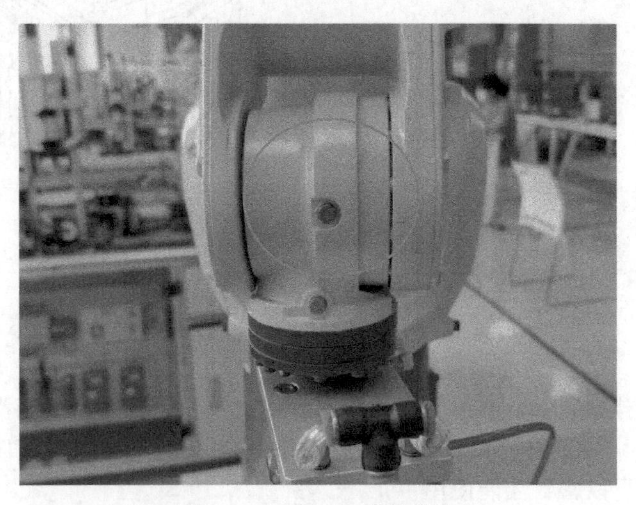

图 7-4-6　J5、J6 轴供脂口

参考文献

[1] 智造云科技 徐忠想，康亚鹏，陈灯．工业机器人应用技术入门［M］. 北京：机械工业出版社，2017.

[2] 林燕文，陈南江，许文稼. 工业机器人技术基础［M］. 北京：人民邮电出版社，2019.

[3] 王一凡、宋黎菁．三菱 FX5U 可编程控制器与触摸屏技术［M］. 北京：机械工业出版社，2019.

[4] 黄力，徐忠想，康亚鹏. 工业机器人工作站维护与保养［M］. 北京：机械工业出版社，2020.

[5] 李志谦. 精通 FANUC 机器人编程、维护与外围集成［M］. 北京：机械工业出版社，2019.